Lehrbuch
der Kriegsbaukunst.

Zweiter Theil,

den

Angriff und die Vertheidigung der Festungen

enthaltend.

Zum Behuf der Vorlesungen

in

Kriegs- und Ingenieur-Schulen

von

J. G. v. Hoyer,

Königl. Preuß. General-Major im Ingenieur-Korps; Brigadier der Märkisch-Pommerschen Festungen.

Berlin 1818.

In der Sanderschen Buchhandlung.

(Kurstraße No. 51.)

Vorrede.

In dem gegenwärtigen zweiten Theile dieses Lehrbuches habe ich mich mit dem Angriff und der Vertheidigung der Festungen beschäftiget; doch immer mit Berücksichtigung des Zweckes: als Leitfaden beim Unterricht, wie bei dem eignen Studiren zu dienen. Ich habe zu dem Ende überall die Hülfswerke nachgewiesen, wo der Leser ausführlichere Nachricht von den verschiedenen Arbeiten und Vorfällen des Festungskrieges findet. Ueber einige neue — wenigstens nicht allgemein gewöhnliche Ansichten und Vorschläge mögen Kenner entscheiden; sie beruhen auf Erfahrungssätzen aus den Ereignissen bei wirklichen Belagerungen, deren Geschichte überhaupt die beste Lehrerin dessen ist: was sich mit Erfolg ausführen läßt, die Fortschritte des

Belagerers zu verzögern — wenn es auch nicht möglich wäre, sie ganz zu hindern.

Der dritte Theil wird sich, als Fortsetzung des Festungskrieges, mit der unterirdischen Vertheidigung der Festungen, und mit den Mitteln beschäftigen, welche in der Hand des Angreifers liegen: sie unwirksam zu machen. Er wird daher die Theorie sowohl, als die Ausübung des Minenkrieges nach den neuesten, bei verschiedenen Armeen angestellten Versuchen und nach den — obgleich nicht häufigen und zum Theil nicht vollständig bekannt gewordenen Erfahrungen wirklicher Belagerungen enthalten.

Inhalt.

Neuntes Kapitel. Fortsetzung des Angriffes bis zu Eroberung des Bedeckten Weges.

Zehntes Kapitel. Vertheidigung bis nach Eroberung des Bedeckten Weges.

Eilftes Kapitel. Anlegung der zweiten Batterien auf dem Glacis; Uebergang über den Graben, und Sturm!

Einleitung.

Wenn schon in den frühesten Zeiten der Schwächere sich durch Befestigung seines Aufenthaltes gegen die Uebermacht des Stärkern zu schützen suchte; dachte der letztere im Gegentheil darauf: jene Schutzmittel unnütz zu machen. So entstand der Belagerungskrieg, wie er bei den rohen Völkern der Vorwelt war, und wie er noch jetzt bei den Wilden beider Indien sich findet. Die Ueberlegenheit, welche selbst ein einfaches Pfahlwerk — vielleicht durch einen dahinter angeschütteten Erdwall verstärkt — dem Vertheidiger gegen den Angreifer gewährte, der mit seinem Spieß und Schwerdte, und mit seiner Streitaxt sich keinen Eingang in jenes öffnen konnte, brachte endlich die Kriegsmaschinen hervor. Bis dahin hatte es nur zwei Mittel gegeben, sich eines feindlichen Wohnplatzes zu bemächtigen: den nächtlichen Ueberfall, oder das Einschließen und Aushungern. Beide Angriffsarten haben sich bis auf die neuesten Zeiten erhalten, und wird besonders die letztere angewendet, wenn der regelmäßige Angriff durch Hülfe der gangbaren Kriegswerkzeuge, aus Ursachen nicht statt finden kann.

Die älteste und einfachste Kriegsmaschine war der Sturmbock oder Mauerbrecher (Aries) ein starker Balken, vorne mit einer eisernen Kopfe, den mehrere Männer in die Arme faßten und durch heftiges Stoßen gegen den untern Theil der Stadtmauern, dieselben einstürzten. Um den Stößen des Sturmbockes mehr Kraft zu geben; hing man ihn späterhin zwischen ein Gerüst von drei oder vier Balken auf, sicherte ihn auch wohl durch eine Schildkröte (Testudo) — ein auf Säulen ruhendes Dach von Brettern, mit frischen Häuten gegen das Anzünden geschützt — gegen die Pfeile und Steinwürfe des Belagerten. Zu demselben Behuf waren auch die kleinen und großen Sturmdächer (Musculi und Vineae) aus leichten Holz zusammengesetzt, oben mit Brettern bedeckt und an den Seiten mit Korbwerk zugeflochten, und mit frischen Häuten überzogen. Sie dienten zu Begünstigung des Untergrabens der Mauern, oder der Ausfüllung des Grabens und waren öfters von sehr bedeutender Länge und Breite. Das geringste Schutzmittel waren endlich die Schirme (Plutei), halbrund aus schwachen Aesten geflochten und auf drei Rädern beweglich, hinter denen sich die Schützen aufstellten, um durch Pfeile und Wurfspieße die Vertheidiger von den Mauern zu vertreiben. Wegen ihrer sehr beschwerlichen Bewegung, besonders bei unebenem Boden, vertauschte man sie in der Folge gegen die tragbaren Setztartschen oder Pavesen, die 5 Fuß hoch, 2½ Fuß breit, aus Weiden geflochten waren, und unten einen eisernen Stachel hatten, damit sie den Schützen deckten, wenn er sie aufrecht vor sich stellte.

Man versahe auch wohl den Mauerbrecher mit einer, etwas gekrümmten eisernen Spitze, um die locker gewordenen Steine herunter zu reißen oder auch in die Schußspalten zu stoßen, und dadurch die Zinnen vertheidigungslos zu machen. Er hieß dann ein Sturmhaken (Falx).

Ein nicht minder wichtiges Kriegswerkzeug waren die Wandelthürme (Turres ambulatoriae) oft von fast ungeheuerer Größe: nicht allein die Stadtmauern, sondern selbst die Thürme derselben übersteigend, und 30 bis 50 Fuß ins Gevierte. In mehrere Stockwerke getheilet, die durch Leitern verbunden waren, hatten sie gewöhnlich in dem untersten einen Sturmbock; in der Mitte eine Zugbrücke, die man niederlassen konnte, um auf die Stadtmauer zu gelangen; in den obersten Stockwerken endlich standen die Schützen und Schleuderer. Das ganze Gebäude ruhete auf Walzen, und ward so gegen die feindlichen Stadtmauern hervor geschoben. Weil die Belagerten sich oft durch eine, in der Eil aufgeführte Erhöhung der Stadtmauer gegen das Ueberhöhen der Wandelthürme schützten, wenn sie die letzteren heran bewegen sahen; wurden die Thürme in der Folge so eingerichtet: daß sie anfangs niedriger zu seyn schienen, als die Stadtmauer; daß sich aber nachher ein anderer, kleinerer Thurm aus dem ersten empor schob, und nun die Mauer überhöhte. Die Sturmbrücken auf diesen Thürmen waren von zweierlei Art: Roll- oder Schubbrücken (exostrae), die aus dem Innern des Thurmes hervor, und nach der Mauer hinüber geschoben wurden; und dann Fallbrücken (Sambucae), die den noch jetzt üblichen Zugbrücken glichen.

Die häufige Anwendung dieser Thürme scheint wohl die erste Veranlassung gegeben zu haben, die Städte mit einem Graben zu umziehen. Dieser verhinderte die Annäherung des Thurmes auf eine sehr wirksame Weise, denn wenn der Belagerer es auch dahin brachte: ihn auszufüllen, versank doch der Thurm auf dem lockern Boden, und ließ sich nicht bis an die Mauer heranbringen. Aus demselben Grunde untergruben die Einwohner der Stadt Rhodus den Boden, auf welchen der Wandelthurm kommen sollte so daß er einsank und letzterer umstürzte. Sowohl deshalb als vorzüglich wegen der großen Gefahr des Anzündens, und weil sie dem Feuergeschütz nicht widerstehen konnten, kamen späterhin die Wandelthürme ganz aus dem Gebrauch. In der Belagerung von Ptolomais 1189, durch die Kreutzfahrer, wurden alle ihre Wandelthüme von den Belagerten angezündet, indem diese eine Mischung von Schwefel, Pech, Harz und Bergöl in ehernen Töpfen kochten, und sie dann gegen die feindlichen Kriegsmaschinen und Schiffe schleuderten. Diese Mischung ward im Mittelalter mit dem Namen des Griechischen Feuers beleget, und hat sicher die erste Veranlassung zu Erfindung des Schießpulvers gegeben, oder war es vielmehr im trocknen Zustande selbst.

Zu dem Beschießen der Festungen sowohl, als zur Vertheidigung derselben hatte man, wie gegenwärtig, zwei verschiedene Geschützarten. Die Balliste schoß vermittelst eines starken Bogens, große, balkenähnliche Pfeile. Der Onager, oder wie ihn die Deutschen nannten, die Marge oder Mange, warf mit einem Löffel, der durch Sehnen rückwärts niedergezogen und bogenartig gespannet ward, ungeheuere Steine und Kunstfeuer. Diese beiden Kriegsmaschinen blieben selbst nach Erfindung des Schießpulvers noch lange in Gebrauch (besonders die Mange oder, von Folard sogenannte Katapulte, um Kunstfeuer damit fortzuschleudern), bis sie die sich täglich vermehrenden Feuergeschütze endlich verdrängten. (Nachrichten von den Kriegsmaschinen der Alten finden sich: Vegetii libr. de re militari; Nasts Römischen Kriegsalterthümern; in Folards Commentarien über den Polyb; *Mandar* Architect. des forteresses. p. 34; Hoyers Geschichte der Kriegskunst. Bd. 1 S. 14.

Durch die allgemeine Einführung der Feuergeschütze gewann der Angriff befestigter Städte ein ganz anderes Ansehen. Die Kugeln der, seit Karls VIII. Kriegszuge nach Italien häufiger gewordenen Kanonen, wirkten mit einer ganz andern Kraft gegen die Mauern und Thürme, und stürzte sie aus großer Ferne darnieder; es bedurfte keiner Sturmböcke mehr zu diesem Behuf! Gegen das Ende des funfzehnten Jahrhunderts verschwanden die alten Kriegsmaschinen gänzlich. Man umschloß die belagerte Stadt mit einer doppelten Verschanzung, errichtete — gewöhnlich sehr hohe Batterien, um die Mauern niederzuschießen, und den Sturm unternehmen zu können. Gegen diesen vertheidigten sich alsdann die Belagerten, theils durch mancherlei Arten Kunstfeuer, theils durch, schon auf dem Walle bereit liegende, Balken und Steinblöcke; theils durch siedendes Wasser und heißes Pech, das auf die Stürmenden herabgegossen ward.

Zu Begünstigung des Anrückens waren schon um die Mitte des funfzehnten Jahrhunderts die Laufgräben im Gebrauch gekommen, die man schlangenförmig auf die Festung zulaufen ließ, um sie gegen das Einsehen zu schätzen. Zwei Brüder, Johann und Kaspar Bureau, in Karls VII. von Frankreich Dienste, zeichneten sich besonders durch die Führung dieser Arbeiten aus, die späterhin Montluc bei der Belagerung von Thionville beträchtlich verbesserte. Er versahe sie nemlich von 20 zu 20 Schritt mit einer Art Waffenplatz (arrière-coin), der 15 bis 20 Soldaten zu fassen vermochte. Die Minen waren zwar schon den Römern bekannt, jedoch blos als unterirdische Gänge, durch die man in die Stadt dringen konnte, und in den bei dieser Gelegenheit öfters sehr blutige Gefechte geliefert wurden. Man untergrub auch wohl die Stadtmauer, und unterstützte sie mit trocknem Holze, um durch Anzünden desselben, den Einsturz der Mauer herbeizuführen und sich auf diese Art einen Eingang in die Stadt zu öffnen. Franz Giorgio aus Siena soll der Erste gewesen seyn, der bei der Belagerung von Serezana Schießpulver in diese unterirdische Höhlen verschloß, um durch die Entzündung desselben die Wirkungen des Erdbebens hervor zu bringen. Gewiß ist es: daß Piedro Navarra sich dieser Erfindung im Jahr 1500 gegen das Schloß St. Giorgio auf der Insel Cefalonia, und nachher 1503 gegen die Schlösser von Neapel mit Erfolg bediente. Sie ward bald allgemeiner, und vorzüglich von den Türken in den Belagerungen von Rhodus, Wien und Maltha häufig angewendet. (Hoyer, Geschichte der Kriegskunst. 1. Band, Seite 211 und 221.)

In der Folge vermehrten sich die gegen die Festungen aufgestellten Geschütze; während die immer weiter von der Festung vorgeschobenen Außenwerke den Belagerer weiter entfernt hielten und dadurch die Zerstörung der Wälle und Mauern erschwerten. Dazu die Erbitterung, womit der große Niederländische Freiheitskrieg geführet ward, und man wird nicht mehr über die lange Dauer der Belagerungen jener Zeit sich verwundern.

Weil die Lage der Bollwerke, Raveline, Hornwerke ꝛc. Gelegenheit gab: die Laufgräben von der Seite zu beschießen; verließ man die bisher übliche schlangenförmige Gestalt derselben und legte sie in gerader Linie an, daß ihre verlängerte Richtung immer vor den ausspringenden Spitzen der Festungswerke vorbeilief, wie es noch gegenwärtig üblich ist. Die Bedeckte Sappe, d. h. dem Laufgraben, in gerader Richtung auf das angegriffene Werk zuführend, oben mit Holzwerk und Sandsäcken bedeckt, ward 1573 in der Belagerung von Harlem zuerst von Bartholomäus Campi, einem Spanier, angegeben. Da man nahe an der Festung von dem Geschütz, der alten, übermäßig hohen Wälle fast Nichts zu fürchten hatte, wurden die Laufgräben immer sehr nahe, und bis auf 200 oder 300 Schritt eröffnet. Man legte hier die Demontirbatterien an, die gewöhnlich 20 und mehr Fuß über den Horizont erhöhet waren. Ja, der Prinz von Parma ließ vor Mastricht 1579 eine solche Batterie für seine Kanonen auf eingerammten Pfählen, von Faschinen und Erde, 135 Fuß hoch erbauen, um den Wall zu überhöhen und besonders die Curtine der Länge nach zu bestreichen, worauf schon damals mehrere Artilleristen (Capo, Bianko und Cataneo) einen besondern Werth legten. Zu dem Bau der Brustwehr wurden gewöhnlich 8 bis 10 Fuß hohe, oft viereckige, Schanzkörbe angewendet, auch von den gleichzeitigen Schriftstellern die Wollsäcke empfohlen.

Um die Laufgräben und Batterien gegen die Ausfälle der Belagerer zu sichern, wurden Reduten oder Sternschanzen neben und zwischen sie gelegt und mit Soldaten und Geschütz besetzt. Die Belagerten dagegen gingen sehr häufig mit Contre-Approschen aus dem

Bedeckten Wege vor, und beschossen die Flanke der feindlichen Arbeiten. Man würde es überhaupt damals als einen gänzlichen Mangel an Herzhaftigkeit erkläret haben, wenn der Commandant nicht die Belagerer durch häufige Ausfälle beunruhiget, und sie gleichsam in ihrem eigenem Neste angegriffen hätte.

Hoyers Geschichte der Kriegskunst. 1. Bd.; oder wer die Quellen über die merkwürdigen Belagerungen des Niederländischen Kriegs nachlesen will: *Chappuys* hist. de la guerre des Païs-bas. Fol.; *Fam. Struda* de bello belgico. 8.; *Çarnero*, histor de las guerras de flandr.

Die Langsamkeit, womit damals gewöhnlich die Belagerungsarbeiten vorschritten, weil die Bewegung und Bedienung des Geschützes beschwerlich und Zeitsplitternd waren, und die dadurch veranlaßte längere Dauer der Belagerung, gaben Gelegenheit zu Anlegung starker Hauptabschnitte hinter der angegriffenen Fronte. Vorzüglich merkwürdig in dieser Hinsicht sind die Belagerungen von Mastricht 1579; von Ostende 1604; von Wien 1529 und 1683; von Candia 1668; wo man drei General-Abschnitte mit Kavalieren, und funfzehn kleinere erbauete. Weil in letzter Festung der feste Boden die schnelle Verfertigung der Abschnitte in dem sehr breiten, trocknen Graben hinderte, wurden sie aus schon fertigen Gliedern, jedes zu 6 Pallisaden zusammengesetzt, die unten in eine Schwelle verzapft waren, und hinten durch Streben aufrecht erhalten wurden. Hinter diesen Pallisaden ward eine 3 Fuß dicke Mauer von Luftsteinen aufgeführet, um die Vertheidiger gegen die Musketenschüsse der Türken zu sichern. Die Bresche ward durch, zu beiden Seiten errichtete Caponieren und durch Fladderminen vertheidiget, davon auf dem Bollwerke St. Andreas sieben unter den Füßen der stürmenden Türken sprangen. Späterhin verlor sich die rühmliche Sitte: den Belagerer festen Fußes zu erwarten, und ihn das Terrain Schritt vor Schritt streitig zu machen. — Sie findet sich erst neuerlich in der Belagerung von Saragossa wieder! — Man bedienet sich der Abschnitte nur noch: um zu kapituliren; ja, man thut leider! dies häufig schon nach Verlust der Contrescarpe, und der Aussenwerke.

Bei dem Angriff und der Vertheidigung der Festungen spielte Pedro Navarra's Erfindung, die Minen, immer eine wichtige Rolle, und man sahe sie lange für das wirksamste Mittel an: die Festungsmauern zu öffnen. Luis Collado lehrte hier (1586) zuerst: die Minengänge nach einem bestimmten Punkt hinführen, und ihnen eine angemessene Ladung geben; auch finden sich in den, durch den Prinzen von Parma geführten Belagerungen die, neuerlich von Mouzé wieder hervorgesuchten Schilde der Minirer, oben mit einem Loche, um die Pistole hindurch stecken zu können. Während des dreißigjährigen Krieges scheint man in der Minirkunst nicht eben vorgeschritten zu seyn, denn es finden sich öftere Beispiele, daß entweder die Mine nicht auf den gehörigen Punkt gelangte, oder durch die Gänge der Gegenmine ausbließ. Vor Ofen 1686 schlug sogar eine von den Christen angelegte Mine rückwärts, füllte die Sappe mit Erde an, und verwundete über 300 Belagerer. Schon damals wurden die Minenäste mit einem oder zwei Schlägen angelegt; das Austrempeln, die Verdämmung, die Einrichtung der Zündung rc. geschahe ebenfalls auf die noch jetzt übliche Weise.

Faulhaber gab zuerst ein praktisches Verfahren an: die Richtung der Minengänge vermittelst ähnlicher Dreiecke zu bestimmen, und Vauban, der sich überhaupt um den Angriff der Festungen sehr verdient machte, veranlaßte die sogenannten Tournayschen Versuche im Jahr 1686, um für jede kürzeste Widerstandslinie die entsprechende Ladung zu bestimmen. Diese sowohl, als die folgenden Dounyschen Versuche brachten jedoch der Kunst nur wenig Gewinn, weil sie auf falschen Premissen beruheten, deren Unrichtigkeit Belidor zeigte, und durch die 1729 zu la Fere, und 1753 zu Bißy gemachten, und in demselben Jahre von le Febvre zu Potsdam wiederholten Erfahrungen erwies. Dadurch erhielten die überladenen Minen oder sogenannten Globes de Compression ihr Daseyn (§. 186.), durch welche der Angreifer einen hohen Grad von Ueberlegenheit über den Belagerten bekommen hat; wie aus den Belagerungen von Schweidnitz und Valenciennes hervorgehet. Die Eroberung der letztern Festung ward blos durch drei überladene Minen bewirkt, obgleich sie die Pallisaden im Bedeckten Wege nicht geöffnet hatten. Die stürmenden Oesterreicher und Engländer eroberten das große und kleine Hornwerk zugleich, und würden selbst mit den fliehenden Franzosen in die Stadt gedrungen seyn, wenn nicht das Thor in dem Durchgange unter der Curtine noch zu rechter Zeit zugeschlagen worden wäre. Mit weniger Glück wandten die Franzosen bei St. Jean d'Acre die überladenen Minen an: die erste erstreckte sich nicht weit genug und die eigentliche Contrescarpe blieb unversehrt; eine zweite traf mit ihrer Wirkung auf einen unterirdischen Gang und bließ aus, eine dritte endlich, ward von den Belagerten aufgefunden und ihrer Ladung beraubt. In Italien bediente man sich der Minen blos zur Zerstörung feindlicher Brücken und Gebäude; von dem wahren Gebrauch der Angriffs- oder Vertheidigungsminen finden sich in der letztern Zeit keine Spuren.

Im siebenzehnten Jahrhundert, das sich überhaupt durch eine besonders menschliche — man möchte fast sagen: galante — Art Krieg zu führen, auszeichnete, ward keine Festung mit Sturm erobert, alle Besatzungen kapitulirten; sobald der Belagerer den Wall zum Sturm gebrochen hatte, und erhielten mehrentheils gute Bedingungen. Man konnte mit ziemlicher Gewißheit schon in den ersten Tagen der Belagerung den Tag der Uebergabe bestimmen. Daher jene, bei den Franzosen in Umlauf gebrachten, fingirten Belagerungsjournale, die bei einer nachdrücklichen Vertheidigung, nothwendig große Abänderungen erleiden und durchaus nicht zu Bestimmung des relativen Werthes zweier Festungen dienen können. Im achtzehnten Jahrhunderte hingegen gingen Glogau, Schweidnitz, Glatz, Prag, Toulon, Schabacz, Novi, Oczakow, Ismail, Warschau und mehrere Städte Egyptens mit Sturm über.

Wenn man den Gang des Belagerungskriegs geschichtlich verfolget, siehet man: daß bis zum siebenzehnten Jahrhunderte die Einrichtung der Festungen dem Zustande des Angriffes angemessen war, und daß die Vertheidigung immer ein gewisses Uebergewicht behauptete; daß aber späterhin dieses Uebergewicht verschwand, und nur durch eine neue, zweckmäßigere Einrichtung der Festungswerke wieder herbei geführet werden kann. Als die Erfindung der Mörser und Bomben eine vertikale Deckung der Vertheidiger nöthig machte, versahe man den unteren Theil der damals aufgekommenen Bollwerke mit Gewölben, fest genug, der Fallkraft der geworfenen steinernen und eisernen Kugeln zu widerstehen, um sowohl dem Geschütz, als den Musketirern einen sichern Stand zu verschaffen. Die Schnelligkeit, womit im großen Niederländischen Kriege vorher unbefestigte Städte in Festungen umgeschaffen wurden; gestattet den Kasemattenbau nicht, während die nassen Gräben des niedrigen Bodens überhaupt den Wall gegen die Ersteigung sicherten und das Mauerwerk entbehrlich machten. Mit Unrecht behielt man jedoch diese Bauart in der spätern Epoche bei; theils weil sie wohlfeiler und leichter war; theils weil die niedrigen und engen Kasematten der früheren Zeit nicht genug Luftzug hatten, und man daher die Beschwerde des Rauches fürchtete; theils auch, weil überhaupt nur wenig neue Festungen gebauet wurden, und man die alten durch Hinzufügung neuer Aussenwerke hinreichend verstärkt glaubte. So mußte durch den häufigern und bessern Gebrauch des Geschützes bald der Angriff der Vertheidigung überlegen werden, und die gewöhnlich nur kurze Dauer der letztern drohete die Festungen um alles Ansehen zu bringen. Man fieng daher an, bombensichere Räume anzulegen; jedoch durch ein, von den Franzosen ausgegangenes Vorurtheil festgehalten, mehr zu Aufbewahrung der Vorräthe und zum Schutz der Vertheidiger, als zum sichern Gebrauch des Geschützes bestimmt. Daher jene bis 20 Fuß dicken Steinmassen in Luxemburg, die dennoch dem feindlichen Stückfeuer Nichts als den Widerstand der Materie entgegensetzen — wenn man anders nicht ein unbedeutendes Musketenfeuer durch die engen Schießlöcher zu hoch anschlagen will — daher die engen Gallerien unter dem äußern Grabenrande, und eine Menge ähnlicher Bauwerke, deren Vertheidigung prekär und unbedeutend ist; nirgends aber zweckmäßige Kasematten, in denen man gegen die feindlichen Zweiten Batterien eine überlegene, oder wenigstens gleiche Anzahl Kanonen aufstellen und nun, durch die geworfenen Körper unterstützt, einen minder ungleichen Kampf beginnen kann. Nur in Deutschland, wo sich seit der frühern Zeit das Genie der Kriegsbaumeister freier bewegte, nicht durch leichtsinnige Eile oder durch stumpfen Handwerksschlendrian irre geleitet, finden sich in jener Rücksicht zweckmäßigere Vorschläge wirklich ausgeführt. In Frankreich hingegen blieben Belidors und Montalemberts zum Theil zweckmäßige Vorschläge unbeachtet, weil beide keine Zunftgenossen des Ingenieurskorps waren.

Angriff und Vertheidigung der Festungen.

Erstes Kapitel.

Allgemeine Uebersicht der verschiedenen Angriffsarten.

§. 404.

In der Einleitung ist ein historischer Ueberblick der früheren Angriffsweise gegeben worden, in der nothwendig durch die Einführung und den verbesserten Gebrauch der Feuergeschütze sehr wesentliche Veränderungen entstehen mußten. Angriffsarten.

Es giebt gegenwärtig fünf verschiedene Arten, sich einer feindlichen Festung zu bemächtigen:

a) durch Ueberfall (par surprise);
b) durch den gewaltsamen Angriff (attaque brusquée oder d'emblée);
c) durch das Bombardement;
d) durch Einschließen und Aushungern, die sogenannte Blokade (blocus);
e) durch eine eigentliche Belagerung (attaque en formes).

Obgleich diese Angriffsweisen sich ziemlich schwer von einander scheiden; lassen sie sich doch sehr gut mit einander verbinden. So ist gewöhnlich mit b, c und e vereiniget, auch findet sich öfters c und e zusammen.

a) Überfall. 405. Bei der unbedingt nothwendigen Kenntniß der inneren Verfassung des zu überfallenden Ortes, seiner Befestigungswerke und ihrer Dimensionen, der Stärke seiner Besatzung, und ihrer größern oder geringern Wachsamkeit, giebt es zwei Wege, sich einer Festung durch Ueberfall zu bemächtigen:

1) Vermittelst eines heimlichen Verständnisses;
2) Ohne dasselbe, wenn die Besatzung ihren Dienst nur nachlässig verstehet.

Obgleich ein Verständniß in dem zu überfallenden Orte den Ueberfall selbst gar sehr erleichtert; ist es doch nicht allein hinreichend: ihn gelingen zu machen, wenn sonst die Besatzung auf ihrer Hut ist, und die zweckmäßigen Vorsichtsregeln nicht verabsäumet. Beispiele ähnlicher, des Verständnisses ohngeachtet, mißlungener Unternehmungen sind Cremona 1704, obgleich es mit 3000 Grenadieren und beinahe 2000 Reutern ausgeführet ward; und Bitsch, wo der Ueberfall, schon gelungen, dennoch fehlschlug, und den Preußen eine bedeutende Anzahl tapferer Männer kostete, weil sie nicht mit hinreichenden Hülfsmitteln versehen waren, ein zufällig verschlossenes Thor aufzusprengen.

Dumont, Hist. du Prince Eugen. T. I., 11. Magazin der neuesten Kriegsbegebenh. Bd. 1. S. 225. L'Observateur impartial aux armées etc.

Ueberfälle ohne alles Verständniß mit den Einwohnern sind überhaupt nur dann ausführbar, wenn die Besatzung äußerst nachlässig ist, und wenn der Eingang nicht durch mehrere Thore und Fallgatter geschützt wird. Sie finden daher am häufigsten bei festen Schlössern statt, bei den man leicht bis an den Eingang kommen und denselben vermittelst einer Petarde, oder einer angehangenen Bombe aufsprengen kann. Beispiele solcher Unternehmungen finden sich daher in der früheren Zeit häufiger; die Petarde ward zu diesem Behuf erfunden, und scheint 1574 bei dem Angriff eines festen Schlosses in Rovergne zuerst gebraucht worden zu seyn. Auch Bonn und Bergen op Zoom wurden durch, an die Thore gehangene, Petarden geöffnet. Man schickte auch wohl verkleidete Soldaten in die Festung, um sich des Thores zu bemächtigen und die in Versteck liegenden Haufen herein zu lassen, wie bei Ulm 1702.

Geschichte der Kriegskunst. Bd. 1. S. 362. Bd. 2. S. 251.

406. Der Entwurf zu einem Ueberfalle muß sich vorzüglich auf eine genauere Kenntniß des Locals gründen, um nicht, selbst nach einem günstigen Anfang, das Unternehmen scheitern zu sehen, weil man unerwartet durch ein verschlossenes Thor, oder durch einen Wassergraben aufgehalten wird, ohne Mittel: sich einen Durch- oder Uebergang zu bahnen. Die Truppen müssen zu dem Ende nicht allein mit Spitzhauen, Brechstangen, eisernen Keilen und Aexten, sondern auch mit einigen Petarden, oder mit gefüllten 25pfündigen Bomben versehen seyn, auf jedes Thor Eine gerechnet und einige zur Reserve. Diese befinden sich auf einem Wagen, der zugleich mit dem nöthigen Holzwerke beladen ist, um einen 18 bis 24 Fuß breiten Graben überbrücken zu können, und der dichte auf die zum Ueberfall bestimmte Kolonne folget. Diese muß ihren Marsch so geheim und schnell als möglich machen, um genau zur bestimmten Stunde zur Stelle zu seyn. Die schicklichste Zeit zu einem Ueberfall ist der Winter, wo die langen und stürmischen Nächte den Anmarsch begünstigen, den man so einrichtet: daß der Angriff eine oder zwei Stunden nach Mitternacht geschiehet. Das gonze Unternehmen kann und muß auf diese Art mit dem Tage beendiget seyn; wo man nun die übri-

Maaßregeln zum Ueberfall.

gen erforderlichen Anstalten zu Behauptung des eroberten Ortes machen kann; oder aber, wenn der Ueberfall fehl schlagen sollte, Zeit genug hat, sich vor Tagesanbruch zurückzuziehen.

Da das Gelingen eines Ueberfalles von tausend unbedeutenden Nebenumständen abhängt, muß nicht nur die dazu bestimmte Truppenabtheilung ihren Marsch genau abmessen; sondern es darf auch nicht an den Anstalten zur Sicherung des Rückzuges durch eine rückwärts aufgestellte Reserve mit Geschütz fehlen. Die hier erforderlichen Maaßregeln gehören jedoch in die Strategie, und würden hier nicht an ihrem Orte stehen.

Beispiele geben Sancta Crux im 2 Thle, Venturini, Folard im 5 Thle. und Foquières im 3 Thle.

Gewaltsamer Angriff.

407. Schwache, oder nicht hinreichend mit Geschütz und Truppen besetzte Festungen, lassen sich bisweilen auch durch einen gewaltsamen Angriff erobern, der entweder mit einem Ueberfall verbunden, oder im Gefolge einer eben gewonnenen Schlacht rc. unternommen wird. Es ist jedoch durchaus nothwendig, daß die Festung einen trocknen Graben mit einer, nicht über 20 Fuß breiten Cünette hat. Ein Wassergraben oder eine 36 und mehr Fuß breite Cünette, legen den Angreifenden zu große Schwierigkeiten in den Weg, die sich nicht so leicht hinwegräumen lassen.

Erdwälle lassen sich, selbst bei einer ziemlich steilen Böschung, dennoch ersteigen; sobald sie jedoch Futtermauern haben, muß man sich mit Sturmleitern von der erforderlichen Länge versehen.

Zu kurze Leitern erfüllen ihre Bestimmung nicht; zu lange haben den Nachtheil: daß sie — abgesehen von der Beschwerlichkeit des Transportes — leicht umgeworfen werden können, oder zu schräge angelegt, unter der Last der aufsteigenden Soldaten zerbrechen. Es ist daher sehr wichtig: die Höhe der

Futter-

Futtermauern bis auf das Band (Cordon) genau zu wissen; oder sehr lange Leitern mitzunehmen, und sie im Augenblicke des Gebrauches abzuschneiden, wozu nur wenig Minuten erfordert werden, wenn man für jede 3 Leitern 2 Mann mit einer Säge in Bereitschaft hat. Nach Bonneville's und anderer Vorschlag: Strick- oder sonst Leitern von künstlicher Konstruction anzuwenden; ist zwecklos und nachtheilig. Sie machen entweder das Aufsteigen sehr beschwerlich; oder ihre Zusammensetzung erfordert viel Zeit und Aufmerksamkeit.

Während der Wall auf mehreren Seiten erstiegen wird, muß man gegen die Thore Kanonen auffahren um sie zu öffnen, und die Aufziehbrücken herunter zu schießen. Dies durch die Zimmerleute mit Aexten, ja mit Hülfe einer Petarde zu bewirken wollen; hieße: die dazu kommandirten Leute dem gewissen Tode entgegen schicken. Man muß erstaunen, wenn noch in der neueren Zeit sich solche Anordnungen finden, weniger durch mißverstandene Bravour, als durch Unwissenheit und Indolenz hervorgebracht. Die Kanonen gehen bis auf 400 Schritt heran, um ihres Zieles um so gewisser zu seyn, und die Absicht desto schneller zu erreichen. Andere Geschütze werden gegen die Flanken aufgestellt, die nach den angegriffenen Punkten hin sehen, um ihr Feuer durch ein lebhaftes Kartetschenfeuer zu schwächen und unsicher zu machen, oder von den Stürmenden abzuziehen. Man beschießt zu gleicher Zeit die Stadt von, an schicklichen Punkten aufgestellten, Feldbatterien, vorzüglich mit Haubitzen, um während des Gefechtes einen Brand zu veranlassen, und dadurch die Unordnung zu vermehren.

408. Die oben beschriebene Art des gewaltsamen Angriffs findet nur bei, mit bloßen Mauern umschlossenen Städten, oder bei alten, nicht mit Außenwerken versehenen, oder sonst schwachen Festungen statt. Es giebt jedoch Fälle, wo auch gegen stärkere Festungen ein gewaltsamer Angriff möglich und ausführbar ist: Andere Gattung des gewaltsamen Angriffes.

wenn die Besatzung sehr schwach ist; wenn es ihn an Geschütz und Munition fehlet und wenn die Umstände eine sehr schnelle Eroberung des Ortes nothwendig machen. Noch mehr wird denn das Unternehmen begünstiget, wenn vielleicht die niedrige Lage der Contrescarpe oder die Beschaffenheit des Terrains Gelegenheit giebt: schon von weiten, in einer Entfernung von 400 Schritt ein Stück des Walles niederzuschießen und dann sogleich den Sturm antreten zu können. Hier werden zugleich auf allen Verlängerungen der Façen und Curtinen Batterien errichtet, um diese Festungstheile mit Kugeln und Granaten bestreichen und die Vertheidiger vertreiben zu können.

Bousmard, Essai Général der fortification etc. Liv. VI. chap. 5.

c) Bombardement.

400. Um Festungen, die keine Kasematten und bombensichtre Magazine haben, durch Zerstörung ihrer Vorräthe schnell zur Uebergabe zu bringen, wählet man öfterer ein, an sich grausames Mittel: das Bombardement. Da zu diesem Zweck keine so große Genauigkeit der Schüsse nöthig ist, kann man die Mörser- und Haubitzbatterien 1200 bis 2000 Schritt von der Festung anlegen; vorausgesetzt: daß man eiserne, hohlgegossene Brandkugeln hat, weil die gewöhnlichen Feuerballen und Karkassen keine so große Wurfweite haben, und sich nicht viel über 600 Schritt treiben lassen (§. 11.) Wie in diesem Falle die zweckmäßigsten Punkte für das Geschütz zu wählen sind; lehret die Artillerie. Dem Ingenieur lieget blos ob: für die Bedeckungsmannschaften der Batterien Einschnitte zu machen, deren ausgehobene Erde vorwärts gegen die Festung geworfen wird. Ist die Besatzung stark genug zu Ausfällen; muß man die Batterien und Laufgräben noch durch, zwischen ihnen erbauete und mit Geschütz besetzte, Reduten verstärken.

Hat der Feind die Festung durch weit vorgelegte Werke gegen das Bombardement zu schützen gesucht; muß man sich nothwendig dieser Werke vorher durch einen gewaltsamen Angriff bemächtigen. Dies ist leicht, sobald man Feldgeschütz genug hat, um jedes Vorwerk mit drei Batterien angreifen zu können, so daß die Brustwehr zugleich von vorne beschossen und nach der Länge bestrichen wird. Die Haubitzen werfen dabei ihre Granaten mit sehr schwachen Ladungen im hohen Bogen, damit sie in dem Werke liegen bleiben. Bei guter Bedienung des Geschützes wird auf diese Weise jede Schanze in weniger als zwei Stunden völlig wehrlos seyn. Man kann sich ihrer dann zu Anlegung der Angriffsbatterien selbst bedienen.

Die Ersten Spuren eines Bombardements finden sich im großen Niederländischen Kriege, wo man mit den Mörsern immer eine bedeutende Anzahl Brandkugeln in die belagerten Städte warf, wie bei Steenwyk 1580, Wachtendonk 1508, Gröningen 1594. Rheinbergen 1397 — wo auch glühende Kugeln gebrauchet wurden — u. a. O. Für sich allein, und ohne mit einem förmlichen Angriffe verbunden zu seyn, findet man das Bombardement zuerst am Ende des siebzehnten Jahrhunderts gegen verschiedene Häfen, dann aber auch bei Charleroi, Lüttich, Montmelian u. a angewendet. Gegen Mons waren 1681 zwanzig Kanonen blos zu glühenden Kugeln bestimmt, und nach Lille wurden 1200 der letztern in drei Tagen hineingeschossen. Noch häufiger ward diese — oft erfolglose, und immer höchst grausame — Angriffsweise in der Zeit der Schlesischen Kriege und auch späterhin angewendet. Nach Neisse wurden 1200 Bomben geworfen und 3000 glühende Kugeln geschossen; Breslau ward von den Oestreichern aus 45 Mörsern beworfen, ohne daß der tapfere Tauenzien sich zur Uebergabe bewegen ließ. Auch die gänzliche Zerstörung von Cüstrin bewirkte die Uebergabe der Festung nicht; die nur in Zittau und Dresden dadurch herbeigeführet ward. (Geständnisse eines öster. Veterans. 8. Tempelhoffs Gesch. des Siebenjährigen Krieges.) Denselben Erfolg gewährten auch die Bombardements von Novi, der Citadelle von Ferrara; und neuerlich von Maubeuge und Avesnes; während sie auf die Besatzungen von Lille, Thionville und Landau keinen Eindruck machten

Die in der letztern Zeit für denselben Zweck bestimmten Congrevischen Brandraketen unterscheiden sich von den gewöhnlichen Raketen durch die eiserne Hülse, die an dem obern Ende eine mit Brand- oder geschmolzenem Zeug gefüllte Abtheilung hat. Der bekannte Hyder Aly in Ostindien hat sie wahrscheinlich zuerst angewendet, um die feindlichen Elephanten und Reuterpferde damit schüchtern zu machen. Chevalier stellte mit ähnlichen Raketen 1798 in Frankreich Versuche an, wirklich gebraucht aber wurden sie erst in den letztern Kriegen gegen Bonaparte. Wenn ihre große Flugweite auf der einen Seite für sie spricht; ist auf der andern ihre geringe Genauigkeit, und die bedeutenden Kosten ihrer Verfertigung ein überwiegender Grund: ihnen die hohlgegossenen Brandkugeln von Eisen vorzuziehen, die man aus den Vierundzwanzigpfünder auch über 3000 Schritt treiben kann.

d) Blokade. 410. Wenn es dem Angreifer an Geschütz und überhaupt an Belagerungsmittel fehlet; oder wenn die übermäßige Stärke der Besatzung einen zu heftigen, nicht leicht zu besiegenden Widerstand erwarten läßt; muß man sich öfters mit einer bloßen Einsperrung (blocus) begnügen, und diese so lange fortdauern lassen, bis die Vertheidiger durch Hunger und Mangel zur Uebergabe gezwungen werden. Große und volkreiche Städte, mit einer zahlreichen Besatzung, eignen sich vorzüglich zu dieser Angriffsweise, durch die man zwei Vortheile erlangt: die starke Besatzung zu paralysiren, daß sie dem vordringenden Heere nicht durch Partheien im Rücken beschwerlich und nachtheilig werden kann; und ohne eigentliche Angriffsmittel — deren Herbeischaffung bisweilen an das Unmögliche grenzt, oder beinahe eben so viel Zeit erfordern würde, als die Einsperrung — sich in den Besitz der eingesperrten Festung zu setzen. Man wählet die Blokade a) bei Bergschlössern oder sehr festen Orten, deren förmlicher Angriff zuviel Verlust herbeiführen würde. Eine Festung im sumpfigen Boden bietet nur wenig Zugänge dar, und verursachet dem Belagerer große Schwierigkeiten; es ist dagegen leicht: eine solche Festung völlig einzusperren. Der frühzeitige Eintritt des Winters endlich, nöthiget öfters die schon angefangene Belagerung in eine bloße Einsperrung zu verwandeln, oder sich ganz mit letzterer zu begnügen; in der Erwartung: daß sich durch das Zufrieren der Wassergräben vielleicht eine günstige Gelegenheit zeiget, einen gewaltsamen Angriff mit Erfolg auszuführen.

411. Die Anstalten zu dem Einsperren einer Festung sind eine völlige und genaue Umstellung derselben, außer der Kanonenschußweite, mit einzelnen, mehrentheils verschanzten Posten, so daß die Vorposten derselben sich berühren, und daß zwischen ihnen sich nichts hindurch schleichen kann. Festungen, die nur wenige und beschwerliche Zugänge darbieten; sind eben deshalb durch Abschneidung dieser Zugänge auch um so leichter einzuschließen. Ist jedoch dieses nicht der Fall, sondern die Gegend eben; müssen alle schickliche Terrainabschnitte benutzt und so stark als möglich verschanzt werden, indem man zugleich das Lager der Truppen dergestalt anordnet: daß jeder Posten augenblicklich von einer angemessenen Truppenzahl unterstützt werden kann, wenn er von der Besatzung angegriffen wird. Diese Unterstützung ist um so wichtiger, als der Feind immer mit seiner ganzen Kraft auf den angegriffenen Posten fällt, entweder um mehr Raum zu gewinnen und die Umgegend zu fouragiren, oder vielleicht sich ganz durchzuschlagen, und die Festung zu verlassen. Hieraus folgt denn die Nothwendigkeit einer ununterbrochenen Verbindung aller Theile des Einschließungskorps, nach Verhältniß der Terraingegenstände, durch welche sie geschieden sind. Es ist nie hinreichend: die vorkommen-

Ausführung der Blockade.

den Flüsse mit Fähren zu versehen; weil das Uebersetzen mit denselben immer nur langsam von statten gehet. Brücken ober- und unterhalb der eingeschlossenen Festung, gegen alle Unternehmungen des Feindes durch Verschanzungen rc. gesichert, sind hier unter allen Umständen unerläßlich.

Circum- und Contrevallations-Linien. 412. Die, in den früheren Zeiten üblichen, fortlaufenden Verschanzungen (welche gegen die Festung gerichtet, Contrevallations-Linien oder gegen eine zum Entsatz herbeikommende feindliche Armee gekehrt, Circumvallations-Linien heißen) sind, wie alle Linien, nicht mehr üblich. Sie können, wegen ihrer zu großen Ausdehnung, unmöglich überall hinreichend stark seyn und werden dann auf den schwachen Punkten leicht von dem Feinde erstiegen. Deshalb begnügt man sich jetzt, blos die, an sich vertheidigungslosen, Terrainstellen stark und gut zu verschanzen, die Zwischenräume zwischen ihnen aber durch mancherlei Annäherungshindernisse unzugänglich zu machen, wenn sie es nicht an un für sich durch ihre eigenthümliche Beschaffenheit sind. Diese Zwischenräume, in deren Nähe sich die Bereitschaften und Unterstützungstruppen befinden, geben nächst dem Gelegenheit zu der so vortheilhaften offensiven Vertheidigung, indem man durch sie mit einigen starken Abtheilungen herausgehet, und dem Feinde, wenn er die einzelnen Verschanzungen angreift, in die Flanke fällt. Diese einzelnen Verschanzungen aber bestehen am gewöhnlichsten aus vier- oder fünfseitigen Reduten, durch alle Hülfsmittel verstärkt, welche Kunst und Umstände darbieten.

Obgleich der Bau vieler Verschanzungen nur leichte und von Erde ist, müssen sie doch 1) stark genug seyn, um der feindlichen Geschützwirkung zu widerstehn. Ihre Brustwehr bekommt zu dem Ende 12 Fuß Dicke, und Schießscharten für das, darinnen stehende Geschütz, das man zugleich durch Traversen gegen die enfilirenden Schüsse des Feindes sichert. 2 Darf es nicht an guten Annäherungshindernissen fehlen, um dem Feinde das Stürmen der Schanze zu erschweren. 3) Die Pallisadirung wird zu dem Ende 2 Schritt von der innern Grabenböschung abgerückt, und mit Versprüngen versehen, um eine Bestreichung des Grabens vermitteln hinter sie gestellter Schützen zu erhalten. Die eignen dazu vorgeschlagenen hölzernen Caponieren entsprechen jedoch diesen Endzweck nicht. Die darinn aufgestellten Schützen werden durch den Rauch belästiget, und können nur mit einiger Beschwerde laden und feuern. Die Materialien und die mühsame Arbeit würde weit zweckmäßiger zu bedeckten Geschutzständen angewendet, wodurch es dem Feinde unmöglich würde; die in der Redute stehenden Kanonen und Haubitzen wehrlos zu schießen. 4) Die vortheilhafteste Lage der einzelnen Reduten ist 400 bis 600 Schritt von einander, und so, daß sie sich gegenseitig durch ein rasirendes Feuer unterstützen, und daß die Verlängerungen ihrer Fagen dem Feinde gänzlich entzogen sind, um die Enfilade zu hindern.

413. Hat man eine große Stadt eingeschlossen in der eine sehr zahlreiche Besatzung, vielleicht ein ganzes feindliches Korps, sich befindet, das den Einschließungstruppen überlegen ist; darf man nicht erwarten: die zu Begünstigung der Fouragirungen unternommenen Ausfälle zurück zu weisen. Es ist hier vortheilhafter: sich unter stetem Scharmuziren bis an einen bedeutenden Terrainabschnitt zurückzuziehen, wo man mit mehr Vortheil den Angriff des Feindes erwarten kann. Um aber die Absicht des letztern zu vereiteln, ist es am vortheilhaftesten: nicht nur alle zwischen der Stadt und der Einsperrungskette liegenden Dörfer und Gehöfte abzubrennen, sondern diese zwar strenge, aber dennoch nothwendige Maaßregel selbst bis an den erwähnten Terrainabschnitt hin auszudehnen. Fortsetzung

Bei einer leichten und guten Verbindung der Einsperrungstruppen unter einander, wird es oft sehr vortheilhaft seyn: dem ausfallenden Feinde nur ein schwaches Detaschement entgegenzusetzen, das jenen weit genug von der Stadt hinweg lockt, um ihn entweder durch ein schnelles Manöuvre abzuschneiden, oder um vielleicht auf der entgegengesetzten Seite mit Erfolg einen gewaltsamen Angriff unternehmen zu können. Gelingt es auch nur: einige Außenwerke auf diese Art hinwegzunehmen; so kann man dadurch entweder die Besatzung um so enger einschließen, oder aber zu Anordnung des förmlichen Angriffes Gelegenheit finden.

Bei Bergschlössern und ähnlichen Orten, auch bei Festungen, die vielleicht blos durch Röhrenleitungen mit frischen Wasser versorgt werden, ist es bisweilen möglich und vortheilhaft: diese Röhrenleitungen abzuschneiden. Bei einer solchen Festung hingegen, die an einem Flusse liegt, und der es daher unter keiner Bedingung an süßem Wasser fehlen kann, ist es unnütz und ein Beweis von unbehülflicher Padanterei.

Observationskorps. 414. Anstatt der Circumvallations-Linien, welche das Einschließungskorps einengen, und, sobald sie der Feind angreift, gewöhnlich erstiegen werden, stellt man bisweilen wohl auch ein, von jenem ganz verschiedenes Observationskorps auf; das den Feind beobachtet; ihn durch Manöuvers und gewählte feste Stellungen hindert: sich der eingesperrten Festung zu nähern; und ihn, wenn es möglich ist, zu schlagen sucht. Dieses Beobachtungskorps nimmt seine Stellung 4 bis 8 Meilen von der belagerten Festung, schickt auch wohl sehr starke Abtheilungen vor- und seitwärts; die sich jedoch nicht weiter von einander entfernen dürfen, als daß sie noch im Stande sind, sich gegenseitig zu unterstützen. Diese Detaschementer fouragiren die Gegend nach dem Feinde zu, ab; zerstören die etwa vorhandenen feindlichen Magazine, und werfen die Brücken ab. Nähert sich der Feind mit einem starken Heere; so ziehet sich das Beobachtungskorps an die Festung heran, um ihm gemeinschaftlich mit einem Theile der Belagerungstruppen begegnen, und dadurch stärker, ihm mit einiger Wahrscheinlichkeit des Erfolgs angreifen zu können. Sobald jedoch die Besatzung sehr stark ist, und man von ihr zu Unterstützung des Entsatzes eine Diversion besorgen muß; muß das Beobachtungskorps letzterem bis auf 6 Meilen entgegen gehen, und die Unterstützung von den Belagerungstruppen ganz insgeheim an sich ziehen, damit die Besatzung es nicht gewahr wird, und keinen zu starken und zu weiten Ausfall unternimmt. Die Entfernung der Beobachtungsarmee von der Festung darf jedoch auch nicht zu groß werden; einmal, wird dadurch das Heranziehen einer Verstärkung von den Einschließungstruppen verhindert; und zweitens, würde es dadurch selbst einem geschlagenen Feinde möglich, durch zweckmäßige Bewegungen, sich der Festung dennoch zu nähern, wie es Friedrichs II. Beispiel nach der Schlacht von Hochkirchen beweist, wo ihn seine Niederlage nicht hinderte, das 30 Meilen entlegene Neisse zu entsetzen. Bei einem widrigen Erfolge hingegen kann die Beobachtungsarmee gänzlich von den Einschließungstruppen getrennt und dadurch beider Untergang herbeigeführet werden.

415. Seehäfen können nur in Verbindung mit einer Flotte völlig eingeschlossen werden. Eine noch so genaue Einsperrung auf der Landseite wird fruchtlos bleiben, so lange der Feind zur See die Oberhand hat, und die Festung mit Truppen und allem Nothwendigen unterstützen kann. Liegt jedoch die Festung nicht unmittelbar an der See, sondern in einiger Entfernung an einem dahin ausströmenden Flusse, wie Danzig, Antwerpen, u. a.; läßt sich die Einsperrung durch einen sogenannten Baum, durch quer über den Fluß versenkte Schiffe, oder durch eine feste Brücke, gemeinschaftlich mit am Ufer aufgestellten, starken Batterien Seehäfen.

bewirken (§. 231.) Zwei oder drei Kanonen sind hier nicht hinreichend: ein seegelndes Schiff aufzuhalten, wenn ihr Feuer nicht durch den Zufall begünstiget wird, wie in der französischen Belagerung von Danzig 1807.

e) Förmliche Belagerung.

416. Hat man die erforderlichen Angriffsmittel, und ist vielleicht eine frühere Besitznahme der Festung von Wichtigkeit; wird mit der Einschließung zugleich eine wirkliche oder eigentliche Belagerung verbunden. Es werden zu dem Ende die Laufgräben in einer, der Lage und Vertheidigungsfähigkeit der Festung angemessenen Entfernung von der letztern eröffnet und die ersten Batterien errichtet, um die Festungslinien zu bestreichen und größtentheils wehrlos zu machen, damit die Sappen mit weniger Gefahr und Verlust nach den vorspringenden Winkel des Bedeckten Weges getrieben, die Waffenplätze desselben erobert und die zweiten Batterien angeleget werden können, bestimmt die Wälle zu öffnen und den Sturm möglich zu machen. Dieser eigentliche Angriff (attaque en formés) macht den Gegenstand des gegenwärtigen zweiten Theiles der Kriegsbaukunst aus, und wird daher im Folgenden vollständig erläutert werden; wenn vorher die Vertheidigungsmittel gegen die vorhergehenden Angriffsarten gezeiget worden sind.

Zweites Kapitel.

Vertheidigung einer Festung gegen Ueberfall, gewaltsamen Angriffen, Bombardement und Blokade.

417.

Der Ueberfall einer Festung bedingt „das unbe- a) Ueberfall „merkte Eindringen in dieselbe, ohne daß die Besatzung „es wahrnimmt, bis schon ein Theil des Walles erstie- „gen oder wenigstens ein Eingang den überfallenden „Truppen geöffnet ist.“ Hieraus folgt: daß die beste Gegenwehr darin bestehet, überhaupt jede unbemerkte Annäherung und folglich jeden Ueberfall unmöglich zu machen. Dieses geschiehet durch eine sorgfältige Beobachtung der Vorsichtsmaaßregeln; oder, welches eben so viel ist, durch eine unausgesetzt strenge Ausübung der gewöhnlichen Vorschriften des Festungsdienstes. Es ist nicht hinreichend, alle Zu- und Eingänge durch die gewöhnlichen Mittel; Thor, Gatter rc. zu verschließen, und sie durch Außenposten und Schildwachten zu bewahren; man muß die einen, wie die andern durch unausgesetztes Visitiren der Befehlshaber, durch Ronden und Patrouillen stets munter und aufmerksam erhalten. Liegt die Besatzung einzeln in den Bürgerhäusern einquartieret; muß — sobald der Feind nicht uber 12 Meilen entfernt ist — außer den gewöhnlichen Wachten, des Nachts noch eine besondere, der Größe der Festung angemessene Bereitschaft an irgend einem schicklichen Orte aufgestellt werden, von wo sie jedem unerwartet a gegriffenen Orte sogleich zur Hülfe eilen kann. Besondere Berücksichtigung heischet hierbei der Bedeckte Weg, der von den, in den Waffenplätzen und Caponieren liegenden Leuten unausgesetzt abpatrouilliret werden muß, so daß die dazu bestimmten zwei Mann längs dem Glacis hinschleichen, und wenn sie etwas Verdächtiges bemerken, sogleich Feuer geben. Daß er im Belagerungszustande der Festung hinter dem Glacis entweder pallisadiret oder mit einer starken, undurchdringlichen Hecke eingefaßt seyn muß, versteht sich hier von selbst. Stehen die Pallisaden nicht im Bedeckten Wege, sondern im Graben; gehen hier die Patrouillen dichte an ihnen hin, wo sie den Vortheil haben: den Feind gegen den hellen Nachthimmel auf der Contrescarpe um so leichter zu entdecken, und ihn dem Kartetschenfeuer der Festung blosstellen zu können.

Fortsetzung 418. Die Flanken, so wie überhaupt alle Punkte, welche die innere Grabenböschung sehen und beschießen können, werden mit Geschütz besetzt, deren jedes mit 6 bis 10 Kartetschenschüssen und mit brennenden Lunten versehen ist. Hat der, übrigens trockne Graben, Einlaßschleusen; müssen diese in stets brauchbaren Stande erhalten und besonders Leute dazu unterrichtet und angestellt werden: um sie im Falle eines feindlichen Ueberfalles oder gewaltsamen Angriffes schnell zu öffnen, und die in den Graben gedrungenen Feinde zu ersäufen.

Des Nachts werden die Thore gar nicht, selbst nicht für einkommende Truppen geöffnet; es ist besser: diese auf dem Glacis bivouakiren zu lassen, und zu diesem Endzweck auf einer, von der eigentliche Angriffsfronte abgelegenen Seite eine niedrige Bretthütte zu erbauen. Selbst bei Anbruch des Tages dürfen die Thore erst nach Zurückkunft der ausgeschickten Patrouillen geöffnet werden. Wäre es wegen eingehender Posten nicht zu vermeiden, muß das dazu bestimmte Thor wenigstens dreimal mit Pallisaden abgeschnitten seyn, deren Eingänge nur einer nach dem andern, und wenn der vorhergehende wieder verschlossen worden, aufgemacht werden. Bestimmt man übrigens große Städte mit vielen Thoren zu provisorischen Festungen, ist es besser: einige derselben ganz mit Erde zu verschütten, und nur zwei oder drei zur nothwendigen Gemeinschaft offen zu lassen. Die Thorwachen werden mit Pallisaden umsetzt und zur Vertheidigung eingerichtet, auch vor den Zugbrücken Tambours angelegt, um jedes einzeln vertheidigen zu können, wenn auch der Feind schon in die Stadt gedrungen seyn sollte, denn nur durch die gute Vertheidigung des Po-Thores ward 1704 Cremona gerettet.

Auf die Brustwehr leget man runde Hölzer, um sie auf die Stürmenden herab zu rollen; auch werden zwanzig- bis dreißigpfündige Bomben hinter den Flanken bereit gehalten, um sie auf die feindlichen Kolonnen im Graben herunter zu werfen.

Vorzügliche Aufmerksamkeit verdienen die in die Stadt gehenden Abzüge, Wasserleitungen rc., die nicht allein mit eisernen Gittern verwahret, sondern auch von aufmerksamen und vertrauten Leuten bewacht werden müssen.

Bousmard, Essai général. Liv. VI. Chap. 5. Struensee, Kriegsbaukunst. 3r Th. §. 386. seq.) Die Kriegsgeschichte bietet uns viele Beispiele von gelungenen und fehlgeschlagenen Ueberfällen dar. Die aufmerksame Untersuchung der Ursachen, welche sie gelingen macht, oder die Festung retteten, wird in ähnlichen Fällen zur Richtschnur dienen. Kein Ueberfall ist möglich, wenn die zweckmäßige Vorsichtsmaaßregeln nicht vernachlässiget und Wachten und Patrouillen gehörig versehen werden. Als Bonaparte, während des Friedens, den unglücklichen Herzog von Enghien aus Offenbach rauben ließ, sollte ein gleiches mit einigen Emigrirten geschehen, die sich in Freiburg aufhielten. Allein, das hier in Besatzung liegende Oesterreichische Bataillon war auf seiner Hut, und kam schnell genug ins Gewehr, um die Räuber mit einen Verlust von dreißig Todten und Verwundeten abzuweisen.

Sicherheit gegen inneres Verständniß.

419. Es ist nicht hinreichend, den Umfang der Stadt zu bewahren, wenn eine feindlich-gesinnte Bürgerschaft heimliche Verständnisse mit dem Feinde und Verrätherei befürchten läßt. Ist der Feind nur etwa zwei Tagemärsche entfernt; muß man diesem Gegenstande die größte Aufmerksamkeit widmen: man muß zu dem Ende die Bürgerschaft entwaffnen; geschärfte Befehle gegen alle heimliche Zusammenkünfte u. dergl. geben und die Uebertreter mit unnachläßiger Strenge bestrafen. Man muß jedoch zu gleicher Zeit besorgt seyn: den Einwohnern keine gegründete Ursache zur Unzufriedenheit zu geben, und deshalb auch die Soldaten in strenger Mannszucht halten, indem man zugleich möglichst füt ihre Bedürfnisse Sorge trägt, und sie durch regelmäßige Lieferungen befriediget.

Struensee Kriegsbaukunst 3r Th. §. 380. seq. 390 seq.

b) Gegen gewaltsamen Angriff.
1) Feste Umschließung.

420. Sobald die Festungswerke im guten Stande sind, die Besatzung im Verhältniß derselben nicht zu schwach ist, und die Genauigkeit, womit der Dienst verrichtet wird, keinen Ueberfall gestattet; kann auch der Feind keinen gewaltsamen Angriff unternehmen, ohne sich, bei ungewissem Erfolg, einem außerordentlichen Verlust auszusetzen. Wenn der gewaltsame Angriff einiger Festungen gelang; ist die Ursache ganz allein in der Vernachläßigung des Dienstes, oder in der Schwäche der Besatzung zu suchen.

Das erste Mittel zu Abweisung eines g e w a l t s a m e n A n g r i f f e s, ist eine, nicht leicht zu öffnende, Umschließung: ein Wassergraben; oder wenigstens eine tiefe und 18 bis 24 Fuß breite Cünette, die mit Wasser und Schlamm angefüllt ist; eine starke Pallisadirung im Bedeckten Wege, — mit Kartetschen aus bombenfesten Caponieren bestrichen — oder im Graben, oder hier eine, mit Schießlöchern durchbrochene Mauer;

oder auch eine dichte, undurchdringliche Hecke; endlich hohe Futtermauern, welche die Leitererſteigung ſchwer und gefährlich, wo nicht ganz unmöglich machen. Bei alten Feſtungen, deren Futtermauern zum Theil eingeſtürzt ſind, oder die irgend eine zugängliche Stelle in ihrem Umfange haben; muß dieſe daher unerläßlich durch Palliſadirungen verſchloſſen werden, die gegen die feindlichen Geſchützwirkungen durch vorliegende Erdaufwürfe gedeckt ſind.

421. Alle beſtreichende Linien müſſen mit Geſchütz beſetzt werden, um den ſtürmenden Feind mit einem heftigen Feuer bewillkommen zu können. Es werden zu dem Ende die nöthigen Schießſcharten eingeſchnitten und Bettungen geleget, indem die Artillerie zugleich ſchon vorher die erforderliche Geſchützrichtung durch Verſuche beſtimmt hat, um bei einem nächtlichen Angriff nicht die Munition fruchtlos zu verſchwenden. Erlaubt es die Stärke der Beſatzung, die Auſſenwerke zu beſetzen, und dadurch eine vortheilhafte Beſtreichung des Bedeckten Weges zu bewirken; müſſen dieſelben durch ſtarke Palliſadirungen in den Kehlen geſchloſſen ſeyn, und wo möglich, auf dieſelbe Weiſe eine ſichere Verbindung mit dem Hauptwalle haben. In jedem andern Falle iſt es vortheilhafter: blos den letztern bei einem gewaltſamen Angriffe zu vertheidigen. Denn der Feind wird ſich unmöglich in den Auſſenwerken erhalten und feſtſetzen können, wo er der ganzen Feuerwirkung des Hauptwalles ausgeſetzt iſt. Schweidnitz gieng vorzüglich dadurch verloren: daß man alle Auſſenwerke beſetzte, anſtatt ſich auf eine nachdrückliche Vertheidigung des Hauptwalles zu beſchränken. 2) Beſtreichung der Linien.

Um in dunkeln Nächten des Zieles um ſo weniger zu verfehlen, werden auf dem Glacis, im Bedeckten Wege und im trocknen Graben Holzſtöße, unter einem mit Theer überſtrichenen Strohdache, errichtet, und durch Schwefel, Pech und Stroh leicht entzündlich gemacht. Sichere und entschlossene Leute werden zu dem Anstecken dieser Haufen bestimmt, damit es zu rechter Zeit, und nicht aus Furchtsamkeit zu früh geschiehet. Die von mehreren empfohlenen Leuchtkugeln haben einen zu kleinen Wirkungskreis, und sind daher hier nicht von großem Nutzen.

3) Vertheidigung durch die Mannschaft.

422. Ist der Feind bis in den Graben gekommen, werden Bomben, Granaten und die oben (§. 418.) erwähnten runden Hölzer auf ihn herabgeworfen, während die Flanken ein heftiges Kartetschenfeuer machen, um die angelegten Leitern umzuwerfen oder zu zertrümmern, und die heraufsteigenden Feinde zurück zu stürzen. Da die letztern während des Heraufklimmens wehrlos sind, können sie leicht durch Piken, durch gerade und lang geschäftete Sensen ꝛc. zurückgeworfen und die Sturmleitern umgestürzt werden. Alles alte, etwa im Zeughause vorhandene Gewehr, Sturmflegel, Morgensterne ec., ist hier mit Vortheil anzuwenden, denn jetzt ist der Augenblick für das — so oft empfohlene und so selten ausgeführte — Manöuvre: auf die Brustwehr zu steigen und dem heraufsteigenden Feind selbst anzugreifen.

Befinden sich Gallerien und Kasematten unter dem Hauptwalle, aus den man den Graben mit Geschütz und kleinem Gewehr beschießen kann; werden sie zwar besetzt; jedoch ist auf die Vertheidigung aus dergleichen Gallerien nicht sehr zu rechnen, und die einzelnen Flintenschüsse aus den Schießlöchern derselben werden keinen Feind abhalten, seine Absicht zu verfolgen. Hundert und mehr derselben wiegen in Absicht der Wirkung einen Einzigen Kartetschenschuß nicht auf.

Fortsetzung

423. Zu Vertheidigung der Brustwehren ist es unnütz, die Leute wie bei Feldschanzen in einem oder zwei Gliedern aufzustellen. Dies würde nur zu einem

eben

eben so zwecklosen als unwirksamen Feuer Gelegenheit geben. Es ist besser: sie in kleinen Abtheilungen von sechs oder acht Mann mit 10 Schritt Entfernung zu ordnen, damit sie vereint dem Feinde das Erklettern des Walles verwehren, und die zufällig schon hinauf gelangten um so leichter tödten oder in den Graben hinab stürzen können! Zu ihrer Unterstützung sind in jedem Bollwerke, oder hinter zweien derselben, Rückhalte von 40 bis 100 Mann aufgestellt, die unverzüglich auf den irgendwo eingedrungenen Feind losgehen, und ihn durchaus keinen Raum geben, sich festzusetzen oder weiter zu gehen. Andere, stärkere Truppenabtheilungen, mit einigen leichten Kanonen und Kavallerie, — wenn sich derselben in der Festung befindet — sind zu gleichem Zweck auf den Plätzen der Stadt vertheilet. Sie schicken immerwährend starke Patrouillen durch alle Straßen, um sich von der innern Ruhe zu versichern, und jede unruhige Bewegung der Einwohner zu Gunsten des Feindes, mit Nachdruck zu hindern.

Umfaßt der Feind nicht die ganze Stadt mit seinen Angriffen, sondern beschränkt er sich blos auf drei oder vier Punkte; läßt sich vielleicht eine vortheilhafte Diversion bewirken, wenn man mit 400 bis 600 Mann, Infanterie und Kavallerie, in den Graben gehet, um den stürmenden Kolonnen in die Flanke zu fallen. Bei einem solchen nächtlichen Gefechte, wo der Feind die Stärke der ausfallenden Truppen nicht beurtheilen kann, wird dieser Angriff gewiß nicht ohne Wirkung seyn. Der Feind wird sich abgeschnitten glauben, und sich vielleicht zurückziehen. Daß aber jeder Rückzug die Truppen ins Verderben führet, bedarf keiner Auseinandersetzung.

Es ist durchaus nothwendig die Besatzung schon in ruhigen Zeiten auf die Vertheidigung gegen einen gewaltsamen Angriff zu üben, und die Pflichten einer jeden Abtheilung für alle etwa mögliche Fälle genau zu bestimmen; damit keine Irthümer vorfallen, sondern die Unterbefehlshaber genau wissen, was sie zu thun haben? Wird alsdann, durch die gehörige Wachsamkeit, ein Ueberfall unmöglich: darf der Feind auch nun einen gewaltsamen Angriff noch weniger wagen. Er wird gewiß von einem Unternehmen abstehen, daß ihm keinen Erfolg verspricht, und niemals ohne großen Verlust ausführbar ist.

c) Gegen ein Bombement. 424. Hat die Festung Kasematten, bombenfeste Magazine und ähnliche Gebäude, in denen sich die Vorräthe der Besatzung sowohl, als diese selbst, unterbringen lassen; kann man auch einem feindlichen Bombardement ruhig entgegen sehen. Man macht zugleich die erforderlichen Anstalten, um einen gewaltsamen Angriff zurück zu weisen, im Fall ihn der Feind mit dem Bombardement verbinden sollte. Das Geschütz auf den Wällen wird durch Traversen und Deckwerke geschützt, und man bedienet sich vorzüglich der Mörser zur Gegenwehr; denn es würde vergebens seyn: die ziemlich entfernten Kessel- und Haubitzbatterien des Feindes mit Kanonen beschießen zu wollen. Der Mörser leistet hier noch die meiste Wirkung; besonders, wenn seine Fluglinie die feindliche Batterie schräge durchschneidet. Es wird daher vortheilhaft seyn: auf den schicklichen Punkten bedeckte Mörserstände anzulegen, wenn sich nicht schon dazu bestimmte Kasematten vorfinden. (S. §. 181.) Diese Stände bestehen aus zwei Seitenwänden von Stein oder Holz, 12 Fuß im Lichten von einander, die oben mit 12 Zoll dicken Balken und mit 4 bis 5 Fuß darüber geschütteter Erde bedecket werden.

Man leget gegenwärtig einen zu hohen Werth auf diese Mörserbedeckungen. Sie sind allerdings vortheilhaft; jedoch keinesweges so unbedingt nothwendig, wie die Geschützbedeckungen. Einmal bietet der Mörser mit seinem Block oder Schemmel eine weit kleinere Fläche dar, die nur durch einen seltenen und außerordentlichen Zufall getroffen werden kann; zweitens sind die herumfliegenden Bombenstücken den Mörserschemmel nicht gefährlich, und beschädigen ihn nicht, wenn sie ihn auch treffen, vorzüglich wenn es ein Block ist. Die Kanonenlaffete im Gegentheil, besonders die der stärkern Kaliber, ist mehr als doppelt so groß; die Möglichkeit getroffen zu werden, stehet daher in demselben Verhältniß. Auch wird jede zwischen, oder nahe am Schwanz springende, oder mit ihren Stücken die Räder treffende Bombe sie unfehlbar zertrümmern. Eben so gefährlich und nachtheilig sind für die Laffeten die Schleuderschüsse, welche den Wallgang der Länge nach bestreichen; ihnen sind die hohen Wallaffeten, mit denen man über Bank schießt, besonders ausgesetzt. Hieraus gehet die Nothwendigkeit klar hervor: zuerst die Kanonen gegen die feindlichen Projectilen zu bedecken und dann auch für die Mörser zu sorgen. Carnot oder vielmehr Franke und Virgin empfehlen zwar Deckwerke für die letzteren, jedoch keinesweges ausschließend, sondern immer nur in Verbindung mit den ungleich wichtigern, für die Kanonen. *Virgin*, de la défense des places. 4. p. 41 und an mehrern Orten. *Carnot*, de la défence des places fortes. p. 254. 452.

425. In solchen Orten, denen es gänzlich oder doch größtentheils an bombenfesten Räumen fehlt; ist ein Bombardement am meisten zu fürchten. Tiefe und gewölbte Keller lassen sich wohl durch eine Decke von Faschienen und Mist, oder Erde, Bombenfest machen; wo jedoch auch diese fehlen, werden Gebäude mit wenigstens 3 Fuß dicken Mauern aufgesucht, um sie mit quer herübergelegten Balken und darauf geschütteter Erde zu bedecken; (§. 354. 355. 358. 381. 401. Wörterbuch d. Kriegsbauk. Artik. Blendungen und Bombenfest.) damit man die Vorräthe für die Besatzung darinnen unterbringen kann. Die Größe des, auf diese Weise zu sichernden Raumes ergiebt sich aus der Menge der unterzubringenden Dinge; und es wird nicht fehlen: daß sich eine Anzahl Gebäude mit massiven Mauern dazu ausmitteln lassen. Fortsetzung

Gegen das Feuer müssen übrigens alle nur mögliche Vorkehrungen getroffen werden, um seine zu große

Verbreitung zu hindern, weil man dem Feinde das Anzünden der brennbaren Gebäude nicht wehren kann.

Das beste Mittel, das Bombardement zu hindern, sind gut besetzte, und weit vorliegende Werke, die der Feind weder durch eine Kanonade wehrlos machen, noch durch einen unerwarteten, gewaltsamen Angriff nehmen kann. (§. 149. seq. 220. 271.) Hieraus folgt:

1) daß jedes solche Werk eine hinreichende Anzahl Geschütze und eine Besatzung von 200 Mann enthalten muß.

2) Daß Geschütz und Besatzung hinreichend gegen die feindlichen Projectilen durch Deckwerke gesichert sind.

3) Daß es nicht an Raum fehlet, um vorräthige Lebensmittel auf 3 oder 6 Tage unter zu bringen, wenn vielleicht so lange die Verbindung mit der Festung selbst unterbrochen würde.

4) Daß zwei solcher neben einander liegende Vorwerke sich gegenseitig bestreichen und unterstützen, damit der Feind nicht sich zwischen sie setzen, oder eins masiren kann.

d) Gegen das Aushungern.

426. Mit dem Bombardement ist gewöhnlich eine völlige Einsperrung der Festung verbunden, ohne die jenes ganz zwecklos erscheinen würde, die aber häufig als ein Mittel angesehen und gebraucht wird: eine zu starke Besatzung mit verhältnißmäßig wenigen Truppen, oder eine solche Festung zu bezwingen, wegen deren Lage und Beschaffenheit eine formliche Belagerung mit unendlichen Schwierigkeiten verbunden seyn würde.

Die Erste Bedingung des Widerstandes ist hier eine hinreichende Menge Lebensmittel und die erforderliche Munition, um nach einer mehrmonatlichen Einschließung, noch einer förmliche Belagerung widerstehen zu können.

Ein nicht zu erschöpfender Wasservorrath gehört

dahin. Wenn die Festung an einem Flusse liegt, oder eine hinreichende Menge Schöpfbrunnen oder Pumpen hat; bedarf es keiner weitern Fürsorge; wird sie hingegen blos durch Röhrwasser versorget, das vielleicht abgeschnitten werden kann, muß man diesem unentbehrlichen Bedürfniß durch Cisternen abhelfen, in welchen man das Regenwasser sammlet, und die durch Deckwerke von starken Balken gegen die feindlichen Bomben gesichert werden.

Man muß drittens auch einen hinreichenden Geldvorrath besitzen, um theils die Truppen während der Einsperrung bezahlen, theils frische Magazinvorräthe anschaffen und die Wiederherstellung der Kriegsgeräthe bestreiten kann. Es darf endlich auch nicht an Arzeneien zur Krankenpflege fehlen. Denn in einem eingesperrten Orte entstehen nothwendig Epidemien, denen man durch zweckmäßige Mittel begegnen und ihre weitere Verbreitung möglichst hindern muß.

Die erforderlichen Mundvorräthe müssen wenigstens auf 6 Monat berechnet seyn, das Mehl und Getreide aber auf ein Jahr. Für die erstere Zeit muß man sich auch mit Gewürz und ähnlichen Bedürfnissen versorgen, die, wenn auch nicht unbedingt nothwendig, doch zu einer besseren Verpflegung erforderlich sind. Bergfestungen, die durch gewaltsame Mittel nicht leicht bezwungen werden können, sollten sogar auf eine noch längere Zeit mit Mehl und Getreide versorgt seyn; besonders, wenn sie in einer nicht sehr fruchtbaren Gegend liegen, wo die Zufuhren aus einiger Entfernung herbeigebracht werden müssen. (Wörterb. der Kriegsbaukunst. Versorgung).

427. Ist die Besatzung der blockirten Festung zahlreich genug, kann sie wähend der Einsperrung durch starke und gut geleitete Ausfälle den Feind zurückdrängen und sich von Zeit zu Zeit neue Lebensmittel verschaffen. Wenn das Einschließungs-Corps, wie es gewöhnlich der Fall ist, durch seine große Ausdehnung, Fouragieren der Umgegend.

nirgends gehörigen Widerstand leisten kann; wenn es durch einen breiten Fluß getrennt, keine leichte und bequeme Verbindung hat; muß es der Besatzung leicht werden, an irgend einem Orte durchzubrechen. Und nie werden die zu einem solchen Ausfall bestimmten Truppen ganz mit leerer Hand zurückkehren! Sie müssen deshalb jederzeit eine Anzahl leerer Wagen bei sich haben, um während des Gefechtes die aufgefundenen Lebensmittel sogleich nach der Stadt zu bringen.

Da die ausfallenden Truppen sich hier zwei bis drei Stunden weit von der Stadt entfernen; muß man alle Vorsicht brauchen: durch Zwischenposten mit Geschütz ihren Rückzug zu sichern, und zu verhindern, daß sie durch ein rasches Vordringen des Feindes nicht vielleicht ganz abgeschnitten werden können. Auf gleiche Weise müssen die Wälle und Aussenwerke der Festung gehörig besetzt seyn, damit nicht ein unternehmender Feind die Abwesenheit eines bedeutenden Theiles der Besatzung benutzt, um einen gewaltsamen Angriff zu versuchen.

e) Gegen eine förmliche Belagerung.

428. Bei allen, bisher aufgeführten Arten des Angriffes, ist angenommen: daß der Umfang der Festung noch unberührt ist; so daß, wenn sonst von Seiten der Angegriffenen zweckmäßige Vertheidigungsmittel angewendet werden, der Feind nicht eindringen kann. Er muß sich demnach durch Oeffnen des Walles einen Weg bahnen, indem er durch seine Laufgräben geschützt, sich Schritt vor Schritt nähert, und dadurch den Belagerten endlich auf einen so kleinen Raum beschränkt, daß ihm Nichts übrig bleibt: als fechtend zu fallen oder sich zu ergeben. Ehe jedoch dieser Zeitpunkt eintritt, muß der Belagerte alle, ihm zu Gebote stehenden Hülfsmittel anwenden: die Fortschritte des Belagerers zu hemmen; ihn den Weg in die Festung zu versperren; und durch immer neue Hindernisse so viel Zeit,

als nur möglich, zu gewinnen. Dieses wechselseitige Ringen zu Erreichung des Zweckes wird den Inhalt der folgenden Kapitel ausmachen, die demnach den Gang einer förmlichen Belagerung zeichnen.

Drittes Kapitel.

Vorbereitungen zu einer förmlichen Belagerung.

429.

Alle vorher angeführte Angriffsweisen beruheten auf der Voraussetzung einer nachtheiligen Verfassung der angegriffenen Festung: sey es nun durch Mangel gehöriger Vertheidigungsmittel, oder durch Mangel an Intelligenz und durch Vernachlässigung der gehörigen Vorsicht von Seiten der Besatzung. Ist aber die Festung mit allen Nothwendigen gehörig versehen; sind ihre Werke in einem guten Zustande; fehlt es ihr nicht an bombensichern Räumen; hat sie einen gleich tapfern und verständigen Befehlshaber, von kenntnißvollen und kaltblütigen Ingenieurs und Artilleristen unterstützt; hat sie endlich eine zureichende, entschlossene Besatzung; muß auch der Feind ganz andere Mittel anwenden, um ihrer Meister zu werden, sobald es die Umstände nicht erlauben, sie unberührt vorbei zu gehen. Sie liegt nemlich vielleicht auf der Communication der Armee, auf die ein unternehmender Commandant nachtheilig wirken könnte; oder sie ist zu Bildung einer Operations-Basis nothwendig, um der Armee bei dem Vorrücken zum Depot ihrer Lebensmittel und Kriegsbedürfnisse zu dienen; oder man bedarf für den Winter und

Veranlassung.

zu Sicherung der Quartiere einer Vertheidigungslinie, oder man muß sich endlich den Eingang in des Feindes Land öffnen, dessen Zugänge von Festungen bewahret werden und nicht zu umgehen sind.

Belagerungsentwürfe. a) Belagerungsarmee.

430. Ehe man zur förmlichen Belagerung einer Festung schreiten kann, muß ein genauer und ausführlicher Entwurf über die dazu erforderlichen Geschütze, Munition und Geräthschaften gemacht, auch die Stärke der Belagerungsarmee bestimmt werden. Die letztere hängt jedoch gewöhnlich mehr von andern Umständen ab: je nachdem man bei Eröffnung des Feldzuges vordringen will; oder bei Verfolgung des geschlagenen Feindes die Festung vorbei gehet, und sie blos durch ein zurückgelassenes Corps einschließt und belagert.

Im Allgemeinen setzt Vauban fest: daß die Belagerungsarmee immer um zweimal stärker seyn müsse, als die Besatzung. Dies modifiret sich jedoch nothwendig nach der Lage der Festung; der Zahl der zu führenden Angriffe; der Möglichkeit eines Entsatzes, wenn diesem — wie es immer seyn sollte — ein besonderes Beobachtungscorps entgegengesetzt wird, oder nicht. Bei kleinen, aber sehr starken Festungen, Bergschlössern u. dergl., die öfters nur einige hundert Mann Besatzung haben, würde das obige Verhältniß lange nicht hinreichend seyn; man muß 6000 bis 10000 Mann zu ihrer Belagerung haben, um sie gehörig einschließen und die vorkommenden Arbeiten bestreiten zu können.

Königstein in Sachsen, Bitsch, Cosel, Silberberg, das ehemalige Schloß von Trarbach gehören in diese Kathegorie.

Fortsetzung

431. Bei der wirklichen Bestimmung der Belagerungsarmee sind folgende Gegenstände besonders zu berücksichtigen:

1) die Stärke der täglichen Laufgrabenwache.

2) Die zu Bedienung und Bewegung des Geschützes nöthigen Leute.
3) Die Laufgrabenarbeiter.
4) Die Sicherheitswachen, Aussenposten, Patrouillen, Eskorten und Salvegarden.
5) Die täglichen Absendungen nach Lebensmitteln, die Lagerwachen rc.
6) Den Abgang durch Wunden und Krankheiten.

Die nähern Bestimmungen hängen hier blos von den Umständen ab, und erleiden daher mancherlei Abänderungen. Eine starke Besatzung erheischet auch eine stärkere Laufgrabenwacht, die sich zu jener bald wie 3 zu 4, bald wie 1 : 2, oder auch 1 : 3 verhält, vorausgesetzt: daß der Soldat wenigstens 4 Tage frei hat. 2) und 3) hingegen werden durch die Form des Festungsumrisses bestimmt, welche von den Angriffsarbeiten umfaßt werden müssen. 4) Beruhet auf der Beschaffenheit des Terrains, und auf der größern oder geringern Entfernung des Feindes. Hieraus folgt denn: daß die Belagerungsarmee sich zur Besatzung verhält, wie 5 : 1, oder wie 8 : 1, oder wohl gar wie 20 bis 30 : 1. (*Cormontaigne*, Mémorial pour l'attaque etc.)

432. Es fällt in die Augen: daß eine größere Anzahl schweres Geschütz auf gleiche Weiten in kürzerer Zeit die Futtermauern einstürzt. b) Belagerungsgeschütz.

Da nun die Eroberung der Festung in der möglich kürzesten Zeit und mit dem geringsten Verlust der Hauptzweck der Belagerung ist; muß man zu dem Brechen der Mauern nothwendig die möglichst größte Geschützmenge anwenden. Dies ist jedoch nur bei solchen Festungen möglich, deren hohe und nicht durch das Glacis gedeckte Futtermauern von weitem gesehen und beschossen werden können. Bei denen aber, wo man die Brechbatterien durchaus auf das Glacis, oder in den Bedeckten Weg legen muß, ist die Zahl der dazu anzuwendenden Geschütze beschränkt. Sie hängt hier von der Länge der Façe ab, in sofern sie nicht durch das Reduit des Waffenplatzes verdeckt ist. Man wird daher gegen die Façe des Bollwerkes nicht über 6, und gegen die, eines gewöhnlichen Revelins nur 4 oder 5 Kanonen aufstellen können, welches eine Zahl von etwa 24 bis 28 vier- und zweipfündigen Kononen giebt, die zugleich auch die Nebenwerke demontiren müssen.

Zu den Schleuderschüssen. 433. Zu den Schleuderschüssen werden in der neueren Zeit immer nur zwölfpfündige Kanonen und Haubitzen angewendet. Die ersteren haben bei etwas verstärkten Ladungen hinreichende Kraft, und ihre Herbeischaffung ist um die Hälfte leichter, als die der Vierundzwanzigpfünder. Die Haubitzen würden sich ausschließend für diesen Zweck eignen; wenn ihnen nicht die Kostbarkeit ihrer Munition und besonders die Unsicherheit ihrer Schaßlinie entgegen stände. (§. 4.) Um die nöthige Anzahl derselben zu bestimmen, rechnet man auf jede, zu bestreichende, Linie und ihren Bedeckten Weg, gewöhnlich 2 Kanonen und 2 Haubitzen. Die angegriffene Fronte einer bastionirten Festung bestehet etwa aus 2 Bollwerken, einem Ravelin dazwischen (vor dem vielleicht noch eine Brille liegt) und den beiden Neben-Ravelinen, deren einwärts gekehrte Façen gleichmäßig wehrlos geschossen werden müssen. 20 Zwölfpfünder, eben so viel Haubitzen, ohne das Vorrathsgeschütz, würden dennoch auf jeden Angriff zu rechnen seyn. Hierzu kommen noch die Kanonen in den Flügel-Reduten, und einige Demontir-Batterien, in der zweiten Parallele; so daß man die ganze Anzahl des Belagerungsgeschützes auf:

24 bis 28 vierundzwanzigpfündige Kanonen,
60 bis 76 zwölfpfündige desgl.

30 Haubitzen und
40 Mörser und Steinböller

berechnen kann; das bei dem Einschließungscorps befindliche Feldgeschütz ungerechnet, welches blos bei Ausfällen, oder gegen die feindlichen Entsatztruppen bestimmt ist. (Wörterb. d. Artiller. Artik. Belagerungstrain).

Die Schriftsteller weichen bei Bestimmung des Belagerungstrains sehr von einander ab, je nachdem sie einen oder zwei gleichzeitige Angriffe, oder eine besondere Verstärkung derselben dabei berücksichtigen. Noch mehr findet sich diese Verschiedenheit bei den wirklichen Belagerungen, wo noch die Möglichkeit der Herbeischaffung zu berücksichtigen ist. Bei den früheren Belagerungen der Franzosen, die vollständige Züge Belagerungsgeschütz in den Grenzfestungen bereit hatten, findet man daher immer eine weit größere Anzahl schwerer Kanonen und Haubitzen angewendet, als in der neueren Zeit, wo die Belagerungsarmee, von ihren Hülfsquellen entfernt, sich öfters auf das durchaus Unentbehrliche beschränken mußte. Daß die Verschiedenheit der Menge des Belagerungsgeschützes nothwendig sehr wesentlichen Einfluß auf den schnellern Gang der Belagerung haben muß; fällt von selbst in die Augen. Eine Festung, die einmal in weniger als dreißig Tagen durch die Ueberlegenheit des Feuers zur Uebergabe gezwungen wird, kann sich gegen eine, nur halb so starke, Geschützzahl vielleicht dreimal länger halten. Doch wird anderer Seits die fehlende Geschützmenge auch zum Theil durch eine zweckmäßige Aufstellung und durch einen richtigen Gebrauch desselben ersetzt. So fiel Tortosa 13 Tage nach Eröffnung der Laufgräben, und einem viertägigen Feuer der Batterien, wodurch fast alles Geschütz der angegriffenen Fronte gänzlich unbrauchbar gemacht ward. Nachstehende Uebersicht giebt die Zahl der, bei verschiedenen Belagerungen wirklich gebrauchten Geschütz an:

		Kanonen. 24pfdg.	Kanonen. 12pfdg.	Haubitzen.	Mörser u. Steinböller.
Luxemburg	1684.	40.	8.	—	21.
Bonn	1689.	100.	40.	—	21.
Mons	1691.	46.	12. und 69. kleinere	—	27.
Namur	1692.	72.	24. und 100. kleinere	—	60.
—	1695.	90.	70.	—	55.
Charleroi	1693.	57.	22. und 70. kleinere	—	61.
Turin	1706.	110.	27.	—	65.
Namur	1746.	50.	20.	—	71.
Bergen op Zoom	1747.	83.	—	22.	70.
Mastrich	1748.	80.	—	20.	30.
Schweidnitz	1762.	68.	—	12.	20.
Gibraltar	1781.	170.	—	—	60.
Mainz	1793.	120.		18.	49.
Saragossa	1808.	38.	10.	18.	12.
Tortosa	1808.	29.	—	8.	14.

c) Munition und Artilleriegeräthe.

434. Die Munition an Kugeln, Pulver ꝛc., so wie die übrigen zu dem Geschütz gehörigen Geräthschaften hängen von der Anzahl desselben ab, indem man auf eine Kanone gewöhnlich 1000 Schuß, auf jede Haubitze und jeden Möser aber 800 Würfe rechnet. Die Erfahrung hat nicht allein dieses als völlig hinreichend erwiesen, sondern es lassen sich auch aus Einem Geschütz nicht viel über 1000 Schüsse thun, ohne daß es unbrauchbar wird, oder wenigstens ein neues Zündloch eingesetzt werden muß.

Um die zertrümmerten Laffeten sogleich ersetzen zu können, sollte man immer ihre Zahl = $\frac{6}{5}$ der Geschützmenge setzen, Mörserblöcke hingegen, die mehr Widerstand leisten, bedarf es nur $\frac{1}{8}$ zum Vorrath. Da alle hierher gehörige Bestimmungen blos von der Artillerie ausgehen, werden sie hier, mit Verweisung auf das Allgemeine Wörterb. der Artiller. Artik. Belagerungstrain, übergangen.

Bei den vorher angeführten Belagerungen wurden verbraucht:

	Kanonenkugeln.				Bomben.		
	33pfdg.	24pfdg	16pfdg.	12pfdg.	18″.	12″	u. 10″.
Luxemburg.	6792.	30100.	—	—	—	—	5501.
Mons.	4840.	27900.	3182.	2500.	106.	4580.	1064.
Namur.	1893.	33540.	4506.	6420.	334.	7440.	1350.
Charleroy.	2885.	45189.	—	8440.	589.	8000.	2800.
Turin.	—	69237.	15800.	21000.	—	13519.	7096.

(Ueberdies bei Mons 19251, bei Namur 4000 und bei Charleroy 6000 acht- und vierpfundige Kugeln.)

Schweidnitz — 48599 — 62204 — 15746 — 1206 Haubitzgranaten

Gibraltar — 175741 — ——— — 68363 Bomben.

Man siehet hieraus: daß auf jedes Geschütz nicht unter 500 und nicht über 1400 Schuß oder Würfe kommen.

435. Die übrigen Belagerungsgeräthschaften, welche eigentlich in das Fach des Ingenieurs gehören, lassen sich füglich in zwei verschiedene Klassen theilen: in solche, welche schon vorher angeschafft und nach der belagerten Festung hingebracht werden; und dann in solche, welche der Belagerer erst an Ort und Stelle verfertiget, um sich ihrer als Material zu Aufführung seiner Laufgräben, Batterien und Verschanzungen zu bedienen. Die erforderliche Menge beider wird durch den Umriß der Festung gefunden; denn man siehet von selbst: daß eine, beinahe gerade, Fronte eine weit größere Ausdehnung der Tranchee erfordert, als eine schmälere, wo man blos zwei Bollwerke und das Ravelin zwischen ihnen umfassen darf. Eine größere Länge der Ersten Parallele aber erheischet auch eine stärkere Anzahl Arbeiter und folglich auch, mehr Schanzzeug und mehr Aexte, Beile, Sägen 2c., um die größere Menge Faschinen, Schanzkörbe 2c. zu liefern.

d) Schanz- und verschiedenes Werkzeug.

Kleine Festungen hingegen, Bergschlösser ꝛc. können durch eine geringere Länge der Tranchee umschlossen werden. Ja, es bedarf hier wohl nicht einmal einer förmlichen Parallele, weil man die Ausfälle der, an sich schwachen Besatzung nicht fürchten darf. Es ist vielleicht hinreichend: die Batterien durch ein bloßes Stück Laufgräben zu decken, von Reduten auf den Flanken bestreichen. Rechnet man nun im Verfolg dieser Bestimmungen auf jede 4 Fuß der Tranchee einen Arbeiter mit Schaufel und Erdhaue, oder in leichterem Boden, mit einem Stichspaten, ergiebt sich daraus die erforderliche Menge des Schanzzeuges.

Vor Fürnes 1744 wurden die Laufgräben von 2500 Arbeitern eröffnet. Vor Menin in demselben Jahre von 4500 Arbeitern; vor Tournay 1745 von 3300 Arbeitern; vor Sarragossa 1808 von 2000 Arbeitern, und vor Tortosa von 3000 Arbeitern. Man wird demnach nicht fehlen, wenn man annimmt:

	a) bei groß. Festungen.	b) bei klein. Fest.
Eiserne Schaufeln	5000 . .	2500
Erdhauen	5000 . .	2000
Steinpickel oder Spitzhauen	1000 . .	500
Stichspaten	3000 . .	1000
Faschinenmesser	3000 . .	1000
Kleine Beile	3000 . .	1600
Große Zimmersägen . .	10 . .	10
Handsägen	50 . .	50
Große Aexte	100 . .	100
Minirkörbe	1000 . .	1000
Richtscheite	50 . .	50
Setz- oder Schrotwagen .	50 . .	50
Bleilothe	50 . .	50
Handrammen	100 . .	100
Bleischägel	200 . .	100
Handschlägel	200 . .	150
Sappeurgabeln	40 . .	40.

Die hier angegebenen Zahlen sind zwar als ein Minimum anzusehen, jedoch in allen Fällen ausreichend, wenn nur sonst bei der Ausgabe des Schanzzeuges an die Arbeiter, und bei der Wiederabgabe desselben die gehörige Aufsicht und Ordnung statt findet. Ohnehin müssen die Landleute, wenn sie zum Schanzenbau aufgeboten werden, Schaufeln, Hacken und Beile bei sich haben.

436. Die **Materialien** zur Laufgrabenarbeit sind Faschinen, Schanzkörbe, Pfähle, Hurten, Sandsäcke und Holz zu den Geschützbettungen und Batteriemagazinen. Alle diese verschiedenen Dinge werden immer erst bei der Ankunft des Belagerungskorps vor der Festung verfertiget. Weil es jedoch hier öfters an dem dazu unentbehrlichen Buschwerk fehlet, müssen sie von weiten angefahren werden, wie z. B. in der Belagerung von Vintimiglia 1747, wo sie von Antibes über die See gebracht wurden. Ihre Menge richtet sich nach der Größe der Festung oder der davon abhängigen Länge der Parallele.

e) Materialier. 1. Faschinen.

Man läßt zu dem Ende die Truppen sogleich nach Einschließung der Festung 6 Fuß lange, 10 Zoll dicke Faschinen verfertigen, deren Zahl man aus der ohngefähren Länge der Laufgräben findet, indem man auf jeden Fuß eine sechsfüßige Faschine rechnet, und etwa 3000 von jeden Bataillion abliefern läßt.

Die erste Parallele mit ihren rückwärts gehenden Verbindungsgräben, oder Communicationen, wird nemlich mit angelegten Faschinen abgesteckt, und bekommt die erstere 2 Auftritte, jede von 2 Faschienen. Die zweite und dritte Parallele aber bestehet aus Schanzkörben, die oben mit 3 Faschinen bedeckt werden und ebenfalls 2 Auftritte hinter sich haben. Man bedarf demnach auf jede 6 Fuß Länge:

in der ersten Parallele	5	Faschinen.
in der zweiten und dritten	7	—
in den Verbindungsgräben	1	—
bei den Sappenarbeiten	3	—
zu den Laufgrabenkatzen	11	—

Ungerechnet das Bedürfniß der Artillerie an 12 Fuß langen, 12 Zoll starken Faschinen, von denen man auf jede Kanone 696 Fuß und auf jeden Mörser 378 Fuß in Anschlag bringt.

Zeit und Arbeiter. 437. Auf jede Faschinenbank muß man 3 Mann zu dem Würgen und Binden der Faschinen, 1 Mann zu dem Herbeitragen des Strauchholzes, und 2 Mann zu dem Aussuchen und Drehen der Bindeweiden geben. Auf 6 Faschinenbänke werden dann noch besonders 2 Mann zu Unterhaltung des Feuers und zu den Bähen der biegsamen Aeste bestimmt. Sind die Arbeiter nicht ganz ungeübt und fleißig: können auf jeder Bank in 6 Stunden 10 oder 12 Batteriefaschinen von 12 Fuß, oder 20 gewöhnliche Faschinen von 6 Fuß Länge gebunden werden.

Um das Strauchwerk abzuhauen, werden besondere Leute mit Sägen und Aexten kommandiret, und die Bäume selbst — wenn kein Schlagholz vorhanden ist — alsdann zu den Magazinen, Stückbettungen und zu den Pfählen angewendet. Die fertigen Faschinen werden dann nach dem Niederlagort gebracht, und 20 bis 30 auf einen Wagen geladen, oder 2 von einem Kavalleristen fortgebracht, indem er auf jede Seite des Pferdes eine hängt.

Man unterscheidet die Faschinen in:

a) gewöhnliche Faschinen von 6 Fuß (oder nach le Febvre, von 4 Fuß Länge und 10 Zoll stark), fünf- bis sechsmal gebunden. Zu dem Traciren der Laufgräben macht man die Faschinen wohl nur 4 Zoll stark. Eine solche Faschine wiegt dann, ausgetrocknet, nur etwa 15 Pfund. Da die gewöhnliche Faschine 45 Pfund wieget. —

b) Batteriewürste, bei gleicher Stärke, 12 Fuß lang und zwölfmal gebunden, sind ausschließend zu dem Batteriebau bestimmt. 18 bis 20 Fuß Länge, wie man ihnen ehemals gab, macht sie sehr unbequem fortzubringen; sie brechen leicht entzwei und erschweren den Bau, anstatt ihn zu fördern. Eine solche Wurst wiegt gegen 245 Pfund.

c) Deck-

c) Deckfaschinen zur bedeckten Sappe, der Absteigung in den Graben rc. bestimmt, werden 1 Fuß dick und 6 bis 12 Fuß lang von sehr starken Aesten gebunden. Beschweret man sie mit eingelegten Steinen; bekommen sie den Namen die Wasserfaschinen.

d) Sappierbunde sind nur 3 Fuß lang, 9 Zoll dick. Sie haben in der Mitte einen 4 Fuß langen Pfahl, dessen Spitze unten hervorraget, um sie beim Sappieren hinter die Zwischenräume der Schanzkörbe zu stellen, oder die letzteren damit auszufüllen, wenn es bei Felsenboden an Erde dazu fehlet. Die Sandsäcke sind jedoch zu diesem Behuf vorzüglicher.

Die wirkliche Verfertigung der Faschinen, Hurten, Schanzkörbe u. s. w wird am besten praktisch gelehret. Sie findet sich auch im Wörterbuch d. Artillerie; in des Hauptmann Asters Lehre vom Festungskriege; so wie in allen Werken, die von der Feldverschanzungskunst handeln.

438. Pfähle, 3 Fuß lang, 2 Zoll stark, aus Scheitholz gespalten, zu dem Aupflöcken der Faschinen, werden auf jede derselben 3, auf jede Batteriewurst aber 6 gerechnet. Die Schanzkörbe endlich erfordern: Pfähle.

a) die Sappenkörbe 9 Pfähle,

b) die großen Rollkörbe 11 —

woraus sich denn die ganze Anzahl der nöthigen Pfähle von selbst ergiebt. Aus 1 Klafter Scheitholz lassen sich ohngefähr 1000 Pfähle spalten. Wenn aber das Holz erst gefällt werden muß, können 10 Mann in 12 Arbeitsstunden 1000 Pfähle verfertigen, und bedarf man dazu 3 Bäume von 10 bis 18 Zoll Durchmesser unten.

439. Man giebt den Schanzkörben zum Behuf der Sappen 3 Fuß Höhe und 18 bis 24 Zoll Durchmesser, der sich alsdenn durch das Flechten noch um 6 Zoll vergrößert. Ihnen bis 3 Fuß äußere Stärke Schanzkörbe.

zu geben, macht sie in der Arbeit zu unbequem; die Sappenkörbe in der Belagerung des Trarbacher Schlosses waren daher innerlich nur 18 Zoll, und im Ganzen 2 Fuß dick, um sie auf dem steil abhängenden Boden leichter bewegen und aufstellen zu können, das nicht anders, als vermittelst der Sappiergabel geschehen kann. Ein solcher, 3 Fuß hoher, 2 Fuß weiter Schanzkorb wieget 55 Pfund; ein kleinerer von 2 Fuß Höhe und 18 Zoll Weite aber, 47 Pfund.

Die größeren, oder sogenannten Rollkörbe, zu Deckung des arbeitenden Sappierers, bekommen 3 Fuß innern Durchmesser und 4 bis 5 Fuß Länge. Sie müssen möglichst dicht und fest geflochten und inwendig mit Strauchholz, oder auch wohl mit Wolle oder altem Tuch ausgestopfet werden, um keine kleine Kugel hindurch zu lassen.

Eine noch andere und kleinere Art Schanzkörbe, die man ehedem zu Deckung der Schützen auf die Brustwehr stellte, ist jetzt nicht mehr in Brauch. Man bedient sich anstatt ihrer der Sandsäcke.

Fortsetzung 440. Da die Schanzkörbe zu der zweiten Parallele, so wie zu allen übrigen Laufgrabenarbeiten angewendet werden, sind ihrer eine sehr bedeutende Menge nöthig. (S. Belagerungsentwurf im W. d. K.) Man rechnet auf jede laufende Ruthe der Laufgräben 5, oder wenn sie äußerlich nur 2 Fuß dick sind, 6; wodurch sich die erforderliche Anzahl von selbst ergiebt. Rollkörbe sind zwar nur auf jeder Sappe einer nöthig; wenn jedoch der Boden sehr uneben oder steinigt ist, läßt sich der Rollkorb nur schwer in die neue Richtung wenden. Man läßt ihn in diesem Falle öfters liegen, und bringt einen neuen an die Spitze der Sappe, es ist daher zweckmäßig: die drei- und vierfache Zahl derselben verfertigen zu lassen. Zu jedem Schanzkorb werden 4 Mann angestellt, die einen 3 Fuß hohen, in ½ Stunde einen 4 oder 5 Fuß hohen, aber in etwa 3 Stunden fertig machen können. Ein Fuder Strauchholz giebt 18 bis 20 Sappen, und 5 bis 7 Rollkörbe.

Sobald die Schanzkörbe nicht augenblicklich verbraucht werden, sondern mehr austrocknen; müssen durchaus 2 Kränze, einer oben und einer unten, geflochten werden. Bei den Rollkörben ist es vortheilhaft: sie doppelt zu flechten, und sie durch 3 oder 4 Kränze zu befestigen, damit sie durch eine hineintreffende Kugel nicht so leicht auseinander gerissen werden können.

441. Zu Bedeckung der Laufgrabensohle in sumpfigen Boden, so wie zum Damm über einen Wassergraben, werden Hurten geflochten, 5 Fuß lang und 2½ Fuß breit. Sie müssen auf den beiden langen Seiten gut mit Weiden befestiget werden, und bekömmt man 10 bis 12 aus einem Fuder Strauchholz. Hurten, Blendrähmen und Sandsäcke.

Die Blendrähmen dienen zur Absteigung in den Graben, und zur bedeckten Sappe. Sie bestehen aus 2 Ständern, 8½ Fuß lang, 4 Zoll dick, mit 4 Fuß Weite, durch 2 Riegel, von gleicher Stärke verbunden, die 6 Fuß im Lichten von einander stehen. Zu Einer Absteigung in den Graben sind bis 130 solcher Blendrähmen nöthig.

Sandsäcke endlich haben eine vielfache Bestimmung: a) man legt sie auf die Brustwehr der Laufgräben zu Deckung der Schützen; b) man verblendet die Oeffnungen zwischen den Sappenkörben damit; c) sie werden bei dem Damm über einen nassen Graben gebraucht; d) sie dienen zum Versatz der Minen, so wie e) in felsigen Boden zu Aufführung ganzer Brustwehren, wo sie den wichtigen Vortheil sehr schneller Arbeit gewähren. Jeder Sandsack erfordert 3 Fuß grobes Sacktuch. Man rechnet ihrer:

a) auf jeden laufenden Fuß der Laufgräben und der Sappen 2.

b) Auf jeden Schanzkorb der Sappe 4.

c) Auf jeden Fuß der Grabenbreite 86⅓.

d) Zu den Versatz einer Minenkammer höchstens 400.

e) Auf jede 2 Fuß Brustwehr, von 7 Fuß Höhe 510, oder 15000 zu einer Batterie von 4 Kanonen und 2 Mörsern, die von 100 Mann in 5 Stunden gefüllt werden.

Vor Luxemburg 1684 wurden 109019 Sandsäcke verbraucht; 1692 vor Namur 86253; vor Charleroi 49700; 1706 vor Turin 142260. Vor Gibraltar führten die Spanier in Einer Nacht, eine 950 Schritt lange, 12 Fuß hohe Brustwehr von 1600000 Sandsäcken auf.

Nach Cormontaigne (Mémorial pour l'attaque des places) ist an Baumaterialien nöthig;

	a) zu einer großen Festung.	b) zu einer kleinen Fest.
Faschinen . . . (70000 ungerechnet, welche für die Artillerie zu Verfertigung der Batteriewürste bestimmt sind.)	150000 . .	12000
Pfähle . . .	450000 . .	100000
Sappenbunde . .	10000 . .	6000
Schanzkörbe . .	15000 . .	4000
Hurten . . .	1000 . .	800
Blendungsrähmen .	400 . .	260
Sandsäcke . . .	150000 . .	30000.

Alle diese Bedürfnisse müssen schon vor Eröffnung der Laufgräben bereit seyn, weil sie zur Ersten Parallele und den Ersten flüchtigen Sappen nöthig sind. Die im Fortgange der Belagerung erforderlichen werden nachher verfertiget.

Mienen-krieg. 442. Obgleich die zu belagernde Festung keine Gegenminen hat; ist es dennoch nothwendig: Minirer mit ihren Werkzeugen bei dem Belagerungskorps zu haben, wenn vielleicht die Umstände es erfordern: die Futtermauern zu miniren, oder wenn die Festung nach ihrer Eroberung vielleicht geschleift werden soll. Ja, schon zu der Absteigung in den Graben sind Minirer nothwendig, sobald diese Absteigung wegen Höhe der Contrescarpe vermittelst eines unterirdischen Ganges geschehen muß. Ist die feindliche Festung aber wirklich mit Gegenminen versehen, wird auch eine größere Menge Werkzeuge erfordert; weil man auf jeder Capitale der angegriffenen Fronte mit einem Minengange vorgehen muß, um durch überladene Minen die feindlichen Gänge einzudrücken und unbrauchbar zu machen.

Die Minirwerkzeuge dienen entweder: a) in gewöhnlichem Boden, der gar keine oder nur wenig eingemischte Steine enthält; b) in festem Kies mit untermischten großen Felsstücken; c) zur Holzarbeit bei dem Austrempeln der Gänge, dem Boden, dem Legen der Feuerleitung ꝛc. Man bedarf ihrer:

a) In leichter Erde.	Wenn keine Gegenminen vorhanden sind.	Bei Gegenminen.
Doppelhauen, die hinten eine senkrechte Schneide haben.	12	36
Hammerhauen	12	36
Rod- oder Weinbergshacken	12	36
Eiserne Rasenspaten	24	42
Kleine und starke Stichspaten	6	18
Erdscharren	12	36
Eiserne Schaufeln	40	60
Erdbohrer	2	6
Erdschaber	6	12
Erdmeissel	4	12
Setzwagen	4	9
Bleilothe	4	9
Winkelmaaße	2	3
Schräg- oder Sperrmaaße	2	6
Maaßstäbe	6	12
Zimmerschnuren	2	9
Minirleuchter	10	24
Laternen	5	12
Pulvermaaße	2	6
Trichter zu den Zündwürsten	2	9

	Wenn keine Gegenminen vorhanden sind.	Bei Gegenminen.
Lederne Beutel. so 50 Pfd. Pulver fassen	6	36
Feuerzeuge	2	6
Kupferne Hammer	6	18
Borstwische	10	30
b) In Kies und Felsenboden.		
Steinbohrer, 2 bis 3 Fuß lang	5	18
Schrämspieße von verschiedener Länge und Stärke	12	36
Brecheisen	20	40
Schlägel und Eisen	10	30
Große Steinbrecher-Hämmer	5	18
Ausräumer	10	30
Raumnadel	10	30
Setzer, mit Messing angeschuhet	10	30
Blechne Flaschen zu feinem Pulver, oder große Pulverhörner	4	12
Hölzerne Schlägel	10	24
Eiserne Keile	20	60
Maurerhammer	6	18
Doppelte Spitzhauen	10	36
Einfache Pickel	10	36.
c) Zu dem Bearbeiten des Holzwerkes, der Pulverkasten, Leitern ꝛc.		
Große Zimmersägen	1	2
Handsägen	3	2
Lochsägen	1	3
Grubenäxte oder Kaukämme	2	6
Queeräxte und Hohltexel	2	2
Handbeile	2	12
Schneidemesser	2	6
Stemmeisen	4	10
Hohlmeissel	2	6
Schrobhobel	2	6
Mittlere	2	6
Kleine	2	6
Große Bohrer	2	3
Kleinere oder Nagelbohrer	6	12
Spitzwinder	6	12
Hammer		6

	Wenn keine Gegenminen vorhanden sind.	Bei Gegenminen.
Kneipzangen . . .	2 . .	6
Schraubenzieher . . .	2 . .	6
Feilen	4 . .	8
Winkelmaaß . . .	1 . .	3
Zimmerschnuren . . .	1 . .	3
Handzirkel	1 . .	3
Maaßstäbe	4 . .	12
Wetzsteine	4 . .	12
3zöllige Holzschrauben . .	300 . .	1000
Halbe Bretnägel . . .	1000 . .	3000
Kleine Nägel . . .	200 . .	600
Minirkörbe	100 . .	300
Haspeltaue	2 . .	3

443. Um dies Bedürfniß von Holz, Nägeln, Leinwand und Pulver zu einem Minenangriff zu bestimmen, legt man die Entfernung der dritten oder vierten Parallele vom Kamme des Glacis zum Grunde, und rechnet auf jede 3 Fuß Gallerie Einen Rähmen (Thürgerüste); auf 4 Fuß Tiefe des Schachtes ebenfalls Einen Rähmen (Schachtgeviere). Jedes bestehet aus 4 Hölzern, 4 und 5 Zoll stark, hinten mit 6 Fuß langen, $1\frac{1}{4}$ bis $1\frac{1}{2}$ Zoll starken Brettern (Schwartenpfählen) ausgeschachtet. Auf 6 Fuß Länge werden, nach Verhältniß der Weite des Minenganges, 11 bis $13\frac{1}{2}$ Bretter erfordert, die 9 bis 10 Zoll breit sind. Fortsetzung

Auf dieselbe Tiefe des Schachtes sind 16 Fuß Latten nöthig, wenn man bei sehr lockern Boden dieselben anbringen will, um das Senken der Schachtgeviere zu verhindern. Jede 4 Fuß lange Latte, wird mit 2 Nägeln oder Holzschrauben oben und unten an die Joche befestiget.

Es sind endlich noch Bretter zu den Wetterlotten und Wasserrinnen nöthig, und Nägel um sie zusammenzuschlagen. Die einen wie die andern müssen im voraus berücksichtiget werden. Endlich darf man auch die

Latten und Deckbretter zu den Feuerleitungen nicht vergessen, für die auf jede springende Minenkammer die doppelte Länge der kürzesten Widerstandslinie gerechnet wird. Eine Berliner Elle Leinwand aber giebt – bei 1 Elle Breite — 16 Fuß Zündwurst, woraus ebenfalls das Bedürfniß zu berechnen ist.

Will man sich anstatt gewöhnlicher Druckkugeln (Globes de Compression) der Schachtminen bedienen, um Zeit, Arbeit und selbst Pulver zu sparen; bedarf man für jeden vier Rähmenfelder (wozu die sogenannten holländischen aus bloßen, 2 Zoll starken Dielen, vorzüglich anwendbar sind) und 14 Fuß Leitrinnen.

Die Bestimmung der erforderlichen Pulvermengen ist nicht schwierig; man rechnet auf Eine Capitale 5 überladene Minen, jede zu 3000 Pfund; dies giebt auf 3 Capitalen 45000 Pfund. Eine fast ungeheuere Menge! Man wird nur selten im Stande seyn, ein solches Bedürfniß zu genügen. Zu einem Angriff mit Schachminen wird weniger als die Hälfte davon erfordert. Es ist zwar noch bei keinem wirklichen Angriffe so viel verbraucht worden; bei dem Entwurf würde jedoch immer das Maximum zu berücksichtigen seyn, in sofern es zu erlangen ist. (Wörterb. d. Kriegsbauk. Art. Belagerungsentwurf).

Viertes Kapitel.

Ausrüstung und Approvisionirung der Festungen.

444.

Geschütz. Es sind mancherlei Grundsätze über die Ausrüstung und Besätzung der Festungen aufgestellt worden; man hat sie jedoch, im eigentlichen Sinne des Wortes, nie befolgt, weil immer Localumstände und Verhältnisse es verhinderten. Bald ist durch Zufall mehr Geschütz in der Festung vorhanden; bald hat man weniger schwere Kanonen ꝛc., als eigentlich erfordert werden; bald siehet man sich durch die Menge der vorhandenen Munition beschränkt. Es läßt sich durchaus Nichts im Allgemeinen festsetzen; das richtige Studieren vergangener Belagerungen muß dem Ingenieur, muß dem Artilleristen lehren: in schwierigen Fällen Hülfsmittel zu erfinden; das ihm abgehende durch Etwas anderes zweckmäßig zu ersetzen. Der kluge und thätige Soldat kann mit Wenigem viel ausrichten; während der unwissende und unentschlossene, im Ueberfluß aller übrigen, durch den Mangel eines einzigen Bedürfnisses zur Uebergabe verleitet werden kann.

Unter allen Vertheidigungsmitteln aber steht das Geschütz oben an; es ist allein fähig: die feindlichen Fortschritte zu hindern, und die Angriffe des Belagerers so lange zurück zu weisen, als es nicht durch letzteren unbrauchbar gemacht worden ist. Man muß demnach eine, der Größe der Festung und der Stärke der Besatzung angemessene Menge desselben haben; damit alle schickliche Punkte besetzt, die aufgestellten Geschütze aber auch von dem, was nach Abzug der nothwendigen Wachten, Bereitschaften und Arbeiter übrig bleibt, gehörig bedient werden können. Es würde wenig Vortheil bringen: die Wälle mit einer übermäßigen Geschützzahl anzufüllen, wenn man nicht Artilleristen und Gehülfen genug hat, sie zu laden, zu richten und nach dem Abfeuern in die Scharte zu bringen.

Um nun sowohl die zu einer künftigen Vertheidigung nöthigen Geschütze nach Zahl und Kaliber, mit ihren erforderlichen Materialien, zu bestimmen, und zu finden: ob die Besatzung ihrer Bedienung genüge? muß man ein Tagebuch des möglilichen Angriffes entwerfen, aus dem sich alsdann die verlangten Gegenstände von selbst ergeben. S. Wörterb. d. Kriegsbaukunst Artik Ausrüstung. Wörterb. d. Artillerie. Artik. Festungsartillerie. Es heißt Vaubans Vorschriften schlecht verstehen, wenn man sich begnüget, die vorhandenen Bollwerke einer Festung zu zählen und nach diesen die erforderlichen Geschütze, Soldaten, ꝛc. zu bestimmen.

Fortsetzung 445. Die Hauptfrage bei der Ausrüstung jeder Festung ist: ob nur eine oder zwei Fronten auf einmal angegriffen werden können? Dem Ingenieur kommt es zu, hier nach dem Terrain und dem Umriß der Werke zu entscheiden. Kleine Festungen, bei denen ein zweifacher Angriff statt findet, bekommen, nach Cormontaigne, die Hälfte mehr, als wenn nur ein Angriff möglich wäre; weil sie selten eine doppelte Besazzung und eine entsprechende Menge Munition unterbringen oder bekommen können. Nur wenn dies letztere der Fall wäre, würden sie in die Reihe der größeren Festungen treten, die eine doppelte Versorgung erfordern, um jedem Angriffe insbesondere begegnen zu können. Bei jedem Ausrüstungsentwurfe muß man stets die mögliche Angriffsweise scharf ins Auge fassen, um nicht durch zu viel die Staatskräfte unnütz zu verschwenden; oder aber durch zu wenig der Vertheidigung zu schaden.

Als eine ohngefähre Bestimmung kann in dieser Hinsicht nachstehende Tafel aus Cormontaignes Mémorial pour la défense des places, dienen, bei der die mögliche Bedienung berücksichtiget ist wo man jedoch anstatt der Sechszehnpfünder, die in der deutschen Artillerie nicht üblich sind, ohne Nachtheil, Zwölfpfünder, und anstatt der Acht- und Vierpfünder, Sechspfünder nehmen kann; auch würde anstatt der letztern, eine größere Anzahl Haubitzen vortheilhaft seyn. Es sind übrigens von jedem Kaliber 2 Geschütze als Vorrath angesetzt; die jedoch — wenn sie nicht mittlerweile zum Ersatz beschädigter dienten — in der letzten Epoche der Belagerung mit angewendet werden.

Zahl der Polygone oder der Bollwerke	Kaliber des Geschützes.	Nach Vauban.	Nach Cormontaigne.		
			Gegen einen Angriff	Gegen denselben in Verbindung mit einem falschen.	Gegen zwei Angriffe
IV.	Kanonen: 24 pfdg.	4	5		
	16 —	6	5		
	12 —	8	5		
	8 —	10	5		
	4 —	12	5		
	Mörser: 10 zöllige	6	4		
	8 —	6	8		
	oder Haubitzen				
	Seinböller	6	8		
		68	45		
V.	Kanonen: 24 pfdg.	6	8		
	16 —	8	8		
	12 —	10	8		
	8 —	12	6		
	4 —	14	6		
	Mörser: 10 zöllige	8	4		
	8 —	8	9		
	oder Haubitzen				
	Steinböller	8	9		
		74	58		
VI.	Kanonen: 24 pfdg.	8	10	15	
	16 —	10	10	15	
	12 —	12	10	15	
	8 —	14	8	12	
	4 —	16	8	12	
	Mörser: 10 zöllige	10	4	6	
	8 —	10	9	15	
	oder Haubitzen				
	Steinböller	10	9	14	
		90	68	104	
VII.	Kanonen: 24 pfdg.	10	12	18	
	16 —	12	12	18	
	12 —	14	12	18	
	8 —	16	10	15	
	4 —	18	10	15	
	Mörser: 10 zöllige	12	4	6	
	8 —	12	9	15	
	oder Haubitzen				
	Seinböller	12	9	14	
		106	78	119	

Zahl der Polygone oder der Bollwerke	Kaliber des Geschützes.	Nach Vauban.	Nach Cormontaigne.		
			Gegen einen Angriff	Gegen denselben in Verbindung mit einem falschen	Gegen zwei Angriffe
VIII.	Kanonen: 24 pfdg.	12	14	21	28
	16 —	14	14	21	28
	12 —	16	14	21	28
	8 —	18	12	18	24
	4 —	20	12	18	24
	Mörser: 10 zöllige	14	5	8	10
	8 —	14	10	15	20
	oder Haubitzen Steinböller	14	10	15	20
		122	91	137	182
XI.	Kanonen: 24 pfdg.	14	16	24	32
	16 —	16	16	24	32
	12 —	18	16	24	32
	8 —	20	14	21	28
	4 —	22	14	21	28
	Mörser: 10 zöllige	16	5	8	10
	8 —	16	10	15	20
	oder Haubitzen Steinböller	16	10	15	20
		138	101	152	202
X.	Kanonen: 24 pfdg.	16	18	27	36
	16 —	18	18	27	36
	12 —	20	18	27	36
	8 —	22	16	24	32
	4 —	24	16	24	32
	Mörser: 10 zöllige	18	5	8	10
	8 —	18	10	15	20
	oder Haubitzen Steinböller	18	10	15	20
		154	111	167	
XI.	Kanonen: 24 pfdg.	18	20	30	40
	16 —	20	20	30	40
	12 —	22	20	30	40
	8 —	24	18	27	35
	4 —	26	18	27	35
	Mörser: 10 —	20	5	8	10
	8 —	20	10	15	20
	oder Haubitzen Steinböller	20	10	15	20
		170	121	182	242

Zahl der Polygone oder der Bollwerke	Kaliber des Geschützes.	Nach Vauban.	Nach Cormontaigne. Gegen einen Angriff.	Nach Cormontaigne. Gegen denselben in Verbindung mit einem falschen.	Nach Cormontaigne. Gegen zwei Angriffe
XII.	Kanonen: 24 pfdg.	20	22	33	44
	16 —	22	22	33	44
	12 —	24	22	33	44
	8 —	26	20	30	40
	4 —	28	20	30	40
	Mörser: 10 zöllige	20	5	8	10
	8 — oder Haubitzen	20	10	15	20
	Steinböller	20	10	15	20
		180	131	197	262
XIII.	Kanonen: 24 pfdg.	20	23	33	44
	16 —	24	23	33	44
	12 —	26	23	33	44
	8 —	28	21	31	40
	4 —	30	21	31	40
	Mörsee: 10 zöllige	20	5	8	10
	8 — oder Haubitzen	20	10	15	20
	Steinböller	20	10	15	20
		188	136	199	262
XIV.	Kanonen: 24 pfgd.	20	26	39	55
	16 —	26	26	39	55
	12 —	28	26	39	55
	8 —	30	24	36	48
	4 —	32	24	36	48
	Mörser: 10 zöllige	20	5	8	10
	8 — oder Haubitzen	20	10	15	20
	Steinböller	20	10	15	20
		196	151	227	305.
XV.	Kanonen: 24 pfdg	20	28	43	55
	16 —	28	28	43	55
	12 —	30	28	43	55
	8 —	32	26	39	53
	4 —	34	26	39	53
	Mörser: 10 zöllige	20	5	8	10
	8 — oder Haubitzen	20	10	15	20
	Steinböller	20	10	15	20
		204	161	245	321

Zahl der Polygone oder der Bollwerke	Kaliber des Geschützes.	Nach Vauban.	Nach Cormontaigne.		
			Gegen einen Angriff	Gegen denselben in Verbindung mit einem falschen.	Gegen zwei Angriffe
XVI.	Kanonen: 24 pfdg.	20	30	46	61
	16 —	30	30	46	61
	12 —	32	30	46	61
	8 —	34	28	43	57
	4 —	36	28	43	57
	Mörser: 10 —	20	5	8	10
	8 —	20	10	15	20
	oder Haubitzen Steinböller	20	10	15	20
		212	171	262	347
XVII.	Kanonen: 24 pfdg.	20	33	49	66
	16 —	32	33	49	66
	12 —	34	33	49	66
	8 —	36	31	46	61
	4 —	38	31	46	61
	Mörser: 10 zöllige	20	5	8	10
	8 —	20	10	15	20
	oder Haubitzen Steinböller	20	10	15	20
		220	186	277	370
XVIII.	Kanonen: 24 pfdg.	20	35	53	70
	16 —	34	35	53	70
	12 —	36	35	53	70
	8 —	38	33	49	66
	4 —	40	33	49	66
	Mörser: 10 —	20	5	8	10
	8 —	20	10	15	20
	oder Haubitzen Steinböller	20	10	15	20
		228	196	295	392

Immer wich jedoch die wirkliche Ausrüstung der Festungen von den theoretischen Grundsätzen ab. Bergen op Zoom war 1747 bei 12 Bollwerken mit 238 Kanonen besetzt. Cosel hatte 1745 an Geschütz: 1 Mörser, 2 Haubitzen, 17 zwölfpfündige und 32 kleine Kanonen. Es ward nachher mit 12 Vierundzwanzigpfünder, 6 Mörsern und 30 Cöhornschen Handmörsern verstärkt. Kolberg hatte im siebenjährigen Kriege 130 Kanonen und 14 Mörser. Im Jahr 1793 war Breda mit 250 Geschützen, Valenciennes mit 129 Kanonen, 11 Haubitzen und 35 Mörsern, Mantua mit beinahe 400 Kanonen, 58 Mörsern und 50 Haubitzen besetzt. Die stärkste Geschützmenge enthält Gibraltar; nemlich 77 Zweiunddreißigpfünder, 122 Vierundzwanzigpfünder, 104 Achtzehnpfünder, 70 Zwölfpfünder und 79 kleinere Kanonen, 91 schwere Röhre ohne Laffeten, 70 Möser und 32 Haubitzen; zusammen 653 Stücken.

446. In Hinsicht der Kugeln und des Pulvers Munition &c. &c.
wird man nicht irren, wenn man im Allgemeinen auf jede Kanone 1000 Schuß; auf jede Haubitze und jeden Mörser aber 800 rechnet. Cormontaigne l. c. verlangt zwar eine geringere Menge; allein zu seiner Zeit ging die Bedienung des Geschützes noch langsamer von statten, als gegenwärtig. Man durfte daher auch nicht hoffen: dieselbe Anzahl Schüsse und Würfe zu thun, wie gegenwärtig. Eine genauere Auseinandersetzung dieses Gegenstandes findet sich in den Wörterbüchern der Kriegsbaukunst und der Artillerie a. a. O. Ein nicht genug beachteter Umstand ist dabei: der vortheilhafte Gebrauch der großen Kartetschen von halb- und einpfündigen Kugeln gegen die Laufgräben und Sappen. Wäre es möglich: jedem Vierundzwanzigpfünder 100 derselben zu geben; würde die Vertheidigung außerordentlich dadurch gewinnen und die Einnahme des Bedeckten Weges mehr dadurch verzögert werden, als durch Carnots unausführbaren Vorschlag. Man muß dabei noch besonders bemerken: daß in solchen Festungen, die mit keinen Schutzmitteln für ihr Geschütz versehen sind, allezeit eine weit größere Menge Laffeten und Geschützbettungen beschädiget werden; als wenn beide durch Kasematten und Blendwerke völlig gegen die feindlichen Projectilen gesichert sind. Man muß daher in ersterem Falle die Hälfte der Geschützzahl vorräthige Laffeten und Bettungen haben; da man im zweiten mit $\frac{1}{8}$ derselben völlig ausreichet.

Besatzung. 447. Es kann hier nicht die Rede von einer Besatzung seyn, welche das gewöhnliche weit übersteiget; wenn sich bei der Einschließung eben eine Anzahl Truppen in der Festung befinden, welche zwar eines Theiles sehr vortheilhaft zur offensiven Gegenwehr angewandt werden können, aber auf der andern Seite — wenn weder hinreichende Munition noch Lebensmittel für sie vorhanden sind, — schneller Mangel herbeiführen und dadurch die Uebergabe der Festung beschleunigen. Vauban rechnet auf jedes Bollwerk 500 bis 600 Mann, mit Ausschluß des Generalstaabes, der Artillerie und der Minirer, wodurch die Besatzung für ein Sechseck 4500 Mann wird. Von den 4000 Mann Infanterie aber setzt Vauban in der Hälfte der Belagarung:

$\frac{1}{10}$ an Kranken und Verwundeten	400
an Gehülfen bei dem Geschütz .	200
an Arbeitern an den Festungswerken	300
zu Fortschaffung der Verwundeten, Zutragen der Munition ꝛc. . . .	50
in den Lazarethen	30
in den Magazinen	20
	1000 Mann.

Von den übrig bleibenden 3000 Mann ist jederzeit $\frac{1}{3}$ im Dienst, $\frac{1}{3}$ zu Bereitschaft und $\frac{1}{3}$ ruhet. Diese Zahl ist jedoch nicht hinreichend, weil dann nur etwa 450 in die angegriffene Werke, und 200 auf die übrigen Fronten kommen. Bousmard berechnet daher zweckmäßiger die Besatzung für ein Sechseck auf 5252 Mann. (Wörterb. d. Kriegsbauk. Art. Besatzung).

Um die Besatzung einer Festung zu bestimmen, muß man die nöthige Vertheidigungsmannschaft ausmitteln, von der das Dreifache die Stärke der erstern giebt. Nun umfaßt jeder richtig angeordnete, regelmäßige Angriff $1\frac{1}{2}$ Seite bei dem alten und 2 Seiten bei dem neuen Festungsumriß. Diese müssen daher völlig, alle übrige dahin sehende Werke aber halb besetzt werden, welches man wieder zusammen Einer Polygonseite gleich setzen kann. Man rechnet aber:

auf dem Bedeckten Wege der Angriffsfronte, auf jede laufende Ruthe	4 Mann
auf den zunächst liegenden Werken	2 —
auf den weiter zurück liegenden, (den Bollwerken, wenn sie Contregarden haben) . . .	1 —

Da eine halbe Fronte des Bedeckten Weges sowohl nach der alten, als nach der neuen Form, auf dem Kamme zwischen 702 und 930 Fuß enthält; macht dies 117 Ruthen für eine Fronte. Folglich sind:

275 Ruthen zu besetzen,	à 4 Mann, macht	1100 Mann
117 — — —	à 2 — —	234 —
		1334 Mann,

wovon das Dreifache 4000 Mann ist, zu den noch die Gehülfen der Artillerie, die letztere selbst, die Pionnierer mit ihren Gehülfen und die Minirer gerechnet werden müssen, um die volle Stärke von 5000 Mann zu bekommen. Hier giebt das zweite Drittheil: die Bereitschaft, allen innern Dienst auf den nicht angegriffenen Seiten, die Polizei-Wachten, die Unterstützung der mit einem Sturm bedroheten Werke, und verrichtet die Ausfälle.

Gegen einen gewaltsamen Angriff wird zwar eine stärkere Besatzung des Walles nöthig, so daß wohl 12 Mann auf die laufende Ruthe zu rechnen sind. Allein, in diesem Falle tritt auch die übrige Besatzung mit unters Gewehr.

Bei sehr großen Festungen sind auch immer zwei Angriffsseiten möglich; welches man bei Bestimmung der Besatzung berücksichtigen muß, um eine hinreichende Anzahl Vertheidiger und Ersatzmannschaften zu haben.

448. Zu den Patrouillen und bei den Ausfällen ist einige Kavallerie nothwendig, besonders in einem trocknen und breiten Graben, um dem stürmenden Feinde in die Flanke zu fallen. Ihre Menge ist in kleinen Festungen etwa 100 Mann, und darf auch in den größern nie Ein Regiment übersteigen. Der Verbrauch des Futters ist zu groß und in einer einge- Kavallerie und Artillerie.

schlossenen Festung zu lästig; und die Kavallerie kann im freien Felde mit weit größerem Nutzen gebraucht werden.

Die Zahl der Artilleristen hängt von der Zahl der Geschütze ab; unter der Voraussetzung: daß ein und eben dieselben Leute immer zwei neben einander stehende Kanonen bedienen können. (Wörterb. d. Kriegsbauk. Art. Besatzung.) Cormontaigne verlangt:

2	Artilleristen	und	6	Gehülfen	auf	jeden	24pfünder	
1	—	—	6	—	—	—	16	—
1	—	—	4	—	—	—	12	—
1	—	—	3	—	—	—	8	—
1	—	—	2	—	—	—	4	—
1	—	—	2	—	—	—	kleine Mörser u. Steinböller	
1	—	—	4	—	—	—	große Mörser,	

dies giebt für die Bedienung von den 58 Geschützen des Sechsecks (§. 445.) bei dreimaliger Ablösung:

255 Artilleristen,

700 Arbeiter,

100 Feuerwerker und Handwerker jeder Art für die Artillerie.

Größere Festungen, die zwei Angriffe zulassen, müssen auch das Doppelte der Artilleristen bekommen. Bei einer sehr großen Geschützmenge ist es jedoch nicht eben nothwendig: alles dreifach zu besetzen. Hier dürfen blos die Angriffsfronten vollständig bedient, die übrigen Geschütze aber nur einfach besetzt werden.

Man darf übrigens nie unterlassen, bei Bestimmung der Gehülfen für die Artillerie, auf die vorhandenen Laffeten Rücksicht zu nehmen. Je beweglicher diese sind; je leichter sie sich vom Rücklauf vorbringen lassen; um so schwächer kann die Bedienung des Geschützes seyn. In Kasematten, so wie überall da, wo das Vorbringen des Geschützes durch die geneigte Lage der Bettung befördert werden kann, sind 4 bis 5 Mann für den Vierundzwanzigpfünder hinreichend. (Siehe Festungsartillerie im Allg. Wörterb. d. Artiller.)

449. Ist auch die Festung in einem völlig vertheidigungsfähigem Zustande; sind demnach sowohl vor, als während einer Belagerung eine Menge Arbeiten auszuführen, zu denen geübte Pionniere unentbehrlich sind. Es müssen Schanzkörbe und Faschinen angefertiget, Pallisaden gesetzt, manche Dinge durch Blendwerke gedeckt werden. Die angegriffenen Vor- und Aussenwerke müssen ausgebessert, mit Abschnitten und Retiraden versehen werden. Zu Leitung dieser Arbeiten sind etwa 200 Pionniere nöthig, denen noch eine hinreichende Anzahl Gehülfen von der Besatzung beigegeben werden. Man rechnet auf jede 1000 Mann der letztern, 100 Mann für diesen Behuf. Pionniere.

450. Wenn sich schon eine Abtheilung Minirer bei jeder Pionnier-Kompagnie befindet; bedarf es keiner besondern Minirer, von den außerdem selbst in der kleinsten Festung ein verhältnißmäßiges Detaschement unentbehrlich ist, um die Vorwerke durch Fladderminen und Bombenkasten zu verstärken; oder selbst die Vertheidigung des Bedeckten Weges durch flüchtige Minen zu verlängern, wenn der Feind säumet, den Ort zu belagern, so daß man noch 4 Wochen Zeit hat. Cormontaigne verlangt in diesem Falle auf jedes Kleeblatt der Gegenminen 4 Mann, woraus folgende Tafel entstanden ist: Minirer.

Zahl der Seiten.	Minirer.	Gehülfen.	Sie verfertigen Minenkammern	Diese erfordern Pulverladung: Pfunde.
IV.	15	51	12	5600
V.	25	85	20	25000 bis 63000
VI.	45	153	31	53264
VII.	60	204	31	58590
VIII.	75	255	13	58590

Hat die Festung schon ein wirkliches Minengewebe; kann man nicht mit weniger als 100 Minirern ausreichen, weil man nicht im voraus weiß: ob der Feind vielleicht auf mehreren Punkten zugleich angreift; und weil der angestrengte Dienst bei der Vertheidigung täglichen Abgang herbeiführet. (Versuch über die Anwendung der Minen im Belagerungskriege 1. Stück, S. 39).

In kleinen Festungen wird man nur selten dem obigen Bedürfniß an Pulver genügen können. Um dasselbe im Allgemeinen zu bestimmen, dienet die bekannte Regel zu Findung der Minenladungen: „man kubiret die Kürzeste Widerstands-linie und streichet die letzte Zieffer aus.“ Wird die erforderliche Menge zu groß; kann man sie durch Verkürzung der K. W. L. verringern. Man darf jedoch nicht über 10 Fuß herunter gehen; wenn die Minen nicht durch ihre zu flache Lage einen bedeutenden Theil ihrer Wirksamkeit verlieren, und sich aus einem Minengewebe in bloße Fladderminen verwandeln sollen.

Proviant- und Medizinalwesen.

451. Zu Verwaltung des Proviantwesens setzt Vauban, mit Einfluß von 12 Feldbeckern, 37 Mann an. Diese Bestimmungen sind nach den Lokalitäten und der Verfassung der Armee veränderlich, es läßt sich Nichts allgemeines festsetzen. In Hinsicht der Versorgung der Festung selbst muß man die wahrscheinliche Zeitdauer ihres Widerstandes zum Grunde legen. Bei kleinen Bergfestungen und unangreifbaren Posten kann der letztere sich über Ein Jahr hinaus erstrecken; eine einjährige Versorgung, und noch etwas darüber, scheint daher hier nothwendig zu seyn. Größere Festungen lassen sich jedoch selten so lange halten; nur denn, wenn sich vielleicht der Feind mit einer bloßen Einschließung begnüget. Hieraus folgt: daß man bei großen Orten Ein Jahr als das Maximum, und drei Monat als das Minimum der Versorgung ansehen kann; daß aber feste Felsenschlösser, kleine Festungen in einer sum-

pfigen Gegend u. dergl., **nicht weniger** als auf Ein Jahr versorgt werden müssen. (Wörterb. der Kriegsbauk. Artik. **Versorgung.** *Cormontaigne* Mémorial pour la défense des places p. 328 et 360).

Man rechnet neuerdings nur $1\frac{1}{2}$ Pfund Brodt auf eine Portion, nach dem Beispiel der Französischen Armee, jedoch werden bisweilen wohl auch 2 Pfund, oder ein Pfund Zwieback ausgeworfen. Ein Berliner Scheffel Mehl wiegt 75 Pfund, und giebt 68 Portionen zu $1\frac{1}{2}$ oder 50 zu 2 Pfund.

Pfund Brodt erfordern.	Täglich.		Monatlich.	
	Wispel.	Scheffel.	Wispel.	Scheffel.
100	—	1	1	6
200	—	2	2	12
300	—	3	3	18
500	—	5	6	6
1000	—	10	12	18
2200	—	20	25	—
3000	1	6	41	16
4000	1	16	50	—
5000	2	2	62	12
6000	2	12	75	—
7000	2	22	87	12
8000	3	8	100	—

Ein gewöhnlicher Backofen faßt 2 Brodte und kann in 24 Stunden fünfmal geheitzt werden, wozu $1\frac{1}{4}$ Klafter Holz erfordert wird. Die übrigen Portionen auf ein Mann sind

$\frac{1}{2}$ Pfund Fleisch oder
$\frac{1}{4}$ Pfund Speck,
— 6 Loth Reiß,
— 8 Loth Gerstengraupe oder Heidegrütze,
— 16 Loth Bohnen, Linsen oder Erbsen,
1 Pfund 8 Loth Kartoffeln oder Rüben ($\frac{1}{4}$ Metze),
— 16 Loth Sauerkraut,
— 2 Loth Salz,
— 3 Loth Butter,
— $3\frac{1}{2}$ Loth Rauchtaback,

$\frac{3}{4}$ Quart Bier,
$\frac{1}{20}$ Quart Brannteweln oder
$\frac{1}{2}$ Quart Wein.

Bei einer Besatzung von 8000 Mann rechnet Cormontaigne 2000 Kranke und Verwundete; folglich $\frac{1}{4}$. Späterhin hat man jedoch nur $\frac{1}{5}$ bestimmt, obgleich man sehr gut $\frac{1}{3}$ hätte rechnen können. Man muß in dieser Hinsicht lieber Etwas mehr, als weniger rechnen, um die Soldaten im Lazareth keine Noth leiden zu lassen. (Artik. Hospitäler im Wörterb. der Kriegsbaukunst).

Fünftes Kapitel.

Nothwendige Anstalten bei einer bevorstehenden Belagerung.

452.

Anordnung der Arbeiten. Bei Anlegung einer Festung begnüget sich der Ingenieur die rohen Massen zu ordnen, ihre zweckmäßige Anwendung der Zeit der Noth überlassend. Hier erst bewährt sich das Genie; wenn es darauf ankommt: jedes auf die vortheilhafteste Weise zu gebrauchen, was eine verständige Ausrüstung dazu hergiebt. Noch lange, ehe der Feind wirklich vor den Thoren erscheint, müssen Vorkehrungen getroffen, Arbeiten unternommen werden; zu deren Ausführung späterhin Zeit und die nöthige Ruhe fehlen würde. Was jetzt ein leichtes Spiel ist, wird oft nachher schwierig; gefährlich; ja wohl gar unausführbar. Man schiebe daher Nichts auf, unterlasse keine Anstalt, die man für nothwendig oder zweckmäßig hält; es bleibt immer noch genug für den wirklichen Moment der Belagerung, wo alles langsamer vorrückt, und wo manches Unentbehrliche dennoch nicht geschiehet, weil zufällige Umstände es hindern.

Die vorläufigen Anstalten nun sind von verschiedener Art, je nachdem sie sich auf 1) die Verstärkung der Werke; 2) auf die Anordnung der Vertheidigungsmittel; 3) auf die Sicherheitsmaaßregeln gegen den Feind; 4) auf die Verfügungen in Hinsicht des Unterhaltes und 5) auf die Bürger der Stadt beziehen.

453. Sobald eine Belagerung der Festung möglich wird; muß eine sorgfältige Untersuchung der Werke und des umliegenden Terrains allen Anordnungen vorausgehen, und sie bestimmen. Sind auch die Werke in völligem Vertheidigungsstande; wird es dennoch mancher Arbeit bedürfen: sie gegen enfilirende und Rückschüsse zu decken; Pallisaden zu setzen u. s. w. Ist die Festung im Gegentheil nicht gut unterhalten; sind an einigen Stellen die Futtermauern schadhaft; bieten flache Gräben und niedrige Wälle einen leichten Zugang dar; muß man diese Punkte mit dem größten Eifer in gehörigen Vertheidigungsstand setzen. Keiner, er scheine auch noch so unbedeutend, darf unbeachtet bleiben; denn öfters ist es gerade nicht die eigentliche Angriffsseite, die der Feind wählet, wenn er vielleicht Mittel findet, auf einer andern ein vermeintes Annäherungshinderniß wegzuschaffen.

Untersuchung der Festung und der Umgegend.

In der Umgegend muß man sich alle Wege und Zugänge bekannt machen, auf den der Feind heran kommen kann. Von dieser Kenntniß hängt die Wahl der Posten ab, welche man vor der Ankunft des Feindes besetzt, um vielleicht sein Anrücken zu verzögern, oder um wenigstens bei guter Zeit davon Nachricht zu bekommen. Man muß genau wissen: welche Terrainstellen dem Belagerer einige Deckung gewähren können, um sein Lager dem Gesichte der Festung zu entziehen; oder um seinen Artilleriepark oder seinen Materialienvorrath dahin zu verlegen, oder wohl gar ihm als Laufgräben zu dienen. Andere, von der Festung gerade auslaufende Vertiefungen geben vielleicht Gelegenheit: Ausfälle mit Erfolg zu unternehmen; oder sie gewähren eine sichere Verbindung mit vorgelegten Werken. Jene nachtheiligen Deckungen müssen, wenn es irgend möglich ist, aus dem Wege geräumet, oder auch wohl durch angelegte Verschanzungen behauptet werden.

So vortheilhaft auch dergleichen Vorwerke immer sind: die Annäherung des Feindes zu verzögern und seine Angriffsarbeiten zu hindern; leget man doch in der neuern Zeit fast immer einen zu hohen Werth auf sie. Man sollte nie vergessen: daß bloße Feldschanzen einem entschlossenen Feinde zwar Verlust verursachen, aber nicht lange widerstehen können. Bei großen Festungen giebt die starke Besatzung Gelegenheit zu Unterstützung dieser Vorposten; bei kleinern hingegen geben sie Gelegenheit zu einer nachtheiligen Zerstückelung der Vertheidigung. Hat die Festung bombensichere Räume für ihre Vorräthe; so ist es ein Irrthum: sich vor jeder feindlichen Bombe verwahren zu wollen, und zu diesem Zweck einen Theil der Besatzung in vorliegenden Feldwerken aufzuopfern, die man in der Folge mit größerem Vortheil bei der Vertheidigung selbst gebrauchen könnte. Während es nöthig und zweckmäßig ist: diejenigen Punkte zu besetzen, die durch ihre Lage und Nähe sich von selbst dazu eignen; giebt es hier eine Grenze, die man nicht überschreiten darf, ohne sich zu schwächen. Bomben und Brandkugeln werden nie die Uebergabe eines Ortes bewirken, wenn es sonst dem Kommandanten nicht an Entschlossenheit fehlet, wie unter andern die neuern Beispiele von Lille, Maynz und Thionville bewiesen.

Verstärkung der Werke.

454. Es ist schon oben gesagt worden: daß alle etwannige Beschädigungen der Werke noch vor der Annäherung des Feindes ausgebessert werden müssen. Die vertheidigungsfähigen werden alsdann, wo es nöthig ist, pallisadiret; oder, wenn es die Zeit noch erlaubet,

mit krenelirten Mauern versehen. Die Verbindungen über die Wassergräben werden hergestellt; die schon vorhandenen, oder doch möglichen Ueberschwemmungen werden angeordnet (§. 170. seq. 363.) und durch Vorwerke gedeckt. Sind diese letztern durch ihre Lage unzugänglich, läßt sich auch ein um so größerer Nutzen von ihnen erwarten; sind sie es nicht, muß man wenigstens der Annäherung des Feindes alle Hindernisse entgegensetzen, welche nur immer die Lage und die Beschaffenheit der Umstände verstattet. Eine Hauptbedingung dieser Werke ist: „Sicherheit des Geschützes „und der Vertheidiger gegen die feindlichen Geschosse, „durch Schießscharten und Deckwerke, und Seitenver„theidigung des Grabens, um den Sturm abzuwei„sen.“ S. §. 151. seq. 271. Wörterb. d. Kriegsbaukunst. Artik. Brillen, Thurm und Vorwerke.

455. Nächst jenen Vorwerken erfordert bei der, fast allgemein fehlerhaften, Anordnung der Festungen der Bedeckte Weg eine besondere Aufmerksamkeit. Er hat öfters nur kleine Waffenplätze ohne Reduits, und dennoch sind diese zu einer kräftigen Vertheidigung durchaus unentbehrlich. Das erste Verstärkungsmittel, was sich hier darbietet, sind die Pallisaden, mit denen man den Bedeckten Weg bald einfach bald doppelt besetzt, und die man auch zu Abschnitten und Retiraden anwendet. Die einfache Pallisadirung scheint deshalb unentbehrlich, weil sie den Feind verhindert: sich des Nachts in den Bedeckten Weg zu werfen, und nach Vertreibung der Besatzung sich in demselben festzusetzen. (Wörterb. d. Kriegsbauk. Artik. Pallisaden). Bedeckter Weg. a) Pallisaden.

Sie ist deswegen fast allgemein eingeführet, und hat sich, durch eine zweite und dritte Reihe verstärkt, auch wirklich in mehreren ältern Belagerungen zur Vertheidigung des Bedeckten Weges sehr nützlich erwiesen. Bousmard und Cormontaigne rathen deshalb auf der angegriffenen Seite eine zweite Pallisadirung an, 5 Fuß hinter der ersteren, um bei der Vertheidigung des Bedeckten Weges als Abschnitt zu dienen und den Ueberfall desselben zu hindern. Cormontaigne bemerkt jedoch: daß beide Pallisadenreihen durch die Schleuderschüsse bald umgeschlagen würden, und daß man alsdann die Besatzung aus dem Bedeckten Wege hinwegziehen müsse. Hieraus folgt: daß es weit zweckmäßiger ist, den Bedeckten Weg durch das Kartetschenfeuer der im Reduits des eingehenden Winkels stehenden Kanonen zu vertheidigen und rein zu halten. Sicherer und besser stehen die Pallisaden in einem trocknen Graben auf dem innern Rande der Cünette, wenn sich nicht schon gute Hecken, oder besser, Mauern mit Schießlöchern anstatt ihrer am Fuße des Hauptwalles finden.

Unerläßlich aber ist die Besetzung mit Pallisaden bei den Retiraden in den Waffenplätzen; so wie bei den Caponieren in einem trocknen Graben an den Kehlen und Schulterpunkten der Raveline. Auch in den Gräben der vorgelegten Werke geben die Pallisaden um so mehr ein nützliches Verstärkungsmittel ab; als diese Werke vorzüglich gegen Ueberfall und gewaltsamen Angriff gesichert werden müssen.

Wörterbuch d. Kriegsbauk. Artik. Pallisaden. Werden die Pallisaden aus weichem Holz, Fichten, Tannen 2c. verfertiget; so schneiden 2 Mann in 1 Stunden 15, die in der nemlichen Zeit von 4 Mann zugespitzt werden. 2 Arbeiter setzen dann in 4 Stunden 8 bis 10 Pallisaden; vorausgesetzt: daß keine Latte über die Pallisaden genagelt wird. §. 346.

Anstatt der Pallisaden werden öfters auch Sturmpfähle (fraises) angewendet, um Erdwälle unersteiglich zu machen, oder das Heruntersteigen von der Contrescarpe in den Graben zu erschweren. Man kann zwar schwächeres Holz hierzu anwenden; allein, die Sturmpfähle haben den doppelten Nachtheil: der Beschädigung durch das feindliche Geschütz noch mehr ausgesetzt zu seyn, als die Pallisaden, und dem unter ihnen stehenden Feinde einigen Schutz gegen das Flankenfeuer zu gewähren. Auf der Contrescarpe aber hindern sie das Herunterspringen nicht; sind leicht abzuhauen, und können sogar Gelegenheit geben: Dielen oder Sturmbrücken nach der Berme hinüber zu legen.

456. Sobald die Festung in gutem Stande ist; muß man annehmen: daß sie gehörig mit Reduits versehene Waffenplätze im Bedeckten Wege hat, die man daher blos noch durch Pallisaden, Deckwerke 2c. verstärken darf. Fehlt es jedoch an diesen Reduits, müssen sie durch Tambours, oder besser, durch feste Blockhäuser (§. 353.) ersetzt werden. Sind die letztern mit Kanonen besetzt, wird das von Cormontaigne empfohlene Reduit im vorspringenden Winkel des Bedeckten Weges ganz entbehrlich, und zugleich dem Belagerer das Logiren in jenem beinahe unmöglich gemacht, so lange er den eingehenden Winkel nicht in seiner Gewalt hat. a) Reduits.

Da die Tambours in den eingehenden Winkel ohngefähr mit 40 Mann besetzt werden; giebt man ihnen 3 bis 4 Ruthen zur Face, und eben so viel zur halben Kehle. Man macht zugleich den ausspringenden Winkel möglichst stumpf, um gegen die Enfilade aus den feindlichen Logementern auf dem Glacis sicher zu seyn. Die Eingänge werden zu beiden Seiten des Tambours vermittelst einer eingezogenen Flanke gebildet; die Treppen oder Auffahrten aus den Graben zu dem Rückzuge der Besatzung des Waffenplatzes aber müssen innerhalb des Tambours oder des Reduits mit einer Reihe Pallisaden besetzt werden, damit die Fliehenden sich nicht mit der Besatzung des Reduits vermengen und diese in ihrer Flucht mit sich fortreißen können.

Ein solcher Tambour wird aus 12 Zoll dicken Holzstücken dicht aneinander gesetzt, die 3 Fuß tief eingegraben sind und 8 Fuß hervorstehen. Oben haben sie ein Dach von starken Dielen, um die Besatzung gegen die Stein- und Wachtelwürfe zu schützen. Da dies Dach jedoch den Bomben keinen Widerstand zu leisten vermag, von deren umher fliegenden Stücken die Vertheidiger dennoch getroffen werden; gehet der Nutzen einer völlig bedeckten Retirade, d. h. eines Blockhauses zur Genüge daraus hervor. S. Waffenplätze, Caponieren, Tambours und Reduits im Wörterb. d. Kriegsbauk.

c) Flüchtige Minen. 457. Fehlet es nicht an Zeit und Mitteln, kann man auch in einer, sonst mit keinen Gegenminen versehenen Festung, sich diese Vertheidigung verschaffen, die selbst bei einem beschränkten Wirkungskreise, dennoch die Dauer der Belagerung außerordentlich zu verlängern vermag. Da gewöhnlich die Angriffsseite im voraus bekannt ist; gehet man hier mit einem Gange auf den 3 oder 5 vorspringenden Winkeln des Bedeckten Weges etwa 12 bis 16 Fuß tief vor, um hier ein Kleeblatt anzulegen, dessen 3 Kammern um das Vierfache ihrer kürzesten Widerstandslinie auseinander und wenigstens um das Doppelte derselben von dem Kamme des Glacis abliegen, um letzteres nicht durch ihr Springen zu beschädigen. Obgleich diese Minen dem Feinde keinen großen Schaden zufügen; gewähren sie doch den wesentlichen Vortheil: den für ihn so ermüdenden Minenkrieg einzuleiten und so die Dauer der Belagerung um ein Bedeutendes zu verlängern. Es ist oben (§. 450.) die hierzu erforderliche Anzahl Minirer angegeben worden; die Zeit, welche sie bedürfen, erhellet aus nachstehender Tafel, unter der Voraussetzung von Schächten zu 4 Fuß ins Gevierte; und Rameaux, 3 Fuß im lichten hoch und $2\frac{1}{3}$ Fuß breit:

Dauer der Arbeit. Stunden.	Ganze Länge derselben. Fuß.	In einer Stunde rückt die Arbeit vor Fuß.
1	2	2
2	$3\frac{3}{4}$	$1\frac{3}{4}$
3	$5\frac{1}{4}$	$1\frac{1}{2}$
4	$6\frac{1}{4}$	$1\frac{1}{4}$
5	$7\frac{1}{2}$	1
$6\frac{1}{4}$	$8\frac{1}{2}$	1
$7\frac{3}{4}$	$9\frac{1}{2}$	1
$9\frac{1}{2}$	$10\frac{1}{2}$	1
$10\frac{1}{5}$	$11\frac{1}{2}$	$\frac{1}{2}$
$13\frac{3}{4}$	$12\frac{1}{2}$	$\frac{1}{2}$
$16\frac{1}{4}$	$13\frac{1}{2}$	$\frac{1}{2}$
19	$14\frac{1}{2}$	$\frac{1}{2}$
22	$15\frac{1}{2}$	$\frac{1}{3}$
$25\frac{1}{4}$	$16\frac{1}{2}$	$\frac{1}{3}$
$28\frac{3}{4}$	$17\frac{1}{2}$	$\frac{1}{3}$

Man sollte den Vertheidigungsminen nie starke Ladungen geben, um keine zu großer Trichter zu bekommen, weil diese der Vertheidigung nachtheilig sind. S. Fladderminen, Ladungen im Wörterb. der Kriegsbaukunst.

458. Zu Verstärkung der Vorwerke werden öfters auch anstatt der Minenanlagen bloße Bomben, einzeln, oder mehrere in einem Kasten vereint, genommen, und gleich jene, durch eine Pulverwurst gezündet (§. 193. 194. 375.) Alle Bomben und Granaten sind dazu gleich anwendbar, die größern aber vorzüglicher, weil sie eine stärkere Ladung fassen und daher einen größern Wirkungskreis haben. Man kann dabei das Resultat nachstehender Tafel als Grundsatz annehmen: d) Bombenkasten.

Kaliber und Durchmesser der Bombe.	Gewicht der Bomben Pfund.	Sprengladung. Pfund.	Sie faßt Pulver. Pfund	Kürzeste Widerstandslinie. Fuß.
100pfdg. od. 18zöllige	150	13	40	7
75pfdg. od. 12zöllige	135	5	17	6
50pfdg. od. 10zöllige		3	10	5
25pfdg. od. 8zöllige		1	$4\frac{1}{16}$	$3\frac{1}{3}$
10pfdg. od. 6zöllige		$\frac{3}{4}$	$1\frac{3}{8}$	3

Werden mehrere Bomben in einem Kasten zusammen gelegt; ist auch der Durchmesser des Trichters der Summe ihrer Ladungen angemessen. Den Kasten jedoch mit einer besondern Ladung zu versehen, den Bomben selbst aber nur die gewöhnlichen Sprengladungen zu geben, damit sie herausgeworfen werden und den Feind durch die herumfliegenden Stücken beschädigen, ist der Besatzung der Schanze selbst gefährlich. Werden sie von letzterer nicht wenigstens 300 Schnitt eingegraben, kommt ein Theil der Stücken bis in dieselben zurück.

Bestreichung des Trocknen Grabens. 459. Hat die Festung trockne Gräben; ist außer eine Pallisadirung an der Cünette eine niedrige Bestreichung nothwendig, wenn sie nicht durch Kasematten schon vorhanden ist, oder die Festung Grabenscheeren hat. Sie wird durch halbe Caponieren vor den Bollwerksflanken und auf den Schulterpunkten der Raveline bewirkt, von den die ersteren überall, die letzteren jedoch blos auf der Angriffsseite aufgeworfen und durch einen Graben und eine doppelte (oder nach Cormontaigne dreifache) Pallisadirung gegen den Sturm geschützt werden. (§. 119.) Da man die letztern nicht füglich vor Eröffnung der Laufgräben einsetzen kann; muß man wenigstens das dazu nöthige Holz bereit halten, indem man auf jede laufende Ruthe 16 oder 24 Pallisaden von 9 Fuß Länge rechnet.

Niedrige Flanken sind schon von Rimpler u. a. m. dringend empfohlen und — wenn sie nicht durch die Contrebatterien und durch die Bomben des Feindes unbrauchbar gemacht werden können — eignen sich vorzüglich zu Erschwerung des Ueberganges über den Hauptgraben. Auf ihre Erhaltung muß daher der Belagerte sein Augenmerk richten, wozu die Durchgänge unter den Flanken gute Gelegenheit darbieten (335. in d. Anmerk.)

460. Man findet nur selten hinreichenden Raum in den Festungen, um die für die Besatzung — ja, wo möglich, auch für die Einwohner — nöthigen Lebensmittel u. dergl. gegen die feindlichen Projectilen sicher aufzubewahren, und um den Vertheidigern in der Zwischenzeit einige Stunden Ruhe zu verschaffen. Diesen Mangel sucht man durch Blendungen oder Deckwerke zu ersetzen, die entweder waagerecht oder schrage, nach ihrer verschiedenen Bestimmung, gemacht werden. Man wählet dazu die stärksten vorhandenen Balken, die bei 12 Zoll Dicke auf jede 10 bis 12 Fuß einen Unterzug bekommen, folglich ein 32 Fuß breites Gebäude zwei derselben. Sind die Deckbalken jedoch bis 16 Zoll stark, dürfen auch die Unterzüge bis 16 oder 18 Fuß auseinander gerückt werden. (§. 354. S. Blendungen und Bombenfest im Wörterbuch der Kriegsbaukunst. Bombenfeste Deckwerke.

Die Keller großer Gebäude bieten ebenfalls ein gutes Mittel dar: eine Menge Vorräthe sicher unterzubringen. Denn wenn sie auch nicht schon an sich bombenfest sind, können sie doch leicht durch eine Decke von Strauchholz, Mist und Erde gesichert werden, da die Fallkraft der Bomben schon durch die darüber befindlichen Decken der Stockwerke geschwächt wird.

Zwar sind diese Keller öfters feucht; dies hindert aber nicht, sie zu Aufbewahrung der Lebensmittel und solcher Dinge anzuwenden, den die Feuchtigkeit nicht schadet. Nur muß man strenge darüber wachen, daß die Kommissarien sich nicht mehr Raum zueignen, als sie wirklich bedürfen; denn es ist gerecht und nothwendig: wenn für die Besatzung gesorget ist, auch für die Bürger und ihre Bedürfnisse zu sorgen.

Die mit Balken zu bedeckenden Gebäude dürfen nicht unter 3 Fuß Mauerstärke haben, und den feindlichen Stückkugeln nicht ausgesetzt seyn! Wenn zweistöckige Häuser starke Umfangswände haben: kann man sie oben bedecken und auf diese Weise mehr Raum gewinnen; schwächere Mauern hingegen müssen oben abgebrochen und blos im untern Stockwerk bombenfest bedecket werden. In dem erstern Falle läßt man das Dach auf dem Gebäude stehen, weil dadurch der Regen abgehalten wird, einzudringen, und die Balkendecke zu verderben, so wie den bedeckten Raum feucht und ungesund zu machen. Die Schornsteine werden bis unter die Balkendecke oder wenigstens bis unter das Dach abgetragen, und oben verblendet. (S. Magazin im Wörterb. d. Kriegsbauk auch §. 381. seq.)

Die Pulvermagazine sind zwar in den meisten Festungen bombenfest gewölbet, und sollten es durchaus immer seyn; um sich jedoch vor jedem Zufall sicher zu stellen, kann man sie durch Blendungen oder wenigsteus durch aufgeschüttete Erde verstärken, wenn ihre Gewölbe unter 3 Fuß stark sind. Zu dem Ende werden auf den Widerlagen von 6 zu 6 Fuß Pfeiler aufgemauert, hinter die man starke Bohlen leget, um die oben aufgebrachte Erde, Mist ꝛc zu halten. Die Eingänge der übrigens bombenfesten Magazinen müssen durchaus verblendet und durch vorgezogene Gräben gegen das Einrollen der Bomben gesichert werden.

Um das Lazareth zu bedecken, kann man gewöhnlich ⅙ der ganzen Besatzung als krank oder verwundet annehmen. 27 Quadratfuß auf jeden Kranken, erfordern schon 13500 Quadratfuß Raum bei einer Besatzung von 3000 Mann. Man wird mehrentheils auf das dazu erforderliche Holz (1430 Baumstämme von 24 Fuß Länge) Verzicht thun müssen.

Unter den übrigen, durch Blendwerke zu sichernden Gegenständen, stehen die Stauschleusen in den Festungsgräben und die

die Schutzbreiter in den steinernen Bären oben an. Bei den letzteren wird der obere Rücken auf jeder Seite des Aufzuges 3 bis 4 Fuß breit, hinweggebrochen, um dem Deckholz eine feste Auflage zu verschaffen, so daß es sowohl auf der Stau- als Abfluß-Seite 4 Fuß übersteher.

461. Zu allen diesen Blendwerken, zu den man noch die der Cisternen, Brunnen, Backöfen ꝛc. zählen muß, so wie zu den Blockhäusern, zu den bedeckten Batterien, den kleinen Pulvermagazinen, den Stückbettungen, Pallisaden, Gatterthoren u. s. w. ist eine bedeutende Menge Holz erforderlich, die vor Einschließung der Festung angeschafft und zum Theil bearbeitet werden muß, wenn es nicht zur Zeit des Bedürfnisses daran fehlen soll. Dieses Holz wird entweder: Holzvorrath.

a) aus den benachbarten Waldungen geholet; oder

b) man bekommt es von den demolirten Häusern der Vorstädte, mit deren Einreissung man nie bis zur wirklichen Ankunft des Feindes vor der Festung warten sollte. Man ist aldann gewöhnlich gezwungen, sie blos abzubrennen, wo die Schornsteine, Grundmauern, auch wohl die Umfangswände stehen bleiben, und den Feind Deckung für seine Schützen gewähren.

c) Sollte man die Wälle — wenigstens die Curtine — besonders aber das Glacis, auf den vorspringenden Winkeln und auf dem Kamme, mit großen Bäumen bepflanzen, um sie bei einer bevorstehenden Belagerung fällen und zu dem vorher angegebenen Zweck benutzen zu können.

462. Die Aeste der gefällten Bäume geben das nöthige Strauchholz zu den Faschinen, Schanzkörben und Hurten. Ist das Glacis mit Gesträuchen bepflanzt; so säume man nicht, sie vor der Ankunft des Feindes niederzuhauen, und in die Festung zu bringen. So nützlich diese Gesträuche zu jenen Dingen sind; so nach Strauchwerk.

theilig können sie der Vertheidigung werden, wenn der Feind Gelegenheit findet, sie mit Schützen zu besetzen, die den Wall bald zu einem höchst gefahrvollen Aufenthalte machen werden. Sie müssen zugleich sehr niedrig am Erdboden abgehauen werden, wenn sie nicht die Bestreichung des Glacis mit Kartetschen hindern sollen, durch welche die feindliche Sappe am meisten aufgehalten werden kann.

Man verarbeitet das Strauchwerk und die Baumäste, so lange sie noch grün sind, zu

a) gewöhnlichen Faschinen, von 6 Fuß lang, 10 Zoll stark; 4000 auf jede Polygonseite der Festung. Zu diesen Faschinen wird zugleich die Doppelzahl von 3 Fuß langen Pfählen erfordert.

b) Großen Schanzkörben, 6 Fuß hoch, 4½ Fuß im Durchmesser, zu Traversen und Brustwehren; 50 auf jede Polygonseite.

c) Kleinen Schanzkörben, 3 Fuß hoch und weit, 150 auf jede Seite.

d) Hurten, 6 Fuß lang, 3 Fuß breit, 20 auf jede Polygonseite.

Anordnung der Vertheidigungsmittel
a) Aufstellung des Geschützes.

463. So wie die Menge des Geschützes, womit die Festung ausgerüstet wird, von den möglichen Angriffen abhängt; ist dies in Absicht seiner Anordnung noch viel mehr der Fall. Jene stehet nicht immer in der Hand des Belagerten, sondern wird öfterer durch den Zufall bestimmt; um so mehr muß er die letztere dem Bedürfniß anzupassen suchen. Der Artillerie Befehlshaber, der Ober-Ingenieur und der Commandant der Festung müssen zu dem Ende einen gemeinschaftlichen Vertheidigungsentwurf für das Geschütz verabreden, wie dasselbe in jedem Zeitpunkte der Belagerung, nach der eigenthümlichen Beschaffenheit der Festungswerke, am zweckmäßigsten aufzustellen und zu gebrauchen ist? Denn hieraus ergiebt sich alsdenn die erfor-

derliche Menge Munition und die, zum Beistande der Artillerie nöthigen Gehülfen von der Besatzung.

Bei dem stets zu befolgenden Grundsatze: „das Geschütz möglichst zur kräftigen Vertheidigung zu schonen „und es daher dem feindlichen Feuer so wenig als „möglich bloßzustellen; die Vorschritte des Belagerers „zu hindern, die Munition nicht zu verschwenden, sondern sie für den letzten und wichtigsten Augenblick „aufzusparen; alle Schritte sorgfältigst nach den des „Feindes und der nützlichen Dauer der Vertheidigung „abzumessen;" ist für jeden Zeitabschnitt der Belagerung eine andere Anordnung des Geschützes nöthig. Man kann hier mit Cormontaigne vier der ersteren annehmen:

1) vor der Einschließung der Festung;
2) nach Eröffnung der Laufgräben;
3) wenn der Belagerer die Festung beschießt.
4) Von der Errichtung der zweiten (der Bresch- und Contrebatterien an, bis zu Ende.

464. Um das Geschütz, das gewöhnlich in den Festungen ohne Laffeten auf den Wällen lieget, bei der vielleicht plötzlichen Ankunft des Feindes gebrauchen zu können, wird es in dienstfähigen Stand gesetzt, und sowohl auf die Vorwerke, als auf den Hauptwall gebracht. Für jene werden die Zwölfpfünder, für diesen die übrigen Kaliber bestimmt, wo man besonders die Bankbatterien der ausspringenden Winkel und die Kavaliere, mit dem längsten Geschütz besetzt, was sich in der Festung nur vorfindet. (Wörterbuch d. Artiller. Vertheidigung.) Fortsetzung

Bisweilen bietet ein durchschnittenes Terrain Gelegenheit dar: kleine Posten vorzuschieben, um den Feind aufzuhalten und ihn vielleicht zu bewegen: daß er die Festung nur von weiten einschließt. Man besetzt diese Posten mit leichtem Feldgeschütz, dem man jedoch den

Rückzug sichern muß, weil es hier von Wichtigkeit ist: keine Kanonen zu verlieren, die man im Gange der Belagerung nur zu nothwendig braucht. Man gebe daher auch den Vorwerken nicht mehr Geschütz, als ihnen zu einer kräftigen Vertheidigung nothwendig ist, und sichere den Gebrauch desselben durch bedeckte Stände, da sich, leider! bis jetzt noch in keiner Festung zweckmäßige Defensiv-Kasematten finden. (S. dies Wort im Wörterb. d. Kriegsbauk.)

Die Artillerie wird nicht unterlassen: sich von der Schußweite der vorhandenen Geschütze und von der Entfernung aller Punkte der Umgegend durch Versuche zu unterrichten, um eine genaue Bestimmung der Richtwinkel und zweckmäßigsten Ladungen zu haben. Da sich der Zweck des gegenwärtigen Werkes jedoch auf die Vertheidigung im Allgemeinen beschränkt, und die Verrichtungen des Ingenieurs insbesondere berücksichtiget, würde eine weitläuftige Auseinandersetzung dieses Gegenstandes hier nicht zweckmäßig seyn.

Fortsetzung 465. Auf jedes Vor- und Aussenwerk wird ein Mörser gebracht, um die Gegend nach wirklicher Einschließung der Festung mit Leuchtkugeln erhellen zu können. Gleich nothwendig sind hier Wallmusketen, Standbüchsen oder Doppelhaken: die rekognoszirenden Ingenieure des Feindes entfernt zu halten, wo Kanonenschüsse verloren seyn würden. Für alles dieses Geschütz werden auf der wahrscheinlichen Angriffsfronte die kleinen Pulvermagazine zu dem täglichen Gebrauche in den Wallgang eingegraben, und Traversen auf den Bollwerksfaçen errichtet, die dann gute Gelegenheit zu Sicherstellung der Kanonen durch Deckwerke darbieten.

Es wäre sehr unrecht: dem Geschütz für den ganzen Verlauf der Belagerung nur eine Stelle anzuweisen. Dies würde eine viel größere Menge Geschütz nöthig machen, als man wirklich mit Nutzen zur Vertheidigung anwenden könnte. Man besetzt daher anfangs nur die, letzterer vortheilhaften Punkte; vorzüglich die, welche ein Flankenfeuer gewähren können, und die isolirten Werke; um nachher das Geschütz von ihnen wegzunehmen, in sofern es ihre Lage und Beschaffenheit erlaubt. Das übrige Geschütz wird nach und nach da aufgestellt, wo es nach Verhältniß seiner Gattung und seines Kalibers dem Belagerern den meisten Abbruch thun kann; indem man zugleich seine Stellung verändert, sobald es im Fortgange der Belagerung einem überlegenen feindlichen Feuer ausgesetzt ist. Diese Geschützbewegungen gewähren den doppelten Vortheil: den Feind an Punkten zu beschießen, wo er es nicht erwartete, und wo ihm seine Werke keinen Schutz darbieten; zugleich aber auch: das Geschütz möglichst gegen die feindlichen Projectilen zu sichern, und für die spätere Epoche der Belagerung brauchbar zu erhalten. Sie sind aber nur dann möglich: wenn die Wallgänge breit genug sind, um hinter den Batterien vorbeifahren zu können; und wenn man vermittelst schwimmender Brücken zu den Aussenwerken kommt, die den feindlichen Schleuderschüssen nicht ausgesetzt sind

Es stehet nicht in der Hand des Ingenieurs: die Form der Laffeten für das Wallgeschütz zu bestimmen; wäre dies, würde er unter allen Umständen wenigstens die Hälfte desselben auf Schiffs- oder Kasematten-Laffeten legen, die schmäler, kürzer und niedriger sind, als die Feldlaffeten. Sie bedürfen deshalb kleinere Bettungen; sind dauerhafter und den Wirkungen des feindlichen Geschützes weniger ausgesetzt; endlich sind sie wegen ihrer einfachen Construction leichter herzustellen. Bei den schweren Kalibern hat zwar ihre Fortschaffung einige Schwierigkeiten, dieses läßt sich jedoch durch Ansteckung etwas höherer Räder, oder durch Triqueballen (Trage-wagen) abhelfen, vermittelst derer man das Rohr besonders fortbringen kann.

466. Hat die Festung eine Wasservertheidigung, es sey nun ein Schleusenspiel in den Gräben oder eine Ueberschwemmung außerhalb derselben; ist es jetzt Zeit, die zu ihrem Gebrauch nöthigen Vorbereitungen zu machen, und die Ueberschwemmung anzulassen, wenn vielleicht einige Zeit nöthig ist, bis sie die gehörige Tiefe bekommt. Steiget diese über 5 Fuß hoch, so daß sie Fahrzeuge tragen kann, werden platte Kanonenfahrzeuge die Vertheidigung sehr verstärken und zu Ueberschwemmungen.

Unterstützung der Vorwerke dienen. Sie müssen jedoch nur einen sehr niedrigen Bord haben, damit sie nicht, oder doch nur durch ein Ohngefähr, von den feindlichen Kugeln getroffen werden können. Auch bei den am Meere oder an breiten und tiefen Flüssen liegenden Festungen wird dieses Vertheidigungsmittel zweckmäßig und vortheilhaft seyn.

Minen. 467. Die Vertheidigungsminen können ebenfalls vorläufig in den Stand gesetzt werden, daß man sich ihrer im Fortgange der Belagerung mit Erfolg bedienen kann. Man schafft zu dem Ende die nöthige Verdämmungs-Erde und Holz herbei, welche in den dazu bestimmten Scheidungs- oder Kreutzgewölben (S. im Wörterb. der Kriegsbauk.) der Hauptgallerie niedergeleget wird. Ist jedoch die eigentliche Angriffsfronte nicht bestimmt; würde man sich durch jene Vorbereitungen in unnütze Arbeiten verwickeln, die man in diesem Zeitpunkte zu vermeiden suchen muß. Man bringe daher nur die Erde und das Holz an einem schicklichen Orte zusammen, damit es in der Folge nicht daran fehlet.

Im Allgemeinen müssen alle Arbeiten, die sich nicht unmittelbar auf die eigentliche Angriffsseite beschränken, vor der wirklichen Erscheinung des Belagerers vor der Festung, gemacht und beendiget werden. Nach jener bleibt immer noch so viel zu thun übrig, wenn man sich ernstlich vertheidigen will, daß man nicht im Stande seyn würde, alles Nöthige auszuführen, wenn man nicht die Zeit mit zu Hülfe nimmt, wo man frei und ungestört arbeiten kann.

Aufhebung des Straßenpflasters. 468. Zu den vorläufigen Maaßregeln gehöret auch die Aufhebung des Straßenpflasters, wovon die Steine hinter der muthmaßlichen Angriffsfronte vertheilet werden, um sie zu seiner Zeit gegen die Spitze der feindlichen Sappen werfen zu können. Man erlangt außerdem dadurch noch den Vortheil: daß die feindlichen Bomben auf den Straßen 2 Fuß tief in die Erde schlagen, und ihre zersprungenen Stücken nicht so weit umher schleudern, als wenn sie auf das Steinpflaster fallen. Auf den, von letzterem befreieten Straßen werden alsdann Traversen aufgeworfen, um den Vorübergehenden zum Schutz gegen die herumfliegenden Bombenstücken, vielleicht auch wohl in der letzten Zeit der Belagerung als Abschnitte, zu dienen.

469. Selbst wenn die Festung eine hinreichende Anzahl Kasematten hat, bleibt dennoch das Feuer durch seine Wirkung auf das Gemüth der Einwohner immer ein gefährlicher Feind. Man biete daher alle Mittel auf: jeden Brand gleich in seiner ersten Entstehung zu unterdrücken. Außer den gewöhnlichen Anstalten durch Sprützen, Feuerhaken, Wassergefäße in und vor den Häusern ꝛc., bestimme man besondere Wächter, welche die Bomben und glühenden Kugeln beobachten, sie mit Wassereimern in der Hand aufsuchen, und die durch sie entzündeten Dinge auslöschen. Die glühenden Kugeln insbesondere muß man durch fortdauerndes Einsprützen in das von ihnen gemachte Loch dämpfen, und nicht glauben: daß sie wirkungslos bleiben, wenn sie nur wenig Rauch von sich geben. Sie, nach Cormontaigne (Mémorial p. la défense p. 304.) mit Zangen oder eisernen Löffeln aufzunehmen und nach einem Wasserbehälter zu tragen; ist nur selten ausführbar. Werden demnächst besondere Bürgerabtheilungen zu dem Löschen bestimmt, bei den sich vorzüglich entschlossene Maurer und Zimmerleute befinden, sind sie mit dem, was sie zu thun haben, genau bekannt, und darauf geübt, hat man schon viel gewonnen. Selbst das heftigste Bombardement wird keine Verwirrung hervorbringen können, die gewöhnlich schlimmer ist, als der durch die zündenden Körper verursachte Brand selbst.

Sicherheit gegen den Brand.

Man hat bei verschiedenen Artillerien Versuche über die zündende Kraft der glühenden Kugeln angestellt, und immer ein sehr befriedigendes Resultat erhalten. Selbst frisches Eichenholz ward von ihnen nach einiger Zeit in Brand gesteckt und zerfiel zu Kohlen; und dreimaliges Eintauchen in Wasser war nicht vermögend: die Gluth zu dämpfen. Eine Brustwehr von Faschinen, gegen die Tages vorher glühende Kugeln geschossen worden waren, und an den man selbst keinen Rauch bemerkte, brannte am andern Morgen in hellen Flammen auf.

Einwohner.

470. Ausser dem hier angegebenen, ist noch ein zweifacher Gebrauch von den Bürgern der Stadt möglich: einmal, daß sie bewaffnet zur Vertheidigung mitwirken; oder zweitens, daß man sie zu den Schanzarbeiten, als Gehülfen im Lazareth, in den Magazinen und endlich zur Aufrechthaltung der innern Polizei anwendet. Die neuesten Kriege, die nicht blos zwischen den Regenten geführet wurden, sondern immer Volkskriege waren, stellen uns häufige Beispiele durch ihre Einwohner hartnäckig vertheidigter Städte auf: unter denen sich Lille und Saragossa vorzüglich auszeichnen. Daß dies jedoch nur im eignen Lande ausführbar sey, fällt von selbsten in die Augen. Zu der zweiten Bestimmung hingegen müssen die Einwohner, selbst feindlicher Städte, unbedingt angewendet werden, um die Soldaten zu schonen und sich eine größere Summe Streitkräfte zu erhalten.

Man theilet zu dem Ende die Bürger in Brigaden von Maurern, Zimmerleuten und Stellmachern, Schmieden und Schlossern, um sie besser übersehen und nach dem jedesmaligen Bedürfniß gebrauchen zu können. Außer den wirklichen Gehülfen im Spital und bei den Magazinen — wohin auch die Bäckerei zu rechnen ist — werden 60 bis 80 Mann zu dem Transport der Verwundeten, so wie zu dem Begraben der Getödteten bestimmt.

471. Schon oben (Kap. IV.) ist der Vorräthe gedacht worden, die zur Vertheidigung einer Festung nöthig sind. Sie müssen in dem Augenblicke einer nahen Belagerung schon vorhanden seyn; denn man würde alsdann nicht mehr Zeit haben, sie herbei zu bringen. Jetzt kann man sich nur das, in der nächsten Umgegend befindlichen, bemächtigen, und man darf nie unterlassen, es zu thun. Man beeile sich zugleich: das vorräthige Getreide mahlen zu lassen; oder — wäre dies nicht möglich — Anstalten zu treffen, damit es selbst während der Belagerung geschehen kann. Die Vorräthe der Einwohner müssen besonders genau untersuchet, und möglichst gegen das Verderben gesichert werden, denn schon mehr als Eine Festung ward allein deshalb übergeben: weil die Bürger Mangel litten. Man sorge nächstdem für eine bedeutende Menge Schlachtvieh und für den Unterhalt desselben, so wie für grüne Gemüse, durch welche die Krankheiten am wirksamsten verhütet werden. Unterhalt.

Es tritt oft der Fall ein: daß eine Festung nicht mit Allem hinreichend versehen ist, doch nur ein Feiger und Unwissender wird dann die Vertheidigung unmöglich glauben. Genie mit Kenntnissen gepaart, giebt tausend Mittel an die Hand: das Fehlende zu ersetzen, Ordnung und Sparsamkeit erhalten und verdoppeln gleichsam das Vorhandene, und der Zufall kann oft neue, ganz unerwartete Hülfsquellen eröffnen. Die Kriegsgeschichte stellt uns viele Beispiele auf, wo schlecht versehene Festungen sich dennoch lange vertheidigten — vielleicht durch ein glückliches Ereigniß völlig gerettet wurden. Thionville, Landau, Colberg waren in diesem Falle.

472. Die Besatzung der Festung wird vorläufig nach ihrer verschiedenen Bestimmung, zum Geschütz, zum täglichen Dienst, zu den Bereitschaften 2c. eingetheilet und fleißig in den zur Vertheidigung nöthigen Bewegungen geübet. Nur dann ist der Infanterist im Besatzung.

Stunde: ein wirksames Feuer durch die Schußspalten der Mauern und Pallisadirungen zu machen; den Bedeckten Weg und die Aussenwerke gehörig zu vertheidigen 2c., wenn man ihn in der dazu erforderlichen Behandlung seines Gewehres unterrichtet hat; wenn die Abtheilungsführer genau wissen, wohin sie bei einem entstehenden Allarm zu eilen, was sie auf jeden Posten zu thun haben. Man mache den Soldaten mit der gegenseitigen Unterstützung bekannt, welche die Festungswerke einander gewähren; man zeige ihm den Gebrauch der Brücken und Durchgänge; man lehre ihn: sich vertheidigend im Bedeckten Wege und in den äußeren Werken nach den Reduits zurückziehn, um dann plötzlich wieder aus denselben hervorzubrechen, ehe der Feind Zeit hat, sich festzusetzen. Man präge ihm fest eine gut zu zielen und nie aufs Ohngefähr zu schießen, indem man ihm die Punkte zeiget, auf die er vorzüglich sein Feuer zu richten hat.

Sicherheitsmaaßregeln. 473. Die vorliegenden Werke werden nun mit der zu ihrer Vertheidigung nöthigen Anzahl Leute besetzt. Man rechnet ohngefähr 30 bis 50 Mann auf eine Flesche oder Redute, 60 bis 120 Mann aber auf ein größeres Vorwerk, zu Deckung einer Brücke, eines Dammes 2c. bestimmt. Diese Besatzung bekommt die erforderlichen Lebensmittel aus der Festung, und wird von 8 zu 8 Tagen abgelöst, damit der kommandierende Offizier Zeit hat: sich mit der Beschaffenheit seines Postens und mit den Vertheidigungsmitteln desselben gehörig bekannt zu machen. Daß übrigens ein solches Vorwerk nur mit bedeckten Geschützständen, die zugleich der Besatzung einen bombensichern Aufenthalt gewähren, wirklich Etwas leisten kann, hat die Erfahrung hinreichend gelehret.

Von diesen Vorwerken nun werden theils Posten ausgesetzt, theils Patrouillen abgeschickt, damit durchaus nichts Feindliches an sie heran, oder wohl gar zwischen ihnen hindurch kommen kann. Andere, noch weiter vorgeschobene Posten und Patrouillen von leichter Reiterei, dienen zur Benachrichtigung, wenn ein feindliches Korps wirklich zur Einschließung der Festung im Anmarsch ist. Sie ziehen sich daher bei seiner Annäherung sogleich zurück, ohne jedoch die Gelegenheit vorbei zu lassen, wenn sie Gefangene machen können.

Da es für den Festungs-Commandanten äußerst wichtig ist: von dem Feinde und seinen Unternehmungen schnelle und sichere Nachrichten zu bekommen; muß er sich diese um jeden Preis, außer den erwähnten gewöhnlicheren Mitteln, auch durch Spione, durch Verständnisse mit den Bewohnern der umliegenden Gegend, und durch ausgeschickte Offiziere und verständige Soldaten zu verschaffen suchen. Hohe Kirchthürme, alte Warten und dergl. sind vorzüglich geeignet: theils in einem offenen Lande Beobachtungen anzustellen, theils die von weiter entfernten, vertraueten Leuten gegebenen Zeichen — über deren Bedeutung man vorher übereingekommen ist — wahrzunehmen.

Jedes Verständniß der Einwohner der Stadt mit dem Feinde ist dagegen durch alle nur mögliche Vorsicht zu verhindern. Die genaueste Untersuchung aller einkommenden und weggehenden Fremden, die Verschließung der nach auswärts sehenden Fenstern, hoher, am Walle liegender Häuser, endlich das Fortschicken aller Fremden und Verdächtigen aus der Stadt, sind einige der dahin führenden Mittel. Das sicherste jedoch ist: sich die Achtung der Soldaten, wie das Zutrauen und die Neigung der Civilbehörden und der Bürger zu erwerben.

Sechstes Kapitel.

Erklärung der Belagerungsarbeiten.

474.

Allgemeine Eintheilung.

Ehe wir uns zu den verschiedenen, bei einer förmlichen Belagerung zu befolgenden Grundsätzen, und den dabei auszüführenden Arbeiten selbst wenden; wird es nicht überflüßig seyn: vorher einen allgemeinen Begriff der letztern zu geben. Sie zerfallen ihrer Natur nach:

1) in solche, welche blos zur Umschließung der belagerten Festung und zu Abweisung der feindlichen Anfälle dienen.

2) In die, durch welche man sich den Festungswerken bedeckt zu nähern, und sich nach und nach des feindlichen Terrains zu bemächtigen suchet.

3) Die zu Zerstöhrung der feindlichen Wehren und Vertheidigungsmittel bestimmten Arbeiten; die entweder:

a) als Logementer,

b) als Geschützstände, oder

c) als Angriffsminen

erscheinen. Die unter 1) aufgeführten sind als rein defensiv, die unter 2) und 3 a) erwähnten, als vertheidigend und offensiv zugleich, 3 b) und c) aber blos als offensiv zu betrachten.

1) Einschließende Werke: Contrevallationslinie.

475. Um die Festung völlig einzuschließen und die Ausfälle der Besatzung zurückzuweisen; umzog man sie früher, unter dem Namen der Contrevallationslinie mit einer fortlaufenden starken Verschanzung, (§. 412) die zwar eines Theiles ihrer Bestimmung entsprach, dagegen aber die offensiven Bewegun-

gen der Truppen gegen die Festung erschwerte und eine ungeheuere Arbeit erforderte. An ihre Stelle traten deshalb schon im Dreißigjährigen Kriege (bei Höxter) die Parallelen oder Waffenplätze, die blos das angegriffene Polygon umschließen, mit dessen Seiten sie gewöhnlich gleichlaufend geleget werden; daher ihnen auch ihr Name kommt. Die aus dem Graben gehobene Erde wird auswärts, gegen die Festung geworfen, und bildet die Brustwehr, hinter der sich entweder ein oder zwei Auftritte befinden, um darüber hinwegfeuern zu können; oder Stuffen, damit die Laufgrabenwacht mit ganzer Fronte heraussteigen, und dem Feinde entgegen gehen kann. Vauban, der so viel für den Festungsangriff that, nahm diese Idee auf, und machte nachher den Gebrauch der Parallelen allgemein.

476. Da man anfangs die erste Parallele Parallelen.
immer 800 Schritt von der Festung legte, um gegen die feindlichen Katetschenschüsse sicher zu seyn; ward eine zweite und dritte Parallele, zum Schutz der Angriffsarbeiten gegen die Ausfälle, näher gegen die Festung hin, nöthig. Ja, man ist wohl gar gezwungen: eine vierte Parallele zu ziehen; wenn vielleicht Umstände die erste auf eine größere Weite von der Festung eröffnen ließen, so daß man mit der dritten nicht bis auf das Glacis — 50 Schritt von den vorspringenden Winkeln — kommt. Kann man hingegen wegen Unachtsamkeit und Schwäche der Besatzung mit der ersten Parallele bis auf 400 oder 600 Schritt am Bedeckten Wege heran gehen; wird dadurch vielleicht die zweite Parallele ganz entbehrlich, und man leget zu Unterstützung der Annäherungsarbeiten blos einige Halbe Parallelen zwischen die erste und dritte, die nun zur zweiten wird. (Tab. I.)

Die erste Parallele, wo man schon wegen der Entfernung, und weil man den Ort und Zeitpunkt ihrer Eröffnung dem Feinde möglichst zu verbergen sucht, wenig von dem Feuer der Festung zu fürchten hat, wird immer durch neben einander gelegte Faschinen tracirt. (Fig. 1. Tab. II.) Ja, bisweilen geschiehet dies auch mit der zweiten. Oefterer werden jedoch diese und die dritte Parallele durch neben einander aufgestellte Schanzkörbe verfertiget, die von den Arbeitern herbeigetragen und auch alle zugleich gefüllt werden. Auf die oben hervorstehenden Pfahlspitzen werden zuletzt 3 Faschinen geleget. (Fig 2. Tab. II.)

Communicationen und Depots.

477. Da die Niederlagen des Schanz- und Bauzeuges (Depots) außerhalb des feindlichen Kanonenschusses und hinter irgend einem deckenden Terraingegenstande liegen müssen; sind Verbindungswege (Communicationen) nach der ersten Parallele unentbehrlich. Diese werden, zugleich mit letzterer, als Graben ausgeworfen, so daß sie in schräger Richtung auf sie zulaufen und von keinem Festungswerke eingesehen oder der Länge nach bestrichen sind. Ein Grundsatz, der bei allen folgenden Annäherungsarbeiten der Belagerer nie aus den Augen verloren werden darf!

Der große Depot oder die Hauptniederlage der Belagerungsbedürfnisse enthält alles Schanzzeug, Faschinen, Schanzkörbe, Hurten, Batteriehölzer 2c. Die Werkstätte der nöthigen Handwerker, als: Schmiede, Stellmacher, Tischler u. dergl., so wie außerdem noch hinreichenden Raum: die tägliche Arbeiterzahl und die, zu ihrer Bedeckung bestimmte, bewaffnete Mannschaft sammlen und aufstellen zu können. Sollte die Beschaffenheit des Terrains die Anlage dieses Depots nicht in der Nähe des Angriffes erlauben; wird hier blos eine kleinere, oder Zwischenniederlage eingerichtet, und blos das jedesmalige Bedürfniß an Schanz- und Bauzeug mit einem geringen Vorrath dahin gebracht. Eben so ist eine zweite Niederlage unentbehrlich, wenn neben dem Hauptangriff noch ein Scheinangriff gegen ein anderes Polygon der Festung gemacht wird, um die Aufmerksamkeit des Feindes zu theilen und seine Vertheidigungsmittel zu schwächen.

478. Noch mehr rückwärts und völlig gegen die feindlichen Projectilen gesichert, befindet sich der Artilleriepark mit dem Belagerungsgeschütz und allen, zu seinem Gebrauch nöthigen Werkzeugen und Bedürfnissen. Da er nächst den Werkstätten der zur Artillerie gehörigen Handwerker noch die Artilleriepferde, das Kunstfeuer-Laboratorium und die Pulvervorräthe enthält; wird ein sehr geräumiger Platz dazu erfordert, der gute und bequeme Zugänge, sowohl gegen die Laufgräben hin, als rückwärts nach der Hauptstraße hat. In seiner Nähe befindet sich auch das Fliegende Lazareth, wohin die Verwundeten aus den Laufgräben gebracht werden. Der Artilleriepark.

479. Zur Sicherheit gegen einen von aussen kommenden Entsatz waren in der früheren Zeit die Circumvallationslinien bestimmt (413.), welche auswärts das ganze Lager der Belagerungsarmee umschließen. Man scheuete, besonders im Niederländischen Freiheitskriege, keine Zeit und Arbeit, sie so stark als möglich zu machen. Sie hatten bei der Belagerung von Breda 1624 einen Umfang von 52600 Schritten, und waren nebst den Contravallationslinien durch 37 Forts, 96 Reduten und 45 kleinere Werke verstärkt. Weil jedoch in der Folge die Belagerungen schneller beendiget wurden; mehr noch der Umstand: daß die ungeheuere Ausdehnung dieser Linien sie nicht überall gleich stark zu befestigen und zu vertheidigen erlaubt, — daher sie auch leicht durchbrochen wurden, wie 1654 bei Arras, 1656 vor Valenciennes und 1706 vor Turin — kamen sie nach und nach gänzlich aus dem Gebrauch. Die letztern waren Circumvallationslinien.

in der Belagerung von Charleroi 1746 von 20000 Bauern aufgeworfen worden; das 143 Bataillon starke Belagerungskorps von Mastricht aber hatte 23 Reduten hinter sich, jede mit einem Bataillon und 4 Kanonen besetzt.

Annäherungs-Arbeiten, Laufgräben. 480. Alle von der ersten nach der zweiten, und von dieser nach der dritten Parallele führenden Verbindungswege, so wie öfters auch die Parallelen selbst, werden unter dem allgemeinen Namen der Laufgräben (la tranchée) begriffen. Um ihre gerade Bestreichung von den seitwärts liegenden Festungswerken zu hindern, werden sie immer in schräger Richtung über die Capitale des angegriffenen Werkes vorwärts gezogen, und rechts und links gebrochen, daß ihre Richtungslinien immer außerhalb der vorspringenden Winkel des Bedeckten Weges fallen. (Tab. I.) Jeder gerade fortgehende Theil dieser Laufgräben heißt dann ein Ast oder Schlag (Boyeau); der hintere gekrümmte Theil desselben aber, welcher die Oeffnung des weiter rückwärts laufenden Grabens deckt, der Haken (Crochet oder Retour). Je mehr man sich nun dem Bedeckten Wege nähert, um so kürzer werden die Schläge; man hat sie daher wegen ihrer häufigen Wendungen Sick-sacks genannt. (Zigzags).

Sappen. 481. Man hat bisweilen auch den ganzen Annäherungsarbeiten den Namen Sappe gegeben (von Zapare untergraben), der jedoch eigentlich nur den besonderen Theil dieser Arbeiten bezeichnet, welcher unter den Augen des Feindes und in seinem Flintenfeuer vorkommt. Hieraus entstehen mehrere Unterordnungen, die sich auf die Art der Ausführung einer jeden gründen. Sie sind:

1) die ungedeckte Sappe, (sape à découvert) wo die Arbeiter den, mit Faschinen bezeichneten Graben

ben, ohne alle weitere Deckung, ausheben und die Erde gegen die Festung hin werfen. Man beobachtet dieses Verfahren bei der Ersten, ja, öfters auch bei der zweiten Paralle, und es wird nur uneigentlich mit dem Namen der Sappe belegt.

2) Werden in der Nacht eine Reihe Schanzkörbe in der bestimmten Richtung neben einander aufgestellt, und, zu gleicher Zeit mit der hinter ihnen ausgegrabenen Erde angefüllt; bekommt dies Verfahren den Namen der flüchtigen Sappe (Sape volante).

Einige Schriftsteller unterscheiden hier, mit Unrecht, noch die Halbe Sappe, bei der die Schanzkörbe zwar zugleich aufgestellt, jedoch nur einer nach dem andern gefüllet werden.

3) Die eigentliche ganze Sappe (Sape pleine oder achevée) wird ganz in der Nähe des Feindes von 4 Mann ausgeführet, von den der Erste vorne durch einen Rollkorb (einen großen, mit Strauch oder besser, mit altem Tuch gefullten Schanzkorb) gedeckt, einen Schanzkorb in der erforderlichen Richtung aufstellet, und mit der darhinter ausgegrabenen Erde anfüllet, der zweite und die folgenden aber den Graben bis auf 3 Fuß breit und tief erweitern. Dieser Graben wird so an die gewöhnlichen Arbeiter übergeben, durch die er — nach Verschiedenheit der Bestimmung zur Verbindung oder zur Gegenwehr — 8 bis 11 Fuß Breite bekommt.

482. Weil von der dritten Parallele aus der Biegungen zuviel und die Laufgräben außerordentlich kurz werden würden, gehet man hier: Doppelte und Bedeckte Sappe.

4) mit der doppelten Sappe auf der Capitale des vorspringenden Winkels gerade vor, indem man die beiden Reihen Schanzkörbe mit 12 Fuß Abstand neben einander setzt, und zwischen ihnen fort arbeitet; der in der Mitte noch stehende Erdteil wird zuletzt von

andern Arbeitern ausgeworfen. Die Arbeiter werden dabei durch 2 Rollkörbe an der Spitze der Sappe, gegen das feindliche Feuer geschützt. Diese Rollkörbe bleiben zuletzt an der Spitze der Sappe liegen und werden mit Erde beworfen, um hier die Stelle dreier gewöhnliche Schanzkörbe zu vertreten.

5) Wäre die doppelte Sappe auf einen flachen Glacis dem feindlichen Feuer sehr ausgesetzt; muß man sie durch Traversen gegen das gerade Bestreichen sichern, deren Entfernung von der mehr oder weniger steilen Abdachung des Glacis abhängt. Weil alsdann der Graben sich um die Traversen, oder Querwälle herumschlingt, die abwechselnd an die rechte und linke Seite desselben stoßen; giebt man ihn dem Namen der doppelten Wende-Sappe (Sape double tournante) oder der Querwall-Sappe (Sape traversée).

6) Ist man dem feindlichen Feuer sehr hohe Werke dergestalt ausgesetzt, daß selbst die Querwälle die Enfilade nicht zu hindern vermögen; werden die Schanzkörbe der doppelten Sappe oben mit Blendrähmen, diese aber mit Faschinen und 1 bis 2 Fuß hohe Erde bedeckt. So entstehet unter dem Namen der Bedeckten Sappe (Sape couverte) eine Art unterirdischen Ganges, der gegen das Musketenfeuer und die Handgranaten des Feindes gesichert ist.

In der neuern Zeit scheinen die Schweden während des dreißigjährigen Krieges die Bedeckte Sappe zuerst wieder angewandt zu haben. (Gesch. d. Kr. Kunst II. S. 523.) Sie ward den Franzosen erst zu Anfang des achtzehnten Jahrhunderts bekannt. Die andern Gattungen der Sappe aber kommen schon während des großen Niederländischen in einer regelmäßigen Gestalt vor. Zwei Arten derselben sind jetzt nicht mehr im Gebrauch; die Schlangenförmige, an deren Stelle die Wende-Sappe getreten ist; und die Erdwalze, durch welche die Türken sich in der Belagerung von Candia mehrerer Außenwerke bemächtigte. Eine große Anzahl Arbeiter ward nemlich am Fuße des Glacis aufgestellt und fieng eine Parallele an, deren Erde sie, bis an den Rand des Festungsgrabens, als einen hohen Damm, vor sich hintrieb, und sie in letzteren hineinstürzte, um ihn zu füllen.

483. Wenn man auf den vorspringenden Winkel des Bedeckten Weges ankommt, wird mit der Sappe rechts und links, 15 Fuß von den Pallisaden ab, 3 Ruthen fortgegangen, und dadurch das Erste Logement vollendet und der Besatz oder die Krönung des Bedeckten Weges (le Couronnement) angefangen. (Fig. Tab. II.) Dieses ist nichts anders, als eine einfache Wende-Sappe mit Traversen, um die Enfilade von dem Hauptwalle zu hindern. Aus diesem Couronnement wird vermittelst eines Mineganges unter der Ersten Traverse des vorspringenden Winkels die Absteigung (Descente) nach dem Graben gemacht, über den man nachher mit der gewöhnlichen, einfachen Sappe gehet, wenn er trocken ist. Bei einem Wassergraben hingegen geschiehet der Uebergang (passage) durch einen Faschinendamm, oder durch eine schwimmende Brücke. Besatz des Bedeckten Weges und Uebergang über den Graben.

484. Unter den, zu Vertreibung des Feindes aus den Werken, bestimmten Angriffsarbeiten sind die L.-Sappen und Laufgrabenkatzen (Cavaliers de tranchée) die Ersten. Jene werden etwa 30 bis 40 Schritt von den Pallisaden rechts und links von der Capitale abgetrieben, um den Laufgrabenkatzen zur Unterstützung und Verbindung mit der doppelten Sappe zu dienen; zu welchem Ende sie mit etwa 80 bis 100 Mann besetzt werden. Sie reichen um 10 Schanzkörbe über die verlängerten Facen des vorspringenden Winkels hinaus, und biegen sich hier zur Dekkung gegen das feindliche Feuer rückwärts. a) Logementer. 3 Offensive Arbeiten.

Ihre äußeren Enden bilden die Katzen, welche

die Linien des Bedeckten Weges bestreichen und seine Traversen überhöhen sollen. Sie müssen zu dieser Absicht wenigstens 4 Fuß über dem Glacis liegen; denn wenn dieses 6 Zoll auf die laufende Ruthe fällt, kommt man dadurch ohngefähr mit dem Kamme des Bedeckten Weges gleich hoch, und der hier stehende Soldat überhöhet denselben gegen 5 Fuß, so daß ihn einige gute Schützen leicht vom Feinde rein halten können. Die Brustwehr der Laufgrabenkatze wird durch zwei oder drei über einander gesetzte Schanzkörbe gebildet, auf die zuletzt — wie bei der gewöhnlichen Sappe — 3 Faschinen gelegt und mit Sandsäcken, Schießlöcher gebildet werden.

Die übrigen Logementer werden immer durch die ganze Sappe mit Schanzkörben verfertiget und haben, wie die Parallelen, einen Auftritt hinter den Schanzkörben und Schießlöcher von Sandsäcken auf ihrer Brustwehr. Sie dienen immer als Waffenplätze, um sich hier festzusetzen und feindliche Angriffe durch das Feuer ihrer Besatzung zurückzuweisen. Sie befinden sich 1) auf dem Glacis, wo sie einen Theil des Besatzes (Couronnement) ausmachen, und nachher zu Anlegung der Brechbatterien dienen.

2) Auf dem Wallgange des Bedeckten Weges selbst, wenn die große Breite desselben oder die Tiefe des Grabens es nöthig macht: die Brechbatterien näher heranzurücken.

3) In den eroberten Aussenwerken, wo ihre Anlage wegen der Nähe des Hauptwalles besondere Vorsicht und Aufmerksamkeit verdienet. Endlich

4) Auf der Bresche des Hauptwalles, wenn sich ein starker Abschnitt hinter demselben befindet und man bei dem Sturme sich nicht in den Besitz der ganzen Festung setzen kann. (Siehe Logement im Wörterb. der Kriegsbauk.)

485. Die zum Angriff dienenden Geschützstände oder Batterien müssen das in ihnen aufgestellte Geschütz gegen die feindlichen Projectilen sichern und zugleich den Gebrauch desselben gegen den zu beschießenden Gegenstand erleichtern und befördern. Sie bekommen daher auch in Hinsicht ihrer Lage, ihrer Bauart und ihrer besonderen Bestimmung verschiedene Benennungen, indem zugleich alle, noch vor Eroberung des Bedeckten Weges erbauete Batterien unter dem allgemeinen Namen der Ersten Batterien begriffen werden; die in jenem und vielleicht in den Aussenwerken liegenden aber, die Zweiten Batterien heißen. b) Geschützstände.

486. Durch ihre Lage, d. h. die Richtung der Geschütze sind alle Geschützstände: 1) Nach ihrer Stellung.

a) gerade oder directe, wenn sie dem zu treffenden Ziele gegenüber liegen, und daher in gerader Richtung gegen dasselbe schießen.

b) Schräge (oblique oder en echarpe) beschießen sie den Gegenstand in dieser Richtung entweder aus geraden, oder — wenn die Schulterwehr der Batterie senkrecht auf der Richt- (oder Directions-) Linie stehet, — aus schräge in jene eingeschnittenen Schießscharten.

c) Bestreichende oder Seitenbatterien (d'enfilade oder de flanc auch en rouage) heißen sie, wenn ihre Richtlinie auf der des feindlichen Feuers senkrecht stehet.

d) Rückenbatterien (de révers) stehen hinter den feindlichen Werken und beschießen dieselben entweder gerade oder schräge im Rücken.

e) Bricolbatterien sind ausschließend gegen eine, durch einen Orillon gedeckte Flanke, oder einen, auf ähnliche Weise, hinter einem andern Werke liegenden Punkt bestimmt. Ihr Geschütz wird deshalb unter einem spitzen Winkel gegen die seitwärts liegende Mauer gerichtet, damit die abprellende Kugel den verlangten Punkt trifft. Der unsichere Schuß dieser Batterien hat jedoch ihren Gebrauch ziemlich selten gemacht.

a) Nach ihrem Gebrauch. 487. Nach ihrer Bestimmung unterscheiden sich die Geschützstände vor einer Festung in:

a) Rikoschet- oder Schleuderschuß-Batterien (b. à ricochet), welche die Linien, gegen die sie bestimmt sind, nach Verhältniß ihrer Entfernung mit bald schwächeren, bald stärkeren Ladungen der Länge nach bestreichen.

b) Demontir-Batterien (de plein fouet), die mit voller Ladung auf die Schießscharten der Festungswerke schießen, um die Schartenzielen (Merlons) zu zerstöhren und gemeinschaftlich mit den vorhergehenden, die Geschütze, unbrauchbar zu machen. Jene liegen immer in der Ersten Parallele oft noch weiter rückwärts, verfehlen aber dann auch gewöhnlich ihren Zweck. Die Demontir-Batterien hingegen bekommen ihre Stelle theils in der zweiten, dritten Parallele, theils auf dem Glacis. Sind sie hier insbesondere gegen die Flanken gerichtet; heißen sie Contre-Batterien.

c) Die Brech-Batterien sollen die Futtermauern niederwerfen, und müssen daher den Fuß derselben, von dem Glacis oder dem Wallgange des Bedeckten Weges aus, treffen. Man kann zwar in einzelnen Fällen die Futtermauer schon auf eine größere Weite herunterschießen. Nur selten darf man sich jedoch versprechen: so einen wirklich ersteiglichen Zugang (Breche) auf den Wall zu bekommen. Zu a) und b) werden außer den Kanonen auch Haubitzen mit Vortheil angewendet, zu c) aber nur allein schwere Kanonen genommen.

d) Kessel- oder Mörser-Batterien um Bomben und Steine auf die Festungswerke zu werfen, haben ihren Platz theils in der ersten, theils in der dritten Parallele. Uneigentlich werden sie bisweilen mit dem allgemeinen Namen der Wurfbatterien beleget; denn diese können eben so gut mit Haubitzen als mit Mörsern besetzt seyn.

Wenn man zu dem Anzünden feindlicher Magazine rc. glühende Kugeln anwenden will, liegen die dazu bestimmten Batterien in der Gegend der ersten Parallele. Sie gehören übrigens ihrer Einrichtung nach, und dadurch, daß sie mit zwölf= oder vierundzwanzigpfündigen Kanonen besetzt werden, in die Klasse der Demontirbatterien.

488. Die verschiedenen Geschützstände bei einer Belagerung werden endlich auch durch ihre Bauart und innere Einrichtung unterschieden: 3) In Rücksicht der Bauart.

a) die horizontalen Batterien, welche unmittelbar auf der Oberfläche des Erdbodens liegen. Um hier die nöthige Erde zu der Schulterwehr, den Flankendeckungen und den Traversen zu bekommen, wird vor der Batterie ein Graben ausgehoben. Diese Art Geschützstände ist die älteste. Vauban will sich zu seinen ersten Batterien keiner andern Bauart bedienen, weil er sie immer vor die Parallelen und fast nie in dieselben legte.

b) Versenkte Batterien (b. enterrées) werden aus den schon fertigen Parallelen und in den Logementern auf dem Glacis verfertiget, und sind deshalb 3 Fuß tief unter den Erdhorizont versenket. Da ihr Bau den doppelten Vortheil gewähret: gegen das feindliche Feuer gesichert und schneller zu seyn; sind sie in der neuern Zeit fast allgemein an die Stelle der horizontalen Batterien getreten. Die Erde zur Schulterwehr wird hier durch Erweiterung des innern Raumes gewonnen; daher es bei ihnen keines besondern Grabens bedarf. Die Kessel gehören ebenfalls in diese Cathegorie.

c) Erhöhete Batterien (b. élevées) werden

in besonderen und einzelnen Fällen auf den Erdhorizont aufgeschüttet, und sind wegen der dadurch herbeigeführten vielen Arbeit, die mit ihren Nutzen in keinem Verhältniß stehet, fast ganz aus dem Brauch gekommen.

Diese Art Batterien ward besonders im Niederländischen Kriege sehr häufig angewendet, um den Hauptwall zu überhöhen und irgend einen Theil desselben zu enfiliren. Vor Steenwyck ließ Moriz von Oranien 1592 eine solche Batterie von 19 Fuß Höhe auf 3 Kanonen anlegen. Noch merkwürdiger aber war die von Alexander Fernese in der Belagerung von Mastricht 1579 auf eingerammten Pfählen, von Faschinen, Hurten und Erde erbauete, 135 Fuß hoch, und 115 Fuß ins Gevierte groß.

d) Der eben erwähnte Niederländische Krieg gab auch den doppelten Batterien (batteries masquées) das Daseyn. Weil man nemlich die Demontirbatterien immer sehr nahe an die Festung legte, wo sie der Geschützwirkung derselben sehr ausgesetzt waren, versahe man sie mit einer doppelten Brustwehr, so daß die Schießscharten der vordern genau auf die der hintern trafen. Sie scheinen jedoch nur wenig gebraucht worden zu seyn und sind erst neuerlich durch *Mandar* (Architect. des forteresses) der Vergessenheit wieder entrissen worden.

e) Ihnen ähnlich sind die bedeckten Batterien für Kanonen und Mörser, von ihren Erfindern zwar ursprünglich, in Ermangelung bombenfester Geschützkeller (Casemates), zur Vertheidigung bestimmt, in der neuesten Zeit aber auch für den Angriff empfohlen. Hier sind die Geschütze durch starkes Holz, mit Faschinen und Erde bedeckt — die von eingegrabenen Ständern getragen werden — gegen die feindlichen Projectilen gesichert.

f) Die schwimmenden Batterien endlich machen eine besondere Gattung aus. Sie bestehen aus 2 zusammen verbundenen, mit Bohlen bedeckten und mit einer Brustwehr versehenen Fahrzeugen, oder aus einer eben so eingerichteten Flöße, um durch das daraufgestellte Geschütz irgend einen — auf andere Weise nicht zugänglichen — Ort der Festung zu bestreichen.

Alle hier aufgeführte Arten Geschützstände sind endlich noch in Absicht der Form ihrer Brustwehr:

1) gerade, wo die Geschütze in einer Linie neben einander aufgestellt und blos durch Querwälle unterschieden sind.

2) Gebrochene Batterien (en échelons) entstehen durch die Beschaffenheit des Terrains, welches die Aufstellung der Geschütze neben einander hindert; daher man die Frontlinie der Batterie staffelförmig brechen muß.

3) Sägeförmige Batterien (à redans) bilden mit ihrer Brustwehr, oder auch blos mit der innern Wand derselben ein- und ausgehende Winkel. Ihre Anlegung wird durch die Nothwendigkeit herbeigeführet: aus einem Geschützstande einen seitwärts liegenden Punkt zu treffen, wo die Schießscharten zu schräge eingeschnitten werden müßten; oder auch mehrerer Gegenstände zugleich zu beschießen.

4) Stockwerks-Batterien (en étages) kommen bei den Belagerungen der Gebirgsfestungen vor, wenn man die Geschütze in verschiedener Höhe neben einander aufstellen muß.

5) Wird endlich das Geschütz — wie es bisweilen zu Unterstützung des eigentlichen Angriffes geschiehet — in eine Redute gestellet, um es gegen kleine Ausfälle zu sichern; entstehet eine geschlossene Batterie.

489. Theils um die Gegenminen der Festung zu zerstöhren; theils starke Erdwerke, Contregarden u. dergl. aus dem Wege zu räumen, wenn sie den Fuß der Futtermauern verdecken, und das Beschießen derselben von den Brechbatterien hindern; theils auch starke Mauern und Gebäude selbst niederzuwerfen, wo es nicht auf eine kürzere Weise durch Geschütz geschehen kann; bedienet sich der Belagerer der Minen. (186.) Diese sind, zum Angriff bestimmt: entweder a) Quetscher (Camouflet), wenn ihre Ladung um c) Angriffsminen.

5 bis 30 Pfund Pulver beträgt; oder b) mit 60 bis 150 Pfund Pulver geladen, Fladderminen; oder auch c) überladene Minen, mit 500 bis 5000 Pfund Pulver geladen. Eine Unterordnung derselben sind die Schachtminen.

Es fällt in die Augen: daß durch eine noch größere Verstärkung der Ladungen auch die Wirkung der Mine erhöhe wird. Allein, es ist theils keine größere Wirkung nöthig; theils würde auch die Belagerungs-Artillerie nicht im Stande seyn, noch stärkere Ladungen zu genügen: weil man nie mit Einer überladenen Mine ausreichet, sondern immer gezwungen ist: mehrere zugleich, oder nach einander zu sprengen. Eine weitere Erklärung der zu dem unterirdischen Kriege gehörenden Begriffe ist hier überflüssig. Sie findet sich theils schon oben (185.), theils im Wörterbuch der Kriegsbauk. unter den zugehörigen Artikeln, und vollständiger in der dem Minenbau besonders gewidmeten Abtheilung dieses Werkes.

Siebentes Kapitel.

Anordnung und Ausführung des Angriffes, von Einschließung der Festung bis zur zweiten Parallele.

490.

Berennen. Wenn der förmliche Angriff einer Festung beschlossen ist, und im Verfolg des Entwurfes die dazu erforderlichen Truppen und Bedürfnisse vorhanden sind; wird sie zuerst berennet, d. h. durch eine Reihe zusammenhängender Posten dergestalt eingeschlossen, daß keine Verbindung mit einer andern, nahe liegenden Festung oder mit dem feindlichen Heere statt findet. Da aber der Marsch eines schwächern Detaschements sich leichter verbergen läßt, als der eines stärkern Korps; geschiehet das Berennen fast immer durch die Avantgarde der zur Belagerung bestimmten Truppen. Ihre Stärke und Zusammensetzung hängt dabei von der Größt der, zu belagernden Festung und von der Beschaffenheit der Umgegend ab. Ist diese offen, muß man nothwendig eine größere Menge Reuterei anwenden, während in einem durchschnittenen Lande die Mehrzahl aus Fußvolk mit leichtem Geschütz bestehet. Letzteres befindet sich an der Spitze der Kolonne, um mit Hülfe desselben die befestigten Posten, auf die man vielleicht unterweges stößt, sogleich hinwegnehmen zu können.

Das genaue Einschließen einer Festung ist zu dem glücklichen Fortgange der Belagerung durchaus erforderlich. Solche Orte, wo es durch das Lokal unmöglich ist, oder durch ein Versehen des Belagerers unterlassen ward, wie Candia, Gibraltar, Turin, konnten entweder gar nicht oder doch nur nach langer Zeit erst erobert werden.

a) Leicht einzuschließen sind alle Festungen in einer freien, offenen Gegend, so wie die, welche mitten in einem Sumpfe oder zwischen Teichen liegen, wie Mantua und Willhelmstein; denn hier dürfen nur die wenigen Zugänge gut besetzt werden, um den Belagerten das Herauskommen zu verwehren.

b) Schwer einschließbar hingegen werden die Festungen durch ihre Lage an großen Strömen, am Zusammenfluß zweier Flüsse, oder an der See. Hier werden besonders durch eine nahe liegende Insel die Schwierigkeiten der Einschließung noch vermehret, wie z. B. bei Stralsund.

c) Ein verschanztes Lager endlich, bei einer Festung, macht es östers unmöglich sie völlig einzuschließen. Man muß hier nothwendig zuerst das Lager erobern, oder die in demselben stehenden Truppen vertreiben, wenn man die Belagerung mit Erfolg unternehmen will, wie die Beispiele von Stralsund, Schweidnitz, Prag und Breslau beweisen. Die Nothwendigkeit: das verschanzte Lager nach §. 230., hinter der Festung zu legen, wenn es nicht durch seine Lage überhaupt unangreifbar ist, gehet hieraus hervor.

491. Die bei der Berennung einer Festung zu befolgenden Grundsätze sind: Grundsätze dabei.

a) sich mit den dazu bestimmten Truppen so unvermerkt als möglich zu nähern und sich in einer Entfernung von etwa 4000 Schritt, mehr oder weniger, dergestalt aufzustellen, daß die Stärke der einzelnen Posten von dem Feinde nicht beurtheilt werden kann.

b) Zugleich durch leichte Truppen die Vorstädte (wenn sich dergleichen da befinden) oder die umliegenden Landhäuser, Gärten rc. besetzen und durchsuchen zu lassen. In den Belagerungen von Colberg und Cüstrin fanden die Russen in den Vorstädten genaue Risse der Festungen, und es wird selten fehlen: einige Gefangene zu bekommen, von denen man Nachricht über den Zustand der Festung, die Stärke der Besatzung rc. einziehen kann. Ist es vielleicht möglich: sich der Vorstädte zu bemächtigen, kann man dadurch in Hinsicht der Belagerungsarbeit sehr an Zeit gewinnen. Man darf nie unterlassen: wenigstens einen Versuch zu machen.

c) Die um die Festung gezogene Postenkette muß in einer ununterbrochenen Verbindung stehen und durch besondere, Detaschementer unterstützt werden, damit man selbst einen, nicht zu starken, Ausfall der Besazzung zurückweisen kann. Die einzelnen Posten werden zu dem Ende:

d) so schnell und stark als möglich verschanzt, indem man vorzüglich die Vortheile des Terrains benutzt und die Annäherungshindernisse vervielfältiget.

e) Wird das Einschließungskorps durch einen, die Stadt durchströmenden Fluß getheilt; ist das Ueberbrücken desselben eine unerläßliche Maaßregel, theils um das Heraus- und Hereinkommen feindlicher Fahrzeuge zu hindern, theils die wechselseitige Unterstützung der Einschließungstruppen zu befördern.

Da dem Feinde sehr viel daran gelegen seyn muß, diese Brücke zu zerstören; muß man sie durch quer über den Fluß gezogene

Ketten und Taue, auch wohl durch Pfahlwerke oder durch versenkte Fahrzeuge gegen die feindlichen Unternehmungen zu schützen suchen. (Handbuch d. Pontonnierwissensch. 2r Theil.)

f) Es ist nicht minder nothwendig, dem Belagerungskorps durch starke Partheien und durch zweckmäßige Zwischenposten die Verbindung mit der Hauptarmee, und die Zufuhren zu sichern. Die Unterbrechung der letztern durch den Feind würde ohnfehlbar die Aufhebung der Belagerung zur Folge haben.

g) Kann man schnell und unerwartet vor der Festung ankommen, ist es auch vielleicht möglich: sich sogleich der vorgelegten Werke durch einen plötzlichen Anfall zu bemächtigen und dadurch die Dauer der Belagerung bedeutend abzukürzen. Es muß stets das nächste Ziel des Belagerers seyn, die Vorwerke bald möglichst in seine Gewalt zu bekommen und den Belagerten auf den Umfang des Bedeckten Weges zu beschränken.

Keine Feldschanze, wie die vorliegenden Werke bei Festungen gewöhnlich sind, vermag einer mehrstündigen, gut gerichteten Kanonade von 12 bis 16 Geschützen zu widerstehen, durch welche das Geschütz der Schanze demontiret, und die Besazzung theils getödtet oder verwundet, immer aber mutblos gemacht wird. Es wird den Truppen alsdenn leicht seyn, die Schanze zu ersteigen, sobald sie nur rasch darauf gehen, und nicht vielleicht sich am äußern Grabenrande mit Feuern aufhalten, wie es schon öfterer geschehen ist.

492. Um den schwächsten, d. h. den Angriffspunkt der Festung (S. im Wörterb. d. Kriegsbauk. dies Wort; Fehler der Festungen und Rekognosziren) zu bestimmen, giebt es dreierlei Mittel: 1) Grundrisse, die man jetzt von allen Festungen der Welt hat, auf die man sich jedoch nicht immer mit Sicherheit verlassen kann; 2) die Nachrichten, welche Rekognosziren der Festung.

man durch Spione oder von den in der Gegend wohnenden Leuten erhält; 3) die eigene Untersuchung an Ort und Stelle, die bei einem geübten Auge nur allein als zuverlässig anzusehen ist. Diese wird am schicklichsten im ersten Morgenschimmer unternommen, so daß der Ingenieur weit genug an die Festung gehet, um mit der kommenden Tageshelle den Umriß und die Höhe der Werke genau unterscheiden zu können. Ist er dabei mit dem Ueberrock und Tschako eines gemeinen Soldaten bekleidet, mit einer Flinte in der Hand; wird man ihn für einen ausgesetzten Posten halten und sich wenig um ihn bekümmern. Bleibt er 400 bis 500 Schritt ab; kann ihn kein Flintenschuß mit Wirkung erreichen und ein Kartetschenschuß auf einen einzelnen Mann ist nicht zu fürchten.

Alte Festungen mit hohen Wällen und Futtermauern sind leicht nach ihrem Umriß zu beurtheilen. Schwerer ist dies bei niedrigen, durch die Aussenwerke und das Glacis völlig verdeckten Wällen, deren obere Abdachung dem Auge des Beobachters nur als ununterbrochen grüne Flächen erscheinet. Vielleicht durch einen alten Grundriß irregeführt, wird man hier oft Werke zu finden wähnen, die nicht existiren. (le Febvre Kunst Festungen anzugreifen. 1. Kap. S 20.) Hier muß man die auf dem Walle, gewöhnlich über den Thoren stehenden Gebäude, die Schlagbäume, die Wippen der Zugbrücken u. dergl. zu Hülfe nehmen, um dadurch die Kurtine und so den eigentlichen Umriß zu finden. Wählet man die Abendzeit zur Rekognoszirung, wenn sich kurz vor Untergang der Sonne die Schatten scharf abschneiden; wird man auch selbst bei einer rasirenden Befestigung die vorspringenden und eingehenden Winkel unterscheiden können.

Hat der Feind Vorposten ausgesetzt, oder verhindern Kavalleriepatrouillen: auf die angeführte Weise zu rekognosziren; gehet man mit 20 bis 30 Pferden rasch vor, läßt die feindlichen Posten und Patrouillen zurückwerfen, und umreitet mittlerweile die Festung auf einige 100 Schritt, um sich von der Gestalt und Größe der Werke zu unterrichten. Bleibt man an keinem Orte stille halten, und läßt man das Pferd bald schnell, bald langsam gehen; wird man nur wenig von dem feindlichen Feuer zu fürchten haben und fast bis auf den Kamm des Glacis kommen können. (Struensee Kriegsbaukunst 3. Th. §. 98. folg.

493. Um sich von der Beschaffenheit des Profiles der Festung, der Einrichtung des Bedeckten Weges, dem Graben, den Flanken ꝛc. Kenntniß zu schaffen; wird die Rekognoszirung bisweilen auch des Nachts unternommen. Der Ingenieur gehet hier in Begleitung einiger Jäger bis dichte an den Bedeckten Weg, und wartet an einem versteckten Orte, oder platt auf der Erde liegend, bis die Runde eben vorbei gegangen ist. Er kann dann vielleicht Mittel finden: in den Bedeckten Weg und bis auf die Contrescarpe zu gelangen; die Beschaffenheit und Tiefe des Grabens, seine Vertheidigungsmittel u. s. w., zu untersuchen. Eine stürmische regnigte Nacht, welche die Posten in den Schilderhäusern hält, ein schwache Besatzung, die der Bedeckten Weg nur durch weit von einander stehende Schildwachten, oder wohl gar blos durch Patrouillen bewachen kann, wird dieses Unternehmen sehr erleichtern. Nächtliches Rekognosziren.

So gewagt es immer scheinen mag, die Festung auf eine so kühne Weise zu rekognosziren: ist die Gefahr für den Ingenieur doch mehr scheinbar, als wirklich. Wird er auch zufällig von einem feindlichen Posten entdeckt, hat er immer Zeit wieder zurück und vermittelst einer kleinen Leiter über die Palisaden zu kommen, ehe man sich seiner bemächtiget. Auf dem Glacis ist er dann völlig sicher und hat Zeit zu seinen Pferden zurück zu kommen, ehe ein Gatterthor geöffnet und eine Patrouille herausgeschickt wird. Von den Schüssen aber getroffen zu werden, die in der Finsterniß von dem Walle geschehen, ist ein blosses Ohngefähr! Die Kriegsgeschichte stellt daher auch mehrere Beispiele auf: daß auf diese Art unternommene Rekognoszirungen glücklich ausgeführet worden sind.

494. Während die Festung rekognosziret und der Angriffspunkt bestimmt wird; muß man zugleich auch Aufnehmen der Umgegend.

die Umgegend aufnehmen lassen, um einen genauen Plan davon zu bekommen, auf den nachher die täglichen Belagerungsarbeiten eingetragen werden, so wie sie nach und nach vorrücken. Bei dieser Aufnahme ist vorzüglich alles zu berücksichtigen: was den Angriff der Festung begünstigen oder erschweren kann; um jenes zu benützen oder dieses vielleicht aus dem Wege räumen zu können. Das Lager für das Belagerungskorps wird zugleich 2500 bis 3000 Schritt von der Festung abgesteckt, und die nöthigen Verbindungen unter den Theilen desselben sowohl als mit den künftigen Laufgräben werden angeordnet. (411. und 475.) Zugleich werden diejenigen Punkte bestimmt: wo es nöthig ist, Verschanzungen aufzuwerfen, die als Contrevallation gegen die Festung dienen sollen; so wie die Plätze für den Artilleriepark, den großen und kleinen Depot der Belagerungsbedürfnisse, (S. diese Worte im Wörterb. d. Kriegsbauk.) und das Hauptquartier. Endlich wird untersuchet: an welchen Orten sich Holz zu den Faschinen und Schanzkörben findet; damit es gleich Anfangs in gehöriger Menge herbeigeschafft werden kann, im Fall es sich nicht in der Nähe finden sollte.

Nur bei einer sehr starken Besatzung der Festung wird die regelmäßige Aufnahme des Terrains wegen der weit herausgeschobenen feindlichen Posten, einige Schwierigkeiten haben, aber sich demungeachtet immer noch mit der nöthigen Genauigkeit bewirken lassen. Es ist dabei vorzüglich das in der Gegend vorhandene — sowohl fließende als stehende — Gewässer zu untersuchen: ob es vielleicht von der Besatzung zu einer, dem Belagerer nachtheiligen, Ueberschwemmung angewendet werden kann? Oder ob sich vielleicht eine solche, schon hervorgebracht, durch Ableitungsgräben hinwegschaffen oder wenigstens in Absicht der Tiefe vermindern läßt? Die durch Wasser gedeckten Fronten sind mehrentheils schwächer, als die andern, und man würde an Zeit und Arbeit gewinnen, wenn man gerade eine solche Fronte zum Angriff wählen könnte, wie in der Belagerung von Freiburg 1744, wo die Franzosen zu diesem Zweck die

die Trelsam vermittelst eines 12½ Fuß breiten und 4½ Fuß tiefen Kanales ableiteten. Sie hatten jedoch das starke Anschwellen dieses kleinen Flusses bei starken Regengüssen nicht berücksichtiget, und sahen sich dadurch mehrmals in die größte Verlegenheit gesetzet; ja, sie würden selbst bei mehrerer Thätigkeit der Besatzung haben die Belagerung aufheben müssen. (*Cormontaigne*, Mémoire pour l'attaque.)

495. Bei der Ankunft des Belagerungskorps vor der Festung wird das schon bestimmte Lager bezogen, so daß jede Truppengattung einen, ihrer Fechtart angemessenen Platz bekommt. Wird die Gegend von einem Flusse durchströmt, muß das Magazin an demselben liegen, und die Verbindung der beiderseitigen Ufer durch Brücken hergestellet werden, wie schon oben gesagt worden. Man wird sich jedoch gewöhnlich mit zweien, Eine ober- und Eine unterhalb der Festung begnügen müssen, und die von Vauban (vom Angriff und Vertheidigung d. Festungen) geforderte Anzahl nicht herbeischaffen können. Ankunft des Belagerungskorps.

Während das nöthige Bauzeug (§. 436. folg.) verfertiget wird, bestimmt man durch eine nochmalige Rekognoszirung den eigentlichen Angriffspunkt der Festung, da wo man seinen Zweck mit dem geringsten Verlust von Menschen und Zeit zu erreichen erwarten darf. Dieser Angriffspunkt (s. im Wörterb. d. Kriegsbauk.) wird theils durch die geringere Stärke der Festungswerke, durch ihre die Enfilade begünstigende Lage, oder durch die zur Arbeit vortheilhafte Beschaffenheit des Bodens bestimmt. Von ihm hängt der schnellere oder langsamere Gang der Belagerung ab, und nach ihm richtet sich die Anlage der Depots, des Artillerieparks und des Lazarethes, die alle ihren Platz auf der Seite bekommen, wo die Laufgräben eröffnet werden sollen.

Feuquieres Kriegsnachrichten Kap. 38; Quincy Kriegskunst; Santa Cruz in 7., 8., 12. und 13. Kap. des VIII. Theiles. Kann man mit der Besichtigung der Festungswerke die durch verständige Spione, durch Kriegsgefangene oder durch Ueberläufer erhaltenen Nachrichten verbinden und seine Ansichten durch sie berichtigen; läßt sich dadurch ein um so genaueres Resultat erlangen. le Febvre fand in der Belagerung von Bergen op-Zoom ein Privatmann, der ihn mit den, an den Werken dieser Festung vorgegangenen Veränderungen bekannt machte, und ihm die Länge der Flanken, Facen und die Zahl der Schießscharten, die Brillen in den eingehenden Winkeln, mit ihren Reduits, die Beschaffenheit des Bedeckten Weges der Gegenminen 2c. auf das genaueste beschrieb. So erfuhren die Franzosen in der Belagerung von Namur 1746 von den Maurern, welche an den Contreminen gearbeitet hatten, die Lage und Ausdehnung der Gallerien, und bei Sluys ward ein Vorwerk mit Sturm genommen, weil der Marschall von Löwendahl von einem Fischer gehöret hatte: daß man zur Zeit der niedrigen Ebbe das Wasser durchwaten könne, von den jenes umflossen war.

Artilleriepark. 416. Die Bedingungen, auf welche es bei Anordnung des Artillerieparkes ankommt, sind:

1) völlige Sicherheit gegen das Feuer der Festung, von der er nicht unter 4000 Schritt entfernt seyn muß.

2) Bequeme und sichere Zugänge, sowohl für die ankommenden Munitions-Transporte von aussen, als für die nach den Batterien abgehenden Geschütze 2c.

3) Hinreichender Raum, um die Geschütze, die zugehörigen Wagen u. s. w. in gehöriger Ordnung aufstellen, die Kugeln und Bomben, das Bettungsholz und die andern Bedürfnisse abgesondert niederlegen, die nöthigen Werkstätte einrichten zu können und noch immer Raum zu den Bewegungen der Geschütze und Wagen zu behalten.

4) Liegt der Park nahe an einem fließenden Wasser, ist auf das periodische Anschwellen desselben Rücksicht zu nehmen, damit man nicht in die Verlegenheit kommt: den Park überschwemmt zu sehen. Ein Zufall,

der das Verderben mehrerer Bedürfnisse und in jeder Hinsicht, mancherlei Verlegenheiten herbeiführen müßte.

5) Die Unterbringung der großen Pulvermenge ist ebenfalls ein wichtiger Gegenstand. Man wählet dazu mehrere, von einander abgesonderte Häuser, oder wenn es daran fehlen sollte, läßt man leichte Brethütten zu diesem Behuf erbauen, deren jede etwa 600 Zentner Pulver, in Fässern, zu fassen vermag. Sie werden mit einem Graben und Erdwall umschlossen, und müssen 500 Schritt von einander liegen. Ein anderes, kleineres Magazin von fertiger Munition wird an dem Eingange der Laufgräben, in der Nähe des Materialiendepots, eingerichtet, wohin man täglich so viel bringt, als auf den Batterien verbraucht wird. Dieses Magazin muß 2 Eingänge haben, um durch den einen die Munition abholen, durch den andern aber andere, zum Ersatz des Verbrauchten, hereinbringen zu können.

6) Das Kunstfeuer-Laboratorium wird noch besonders in der Nähe des Artillerieparks eingerichtet. Es bestehet aus mehreren Zelten oder Brethütten, um die verschiedenen Kunstfeuer und Geschosse abgesondert verfertigen zu können und durch einen unglücklichen Vorfall — der sich hier so leicht ereignet — nicht zu viel auf Einmal zu verlieren.

Die innere Einrichtung des Parks gehöret übrigens der Artillerie; von dem Ingenieur wird blos der dazu sich eignende Ort angewiesen.

497. Auf dem schon vorhandenen und berichtigtem, oder auf dem neu verfertigtem Plane der Festung und der Umgegend wird von dem Ober-Ingenieur der Entwurf sowohl zu dem wirklichen, als zu dem Scheinangriffe gemacht, der gewöhnlich statt findet, um die Aufmerksamkeit der Belagerten von dem eigentlichen Angriffe abzuziehen und diesen zu erleichtern und unterstützen. Mit diesem Entwurf verbindet sich die Dispo- Angriffsentwurf.

sition zu Eröffnung der Laufgräben; die Bestimmung der Stärke der Laufgrabenwacht und der Arbeiter; und die Entwürfe zu Eroberung des Bedeckten Weges, des Ravelins u. s. w. Mit dem Oberbefehlshaber der Artillerie werden die Stellen zu den Batterien verabredet; und dem Transcheemajor die Punkte angegeben, wo die verfertigten Baumaterialien niedergeleget werden und wo sich die Arbeiter und ihre Bedeckung täglich versammlen. Die Ingenieure untersuchen zugleich die vorläufig von den Truppen gemachten Faschinen, Schanzkörbe ꝛc., ob sie von der gehörigen Größe und Beschaffenheit sind?

Transchee-major.

498. Zu Erhaltung der Ordnung in den Laufgräben und auf den Anlagen des Bauzeuges ist der sogenannte Transchee-Major (ein Ingenieur-Offizier, oder ein thätiger und geschickter Infanterieoffizier) bestimmt, dem noch zwei oder drei Offiziere und einige Schreiber zu seinem Beistande untergeordnet werden. Er führet Erstens die Aufsicht über den Depot und Buch und Rechnung über die Einnahme und Ausgabe der in demselben befindlichen Werkzeuge und andern Bedürfnisse. Was an der, von dem Ober-Ingenieur bestimmten Zahl der einen oder der andern fehlt, wird von dem Transchee-Major sogleich zum Ersatz oder zur Anschaffung angezeiget.

2) Sorget er für die Anlegung eines kleinen Lazareths an dem Ende der Laufgräben und an einem, gegen das feindliche Feuer gedeckten Orte. Wäre dieser nicht vorhanden, muß die, zum ersten Verbandt der Verwundeten bestimmte, Brethütte durch einen Erdaufwurf geschützt werden.

3) Weiset er den Anführern der neuen Laufgrabenwache täglich ihre Posten an, zu welchem Ende sie sich vor der Ablösung bei ihn melden müssen.

4) Er hat die polizeiliche Aufsicht in den Laufgrä-

ben, und sorgt für die möglichste Reinlichkeit derselben. Bei starkem Regen werden zu dem Ende Senkgruben zu dem Abfluß des Wassers gemacht; der Schlamm wird hinweggeschafft und die Sohle der Laufgräben mit Hurten belegt. Die in den Haken (Crochets) angebrachten Catrinen müssen von Zeit zu Zeit wieder zugeworfen, auch die Getödteten durch besondere Commandirte hinweg gebracht und begraben werden.

5) Es darf in den Laufgräben nicht an Wasser fehlen, sowohl zum Trinken für die Menschen und Arbeiter, als um jeden etwa durch die feindlichen Bomben entstehenden Brand an den Faschinen und Schanzkörben augenblicklich löschen zu können. Eine Vorsicht, die vorzüglich bei Felsenboden nothwendig ist, weil hier der größere Theil der Brustwehren aus Faschinen bestehet.

6) Die Marketender, welche sich in der Nähe der Laufgräben befinden, stehen unter dem Transchee-Major. Er weiset ihnen ihre Stelle an, damit sie nicht zu nahe an den Pulver-Depots oder den hin und her gehenden Truppen im Wege liegen.

7) Er siehet darauf: daß die zur Eröffnung der Laufgräben nöthigen Faschinen ꝛc., am Abend des dazu bestimmten Tages vorräthig sind, nebst einem hinreichenden Ueberschuß für unvorhergesehene Fälle. (435. seq.)

8) Endlich wird bei ihm ein genaues Tagebuch über die Belagerung gehalten, worin die Fortschritte der Angriffsarbeiten, die fertig gewordenen Batterien, die Namen der zur Wacht in die Laufgräben gekommenen Bataillone und ihrer Befehlshaber, die Zahl der Arbeiter und die Namen ihrer Anführer u. s. w. angegeben sind.

490. Um für die Eröffnung der Laufgräben die nöthige Arbeiterzahl zu bestimmen, muß man die Länge der Ersten Parallele und der, von ihr rückwärts Laufgraben Arbeiter.

führenden Verbindungsgräben (Communications) auf dem zum Entwurfe dienenden Plane, messen, und dabei annehmen: daß jedem Arbeiter, in lockerem Boden 4 Fuß, in festerer Erde hingegen 3 Fuß zur Arbeit gegeben werden. Wäre demnach die ganze Länge der vorerwähnten Linien 1200 Ruthen, würden dazu 3800 Arbeiter nöthig seyn, die in Brigaden von 1 Offizier, 3 oder 4 Unteroffiziers und 50 Mann getheilet werden. Sie versammlen sich an einem dazu bestimmten Orte, der von der Festung weder gesehen noch beschossen werden kann, und von wo sie nach dem Orte abgehen, wo die Laufgräben eröffnet werden sollen, wenn sie vorher im Depot jeder eine Faschine, zwei oder drei Pfähle, eine Hacke und eine Schaufel empfangen haben.

Dies ist die Vorschrift aller Schriftsteller über den Angriff der Festungen. Es wird jedoch dadurch schwieriger, das — hier so nachtheilige — Geräusch mit dem Schanzzeuge zu verhüten. Man thut deshalb besser: jeden Arbeiter neben seiner Faschine (von 4 Fuß Länge und 8 Zoll Stärke) entweder blos eine Schaufel oder Spaten, oder aber eine Hacke zu geben, und nach Verhältniß der größern oder geringern Festigkeit des Erdbodens damit abzuwechseln. In sehr harten Boden bekommen je 2 Arbeiter eine Faschine von 4 oder 6 Fuß, 2 Pfähle, 1 Schaufel und 1 Erd- oder Doppelhaue.

Laufgrabenwacht.

500. Die Bedeckung der Arbeiter bei Eröffnung der Laufgräben, welche nachher als Wache in den letztern stehen bleibet, wird nach le Febvre auf die Hälfte, oder nach andern auf zwei Drittheile oder drei Viertheile der eingeschlossenen Besatzung gesetzt, und einen etwanigen Ausfall der letztern mit gehörigem Nachdruck zurückweisen zu können. Bei dieser Bestimmung führen jedoch die Beschaffenheit des umliegenden Terrains, die Stärke der Besatzung und des Belagerungskorps rc., mancherlei Modificationen herbei. Da

die Erste Laufgrabenwacht ihre Auftritte in der Parallele selbst machen muß; trägt jeder Mann eine Faschine und 3 Pfähle.

Vor Furnes bestand 1744 die Bedeckung der Arbeiter aus 10 Grenadierkompagnien und 3 Bataillonen; vor Tournay 1745 aus 8 Grenadierkompagnien und 8 Bataillonn, und vor Bergen op Zoom 1746 aus 10 Grenadierkompagnien und 5 Bataillonen.

501. Es ist unter allen Umständen wichtig: die Laufgräben in einer angemessenen Entfernung von der Festung zu eröffnen, um sich nicht unnütze Arbeit zu verursachen, wenn man zu weit entfernt bleibet; dagegen aber die Arbeiter dem feindlichen Kartetschenfeuer nicht auszusetzen, das die Arbeit sehr erschweren und immer einen bedeutenden Verlust verursachen würde. 600 bis 800 Schritt wird als die schicklichste Weite dazu angenommen, obgleich man in der neuern Zeit — durch Unachtsamkeit der Besatzung, bisweilen auch durch ein bedecktes Terrain begünstiget — diese Entfernung öfters bis auf 300 Schritt verringert hat; wie bei Tournay 1745, und in den Belagerungen von 1815. Die Erste Parallele bekommt zugleich eine solche Richtung: daß sie sich nirgends der Bestreichung der seitwärts liegenden Werke darbietet, aber dennoch die angegriffene Seite bogenförmig umfaßt, und sich an der Verlängerung der Facen ihrer äußersten Werke endiget. (Tab. I.) Entfernung und Richtung der Ersten Parallele.

Es ist leicht die Entfernung der Festungswerke von irgend einem Punkte, den man durch einen eingeschlagenen Pfahl bezeichnet, zu messen, und alsdann bis auf die bestimmte Weite gegen die Festung vorzugehen. Geschiehet ersteres auf 1200 bis 2000 Schritt von der Festung auf mehreren Seiten zugleich, kann man auch alle erforderliche Genauigkeit anwenden, und die Belagirten können dennoch nicht mit Gewißheit auf die Eröffnung der Laufgräben schließen. Um sich bei dieser nicht zu irren, sind zu Bezeichnung der Richtung der Ersten Parallele veschiedene Mittel vorgeschlagen worden, wie seitswärts angezündete Feuer, Fackeln u. dergl. Alle diese Mittel sind jedoch nicht völlig zuverlässig, und der Ingenieur kann leicht bei Anlegung der Arbeiter eine falsche Richtung nehmen, wenn entweder eines der Feuer verlöscht, oder durch Zufall seitwärts ein anderes Feuer angezündet wird. Das sicherste ist hier: am Abend vor Eröffnung der Laufgräben dieselben mit einem schwachen Schauer zu traciren, indem man die letztere durch kleine spitzige Pflöcken an den Erdboden befestiget. Ist der Ingenieur dabei in einen dunklen Ueberrock gekleidet; wird man ihn, wegen der eintretenden Abenddämmerung, von der Festung aus nicht wahrnehmen können, er aber dennoch im Stande seyn: die gehörige Richtung der Ersten Parallele zu bestimmen. Auf dieselbe Weise werden die Verbindungslinien rückwärts nach den Depots abgesteckt, nachdem man die Mitte der Parallele durch 2 oder 3 bei einander stehende Pfähle bezeichnet hat, um sie in der Nacht leicht wieder finden zu können.

Vauban und alle folgende Schriftsteller über den Festungskrieg geben den Parallelen eine sehr regelmäßige Richtung von einer Capitale der angegriffenen Fronte zur andern; (*Struensee* l. c. §. 145. seq.) allein, die Grundrisse aller wirklich geführten Belagerungen zeigen: daß dieses Regelmäßige niemals statt gefunden hat. Man begnügte sich stets: die Erste Parallele in einer ohngefähr gleich großen Entfernung von den vorspringenden Winkeln der Festungswerke zu legen, da hier die Umstände, öfters auch das Terrain eine pedantischen Genauigkeit verbieten. (S. Anlagen, Eröffnung und Parallelen im Wörterb. der Kriegsbauk.)

Eröffnung der Laufgräben.

502. Wenn die wirkliche Eröffnung der Laufgräben geschehen soll, versammlen sich gegen Abend die Arbeiter und die Bedeckung in den Depots, um die Faschinen und das Schanzzeug zu übernehmen. Wäre kein hinreichender Raum dazu an den Ablegeörtern, bleibt die Bedeckung seitwärts oder rückwärts stehen, und setzt sich, von einem Ingenieur-Offizier geführt, bei dem Abmarsch in Pelotons von 50 Mann an die Spitze ber beiden Arbeiterkolonnen, um nach der

Mitte der Parallele zu gehen, wo sie rechts und links abschwenken, 150 bis 200 Schritt über die Linie gegen die Festung vorrücken, und sich mit angemessenen Zwischenräumen platt auf die Erde niederlegen, nachdem jedes Peloton ein Unteroffizierposten noch 50 Schritt weiter vorgeschickt und dieser 3 oder 4 Schildwachten ausgesetzt hat, die sich ebenfalls niederlegen, und wie alle Truppen äußerst stille verhalten müssen. (Struensee l. c. §. 179. Cormontaigne, Oeuvre posth. p. 65. seq.) Die zu Unterstützung der (aus Freiwilligen oder leichter Infanterie bestehenden) Bedeckung bestimmten Bataillone, welche nachher die Laufgrabenwache bilden, bleiben En Kolonne hinter der Mitte oder auf beiden Flügeln der Parallele, und gehen nur dann durch die Arbeiter vor, wenn die vorgeschobene Bedeckung durch einen starken feindlichen Ausfall zurückgeworfen würde.

Auf beide Flügel werden bisweilen auch Kavallerieabtheilungen gestellt, um dem ausfallenden Feinde in den Rücken zu gehen; wenn anders die Beschaffenheit des Terrains hier die nächtliche Anwendung dieser Truppenart gestattet.

Wenn man eine Festung belagert, deren zahlreiche Besatzung gleich in der ersten Nacht einen starken Ausfall besorgen läßt; würden die vorgeschobenen Pelotons nicht hinreichend seyn: den Feind zurückzuweisen und die Arbeiter ohnfehlbar verjaget werden. In diesem Falle scheint es vortheilhafter: die Unterstützungstruppen 120 Schritt vor die Parallele, und noch 100 Schritt weiter vorwärts die Pelotons leichter Infanterie zu legen. Beide sind nun um so eher im Stande: den Feind aufzuhalten, und die Arbeit kann selbst während des Gefechtes unterbrochen fortgehen. Begünstiget hierbei das Terrain vielleicht die Aufstellung einiger Kanonen — die jedoch abgeprotzt, durch Menschen von ihren Ort gebracht werden müßten — auf jedem Flügel der Bedeckung; würde das kreutzende Feuer derselben vor der Fronte die Gegenwehr der Truppen bedeutend verstärken. Die vorwärts liegenden Posten müssen sich jedoch hüten: nicht auf den ersten feindlichen Trupp zu feuern; sondern sich stille halten, und jenen (das vielleicht blos eine Patrouille ist, ruhig bei sich vorbei oder zwischen sich hindurch lassen, wo es dann bisweilen möglich ist: ihn ohne großes Geräusch gefangen zu nehmen, wenn es vielleicht kein wirklicher Ausfall, sondern blos eine starke Patrouille war.

Fortsetzung 503. Unmittelbar auf die Bedeckung folgen die Arbeiter, 4 Mann en Front, mit zwei Ingenieuren und einigen guten Pionnierern an der Spitze, die sich an der Mitte der Parallele theilen und nach den beiden Flügeln marschiren. Jeder Ingenieur nimmt hier die lose auf der Erde liegende Schnur in die Hand, um ihr folgend, die Richtung der Parallele anzugeben, in welcher der bei ihm marschirende Pionnier die Faschinen der Arbeiter nach und nach niederleget, so daß sie einander berühren oder jede folgende um Fuß über die vorhergehende hereingehet. Um dieses Anlegen zu erleichtern, haben die Arbeiter des rechten Flügels die Faschine unter dem linken, und die des linken Flügels sie unter dem rechten Arme. Jeder bleibt nun hinter seiner Faschine stehen, bis alles angelegt ist, wo auf den von den Flügeln kommenden Befehl alles anfängt: 1½ Fuß hinter der Faschine sich 3 Fuß tief in die Erde zu graben, indem man die Erde gegen die Festung über die Faschine hinaus wirft; nachdem vorher die zugehörigen Pfähle durch sie in den Erdboden gestoßen worden sind, so gut es mit den bloßen Händen möglich ist.

Zugleich mit denen der Parallele werden die Arbeiter zu den Verbindungslinien angestellet, die ebenfalls die Erde auswärts gegen die Festung werfen. Es bedarf für sie keiner besondern Bedeckung! weil sie die ganze Truppenmasse vor sich haben. Wenigstens ist für jede dieser Linien ein Peloton hinreichend. Da sie blos dazu dienen: sicher hin und her gehen zu können, bekommen sie keine Auftritte, sondern werden nur 7 Fuß auf der Sohle breit gemacht. Nur wenn man das Geschütz durch sie fahren will, müssen sie 10 bis 12 Fuß breit seyn.

Die Offiziers der Arbeiter gehen unaufhörlich hinter den Linien auf und ab, um sie zur Arbeit und zur Ordnung anzuhalten (Bousmard, Versuch über die Befestigungskunst 1 Bdch. 2. Kap.

504. Mit der Morgendämmerung werden die vorgeschobenen Posten hinter die Parallele zurückgezogen, um sie nicht dem Feuer der Besatzung blos zu stellen. Die Arbeiter werden durch eine gleich starke Anzahl abgelöst, sobald sie den Graben 3 Fuß tief und unten 4 Fuß breit ausgehoben haben. Diese Tagearbeiter fahren fort, die Erde rückwärts auszugraben, bis die Parallele unten 9 Fuß breit ist, worauf sie ebenfalls abgehen und der schon vorher eingerückten Laufgrabenwacht die Verfertigung der Auftritte überlassen. Diese letztern sind eigentlich nicht bestimmt: über die Brustwehr zu feuern, sondern dienen der Laufgrabenwacht als Stuffen, um den Ausfällen der Besazzung entgegen gehen zu können. Fortsetzung

Gegen eine nur schwache Besatzung bedarf es dieser Weitläuftigkeiten nicht. Hier ist eine Breite von 8 bis 9 Fuß für die Erste Parallele hinreichend, um die Laufgrabenwacht gegen das feindliche Geschütz zu sichern. Ausfälle können hier gar nicht, oder doch nur in geringer Anzahl statt finden, und sind leicht zurückzuweisen.

Es ist zwar allgemein angenommen: daß die Laufgräben 3 Fuß tief seyn und einen $4\frac{1}{2}$ Fuß hohen Aufwurf vor sich haben sollen; in niedrigen und sumpfigen Boden jedoch kann man sich bisweilen nur $1\frac{1}{2}$ bis 2 Fuß tief eingraben, ehe man Wasser findet. Man macht hier den Graben breiter, um zu der Brustwehr hinreichende Erde zu bekommen.

Bei allen Belagerungen findet immer ein ungeheuerer Verbrauch des Schanzzeuges statt, der seinen Grund darinnen hat daß die Nachtarbeiter dasselbe bei dem Abgehen aus den Laufgräben auf die Rückseite der letztern legen, wo es die Tagearbeiter übernehmen sollen, gewöhnlich aber kaum die Hälfte davon finden. Es ist besser: den Tagearbeitern ebenfalls Schanzzeug aus dem Depot zu geben, und dagegen die Nachtarbeiter anzuhalten, das ihrige richtig wieder abzuliefern.

Eben so scheint der Gebrauch nicht vortheilhaft: den Nachtarbeitern ihr Gewehr mitnehmen zu lassen. Nicht nur ist es dann schwieriger, Geräusch zu vermeiden; sondern bei dem geringsten, vielleicht blinden, Lermen, werden sie das Schanzzeug wegwerfen und zu dem Gewehre greifen. Welche Unordnung und Hinderung der Arbeit aber dadurch herbeigeführet wird; fällt leicht in die Augen. Sind im Gegentheil die Arbeiter unbewaffnet, und kann man es dahin bringen, daß sie fortarbeiten so lange sie nicht selbst angegriffen werden; kann auch, ohnerachtet des Ausfalles die Erste Parallele in dieser Nacht fertig werden, und in der zweiten schon im Stande seyn, gehörigen Widerstand zu leisten. Nur dann, wenn die vor ihnen stehende Bedeckung geworfen wird, läßt man sie mit ihren Schanzzeug zurückgehen, bis auf den ihnen vorher bestimmten und durch ausgestellte Offiziere und Unteroffiziere besetzten Sammelplatz. Hier werden sie aufgehalten, geordnet und durch die Ingenieure wieder an die Arbeit geführet, sobald der ausgefallene Feind zurückgetrieben ist. Stehet die Laufgrabenwacht hinter der Parallele; werden bei ihr die zurückkommenden Arbeiter nicht durchgelassen, sondern von den dazu bestimmten Offiziers gesammlet und zur Arbeit weggeführet, wenn der Ausfall abgewiesen ist. In solchen Fällen jedoch, wo ein schwaches Belagerungskorps keine hinreichende Laufgrabenwacht aufbringet, kann es wohl nützlich seyn: den Arbeitern ihr Gewehr überhängen zu lassen. Sie legen es dann während der Arbeit auf der Rückseite der Parallele nieder. Dies rettete bei einem Ausfall in der Belagerung von Ciudad Rodrigo 1812 die Englischen Batterien.

Flankendeckungen. 505. Es ist mehrentheils nothwendig: die Flügel der Ersten Parallele an irgend ein Terrainhinderniß zu lehnen, damit sie nicht bei einem feindlichen Ausfall umgangen werden können. Findet sich kein Fluß ꝛc. zu diesem Behuf, wird die Flanke ein wenig vorwärts gebogen, und durch eine gut pallisadirte Redute gesichert. (Struensee 3, §. 148. Bousmard; le Febvre l. c.) Diese Anordnung gewähret noch den Vortheil der Bestreichung des Feldes vor der Parallele, der späterhin, bei weiterem Vorrücken der Laufgräben, durch jene selbst erreichet wird. Daß jedoch weder der vorgebogene Theil der Parallele, noch auch die Brustwehr der Redute von den seitwärts liegenden Festungswerken enfiliret wird, ist eine unerläßliche Bedingung.

Die Redute wird mit etwa 2 sechspfündige Kanonen und 1 Haubitze besetzt, die jedoch nur allein im Fall eines feindlichen Angriffs auf die Belagerungsarbeiten gebraucht werden.

506. Um am Tage nach Eröffnung der Laufgräben durch das Geschütz der Festung bei dem Batteriebau ꝛc. nicht beunruhiget zu werden, ward zuerst von den Franzosen im Revolutionskriege der frühere Gebrauch der Schützen wieder hervorgesucht. Diese gehen nemlich in der Nacht bis auf das Glacis einzeln vor, und graben sich daselbst so tief ein: daß sie sitzend völlig gedeckt sind, stehend aber die Artilleristen durch die Schießscharten todt schießen können. Bei einbrechender Abenddämmerung ziehen sich diese Schützen zurück, weil sie außerdem unfehlbar durch, aus der Festung geschickte, Partheien getödtet oder gefangen werden würden. Mit dem kommenden Morgen aber, nehmen sie ihre Plätze wieder ein, und können den Gebrauch des Geschützes auf den Wällen sehr gefährlich und ungewiß machen. In der Belagerung von Peschiera 1799 waren sie ein Haupt-Beweggrund zur Uebergabe der Festung. Gebrauch der Schützen.

Schon oben (475. g) ist die Hinwegnahme und Vertreibung aus der Festung vorgeschobener Posten als nothwendig bedingt worden. Gegen unbedeckte Werke, die ihren Vertheidigungsmitteln keinen Schutz gewähren, hat der Angriff keine Schwierigkeit. Wenige Bomben sind hinreichend, ihren innern Raum unbewohnbar zu machen. Gegen kasemattirte Forts aber, oder gegen steinerne Thürme wird man auf diese Weise seinen Zweck nicht so leicht erreichen. Hier ist es oft gerathener: eine scheinbar stärkere Seite der Festung anzugreifen: oder man muß die Vorwerke, die gewöhnlich weit auseinander liegen, vorbeigehen und sie blos mit einer Parallele umschließen, damit sie die Fortschritte der Belagerungsarbeiten nicht hindern können.

Nebenangriffe. 507. Um die Aufmerksamkeit der Belagerten von dem eigentlichen Angriffspunkte abzuziehen und ihre Kräfte zu theilen, wird gewöhnlich noch ein zweiter, oder Nebenangriff angeordnet, eine Parallele gezogen und mit enfilirenden Batterien versehen. Bei der Eröffnung dieser Laufgräben findet alles statt, wie bei dem eigentlichen Angriffe, nur daß hier eine geringere Länge der erstern hinreichend ist, und daß die Batterien auch mit weniger Geschütz besetzt werden. Bietet jedoch die Lage der Festung Gelegenheit dar: zwei wirkliche Angriffe zu gleicher Zeit zu führen; wird man dadurch auf beiden schneller vorrücken und seine Absicht um so eher erreichen. Ein bloßer Scheinangriff, wie ihn die Franzosen 1744 bei Furnes gegen das Hornwerk machten; kann leicht den Nachtheil haben: die Aufmerksamkeit der Besatzung zu wecken, daß sie auch dadurch die wirkliche Eröffnung der Laufgräben entdeckt, während diese im entgegengesetzten Falle vielleicht unbemerkt hätte geschehen können.

Rikoschet-Batterien. 508. Am folgenden Morgen nach Eröffnung der Laufgräben werden von den Befehlshabern der Ingenieure und der Artillerie die Batterien zu den Schleuderschüssen in der Ersten Parallele bestimmt und sogleich angefangen. Diese Bestimmung richtet sich nach der Zahl und Lage der, zu bestreichenden Linien, die man bis in die Parallele verlängert, und die Frontlinie der Batterie senkrecht auf sie setzt. Es müssen aber alle Facen der Werke bestrichen werden, die nach der Angriffsseite hin schießen können, d. h. der beiden Bollwerke mit den zwischen ihnen liegenden Ravelinen, nebst den beiden Nebenravelinen, nicht minder die am Fuß des Glacis liegenden Lünetten. Auf diesen verlängerten Linien wird 24 Fuß einwärts getragen AB, und dadurch der Stand des Ersten Geschützes bestimmt, von dem das zweite 18 Fuß abstehet. Auswärts läßt man die Breite des Grabens (§. 103.) frei, und stellt dann noch eine oder zwei Kanonen oder Haubitzen auf CD, um den Bedeckten Weg zu bestreichen und vorzüglich die Pallisaden umzuwerfen. (Fig. 10. Tab. II.) Erlaubt die Beschaffenheit des Terrains oder die Lage der Ersten Parallele nicht: der Batterie diese Stellung zu geben; kann man seine Absicht auch dadurch erreichen: daß man den Theil AB der Batterie etwas einwärts wendet, damit die Kugeln den innern Theil der Brustwehr treffen und die Laffeten der hier stehenden Geschütze zerschlagen.

Einige ältere Ingenieure wollen die Rikoschet-Batterien nicht in die Erste, sondern in die Zweite Parallele legen, weil sie in jener durch die letztere verdeckt werden. Allein, man siehet leicht: daß ein heftiges Feuer dieser Streich-Batterien die Genauigkeit und Lebhaftigkeit des feindlichen Feuers nothwendig schwächen und dadurch die Arbeit an der zweiten Parallele sehr begünstigen wird. Die letztere läßt sich übrigens leicht so anordnen, daß nur die mittlern nicht aber die äußersten Batterien von ihnen verdeckt werden. (S. Verlängerung der Facen und Abstecken im Wörterb. d. Artill.)

509. Der Raum zwischen den beiden Geschützabtheilungen der Rikoschetbatterien, der der Breite der Brustwehr und des Grabens gleich ist, wird als Kessel zu Aufstellung zweier oder dreier Mörser benutzt, Mörserbatterien.

welche die andern Geschütze in der Zerstöhrung der feindlichen Vertheidigungsmittel unterstützen. Dies ist die Hauptbestimmung der Mörser, nur selten wird es wesentlichen Vortheil bringen: ihnen eine andere zu geben.

Da es nun sehr wesentlich ist: das Feuer dieser Ersten Batterien bald möglichst anfangen zu lassen, theils um das feindliche Geschütz desto schneller zum Schweigen zu bringen; theils den Belagerten an der Ausführung der in diese Epoche fallenden Arbeiten zu hindern; werden sie jetzt immer versenkt in der Parallele erbauet. Hier finden die Artilleristen schon einen gedeckten Raum, wo sie gegen das feindliche Feuer sicher, den Kasten der Batterie und die Schartenbacken faschiniren können; so daß es ihnen leicht ist: die Batterie bis zum folgenden Tage in völlig dienstfähigen Stand zu setzen. Eine horizontale Batterie hingegen kann nicht unter 36 Stunden fertig werden und daher erst in 48 Stunden zu feuern anfangen.

Eine jede Belagerungs-Batterie bestehet aus der Brust- oder Schulterwehr (Epaulement), die auch der Kasten (Coffre) genannt wird. Die nach der Festung gewandte Ecke derselben ist bei horizontalen Batterien gewöhnlich zur Flankendeckung rückwärts gebogen; bei versenkten Batterien hingegen wird die Enfilade der Batterie schon durch die Brustwehr der Parallele verhindert; oder wäre dies nicht, müssen Querwälle zwischen den Geschützen angebracht werden. Um durch die 7 Fuß hohe Brustwehr feuern zu können, werden Schießscharten, inwendig 20 Zoll und äußerlich 0 Fuß weit, und 18 Fuß von einander eingeschnitten, und auf den Seiten oder Backen mit Faschinen verkleidet. Bei den Rikoschet- und Haubitz-Batterien werden die Scharten nicht bis an die äußere Böschung durchgeführet. Die letztere behält hier ihre Höhe, und die Schießscharte läuft mit einer Abdachung von 5 bis 10° einwärts, wo ihre Brüstung (oder Knie-Höhe, Genouillere) $2\frac{1}{2}$ Fuß über der Erd-Oberfläche stehet.

stehet. Die Schartenzielen (Merlons) sind daher blos inwendig, denn sie verlaufen sich äußerlich in den Kasten.

Hinter die Scharten werden die Bettungen (plateformes) gelegt, die aus 3 oder 4 Rippen (gites) bestehen, mit 2 Zoll starken Bohlen (madriers) bedeckt. Auf diese wird vorn der Stoßbalken (heurtoir) befestiget.

Die Verbreitung der Parallele, um den erforderlichen Raum zur Bedienung des Geschützes zu gewinnen, beträgt 30 Fuß; in den stehen bleibenden Erdboden werden die Magazine zu Aufbewahrung der Munition geleget und mit der Batterie durch einen Graben verbunden. Sie müssen wenigstens 12 Fuß gewachsene Erde vor sich haben, und gut gegen die Bomben bedeckt seyn. Man giebt ihn 8 Fuß ins Gevierte und 5½ Fuß Höhe im Lichten. Hinter den Magazinen wird ein Verbindungsgraben herumgeführt, weil die Parallele hier unterbrochen ist, die hin und her gehenden Truppen aber nicht durch den innern Raum der Batterie gelassen werden können. Siehe Abstecken, Batterien und Rikoschet im Wörterb. der Artillerie; Rikoschet- und Demontir-Batterien im Wörterb. der Kriegsbauk. Struensee l. c. §. 152. 195. *Morla* Artiller. 11, 4. §. 42. seq. Das Sächs. Artillerie Hauptw. Aster, Lehre vom Festungskriege IV. Abschn.

510. Sobald der Belagerte die Eröffnung der Laufgräben wahrnimmt; wird er nicht unterlassen: die Arbeit durch einen Ausfall zu stöhren. (503.) Der Erfolg desselben hängt nur von der Stärke der Besazzung und von der Beschaffenheit des Terrains ab, je nachdem sie der Besatzung oder dem Belagerer günstig ist. Es lassen sich daher auch keine allgemeine Vorschriften geben; denn sie müssen sich nothwendig in jedem verschiedenen Falle abändern. Hat der Feind in der Ersten Nacht Nichts bemerkt; wird er wahrscheinlich in der zweiten die Arbeiter zu überfallen suchen, und es kommt jetzt blos darauf an: dies zu hindern und den Ausfall mit Nachdruck zurückzuweisen. Hierzu wird erfordert: Vorkehrungen gegen die Ausfälle

1) eine hinreichende Stärke der Laufgrabenwacht, die in der Parallele auf den Auftritten, mit dem Ge-

wehr im Arm sitzen, und stets bereit sind: dem Feind mit einem lebhaften Feuer zu empfangen, oder ihm über die Brustwehr mit dem Bajonet entgegen zu gehen.

2) Um zeitig genug die Annäherung des Feindes gewahr zu werden, schickt die Laufgrabenwacht einzelne Schildwachten gegen die Festung vor, die sich Löcher in die Erde graben (506.), oder blos niederlegen, und genau Acht geben, wenn sich Jemand aus der Festung nähert. Wird diese Vorsicht nicht nur auf der Angriffsfronte, sondern rings um die ganze Festung beobachtet; wird es dem Belagerten unmöglich: die Laufgräben ungewarnt zu überfallen, wovon doch nur allein der glückliche Erfolg eines solchen Unternehmens abhängt.

In der berühmten Belagerung von Gibraltar waren die Spanier so sicher: daß die Engländer bei Zerstöhrung der Batterien einen schon fertigen Rapport fanden: „Es sey nichts Neues vorgefallen."

3) Giebt der Kirchthurm eines nahen Dorfes, ein hoher Baum rc. Gelegenheit: den Bedeckten Weg der neben dem Angriff liegenden Polygonseiten durch ein Fernrohr zu beobachten; sind des Abends Truppenbewegungen in demselben ein wahrscheinliches Zeichen, eines bevorstehenden Ausfalles.

4) Die etwa aus der Festung kommenden Ueberläufer müssen immer gleich auf der Stelle befragt, und nicht ohne diese Vorsicht zurückgebracht werden, deren Unterlassung den so nachtheiligen Ueberfall des Lagers bei Velletri herbei führte.

5) Die Laufgrabenwacht und die Unterstützungstruppen müssen genau unterrichtet werden: wie sie sich bei einem Ausfalle zu verhalten haben. Es ist immer besser: den Feind stehenden Fußes in der Parallele zu erwarten und ihn durch ein heftiges Seitenfeuer und durch gut geordnete Flankenangriffe zurück zu treiben;

als ihm entgegen zu gehen, wodurch man sich nachher dem Feuer der Festung aussetzt.

6) Sobald der Feind sich den Laufgräben nähert; werden sofort die Wachtfeuer in letztern ausgelöscht, und Leuchtkugeln auf das vorliegende Terrain geworfen, um den Ausfall von allen Batterien abwechselnd mit Kugeln und Kartetschen beschießen zu können.

7) Es darf in den Laufgräben nie an Wasser fehlen, um die in Brand gesteckten Faschinen auslöschen zu können. Wäre das Feuer schon zu heftig, wird demselben durch Einreißung eines Stückes Brustwehr Einhalt gethan.

8) Sein Hauptaugenmerk muß der Belagerer bei der Vertheidigung gegen einen Ausfall auf die Batterien richten, um die Zerstöhrung derselben zu hindern.

511. Die bestreichenden Batterien werden bei Einbruch der zweiten Nacht so weit vorgerückt seyn, daß während derselben das Geschütz und die Munition herangebracht werden kann, um am zweiten Morgen das Feuer gegen die Festung beginnen zu können. Sein Zweck ist: „die Vertheidigungsmittel der Festung so „schnell als möglich zu zerstöhren und dadurch die Be„lagerungsarbeiten zu begünstigen.“ Es muß zu dem Ende: Anfang des Feuers gegen die Festung.

a) auf Einmal anfangen. Wollte man jede Batterie ihr Feuer einzeln eröffnen lassen, würde der Belagerte eine überlegene Geschützmenge gegen sie richten können und sie bald zum Schweigen bringen.

b) Ununterbrochen fortgehen, um dem Feinde keine Zeit zur Erholung und zu Herstellung des Schadens zu lassen.

c) Die Ladungen und Richtungen werden durch die Entfernung dieser ersten Geschützstände von der Festung bestimmt, und alsdann unverändert beibehalten. Das dahin gehörige lehret die Artillerie (S. Nikoschet im Wörterb. d. Artillerie. Morla a. a. O. II, 4; §. 149. seq.)

d) Die mit der Ersten Parallele zugleich angefangenen Hülfsbatterien, bestimmt: das feindliche Feuer von dem eigentlichen Angriff abzuleiten, fangen zu feuern an, sobald sie fertig sind; welches schon um die Mitte des, auf die Eröffnung der Laufgräben folgenden Tages möglich ist. Da diese Batterien weiter ab, und mehr seitwärts liegen, können sie nicht so leicht von der Festung aus demontiret werden. Sie sind aber sehr vortheilhaft: den eigentlichen Angriff zu erleichtern. (507.)

Eine solche Hülfsbatterie von 10 Kanonen konnte bei der Belagerung von Tournay 1745 schon um 10 Uhr Morgens ihr Feuer anfangen.

Aufnehmen und Eintragen der Angriffsarbeiten.

512. Auf dem, schon vorher erwähnten Plane der Festung und ihre Umgegend werden jeden Morgen die in der Nacht vollendeten Arbeiten mit besondern Farben eingetragen; und die neuen für die künftige Nacht entworfen. Man ist jetzt schon mehr im Stande: das im Fortgange der Belagerung nöthige Bauzeug zu übersehen, und die Herbeischaffung desselben anzuordnen. Auch giebt die fertige Erste Parallele Gelegenheit: die Entfernungen der verschiedenen Punkte in und vor derselben von der Festung genau zu bestimmen; so daß die Artilleristen bei dem Gebrauch des Geschützes Nichts aufs Ohngefähr thun dürfen. Sie werden dadurch in den Stand gesetzt: in 2 bis 3 Tagen das Feuer der Festung so weit zu dämpfen, daß man jetzt mit geringerer Gefahr die Zweite Parallele unternehmen kann.

Verbessernde Hülfsarbeiten.

513. Ehe man zu dieser schreitet, und während die Ersten Batterien in voller Thätigkeit sind, sind gewöhnlich noch manche Verbesserungen und Hülfsarbeiten

an der Ersten Parallele zu machen, deren Unterlassung nachtheilig auf den Fortgang des Angriffes wirken würde. Die Schwierigkeit: gegen einen thätigen und wachsamen Feind alles nöthige in der Ersten Nacht zu thun, da man überdies gewöhnlich ganz ungeübte Arbeiter hat, und selbst ein Theil ihrer Anführer mit dem Geschäfte unbekannt ist; läßt fast allezeit noch viel und mancherlei übrig, was berichtiget, oder hinzugefügt werden muß. Dies geschiehet dann in der zweiten und dritten Nacht nach Eröffnung der Laufgräben, als der Epoche, von welcher an der Fortgang der Belagerungsarbeiten gezählet wird. Ueber diese nachzuholenden Arbeiten läßt sich jedoch durchaus Nichts bestimmen, sie hängen allein von den Localumständen ab. Diese müssen dem Ingenieur anzeigen: ob die Erste Parallele verlängert, ob irgendwo noch eine Batterie angeleget oder außer dem Hülfsangriff, noch vielleicht ein Dritter angeordnet werden soll? Bei mehreren Belagerungen hat man in den nächsten Nächten die Laufgräben (Boyeaux) nach der Zweiten Parallele geführet; dies kann jedoch nur dann Nutzen bringen, wenn die Erste Parallele weiter von der Festung eröffnet wird; in jedem andern Falle ist es vortheilhafter: die Zweite Parallele und ihre Verbindungsgräben nach der Ersten, zu einer und derselben Zeit zu machen.

Achtes Kapitel.

Vertheidigungs-Anstalten in der Festung von dem Momente der Einschließung bis nach Eröffnung der Laufgräben.

514.

Eintheilung. Wenn schon die Besorgniß einer nahen Belagerung die Besatzung einer Festung auf mannichfache Weise in Thätigkeit setzt; wird diese Thätigkeit bei der wirklichen Erscheinung des Feindes vor der Festung noch verdoppelt. Alle vorläufige, noch nicht beendigte Arbeiten, müssen so schnell als möglich vollendet werden, besonders die Verstärkung und Ausrüstung der vorliegenden Werke, die schon öfters Ursach waren: daß die Laufgräben in übermäßiger Weite von der Festung eröffnet wurden. Sind keine dergleichen Werke vorhanden, weil es an Zeit und Mitteln fehlte, sie aufzuwerfen; ist es vielleicht möglich: irgend ein, von der Festung nicht zu weit entferntes steinernes Gebäude auf der Angriffsseite zu besetzen, und dadurch die Eröffnung der Laufgräben zu verzögern, oder sie wenigsten weiter von den eigentlichsten Festungswerken zu entfernen. Die übrigen Anstalten zerfallen ihrer Natur nach in drei verschiedene Gattungen: a) Anordnung der Besatzung zur Vertheidigung in dieser Epoche; b) die jetzt auszuführenden Arbeiten; c) die Vertheilung und den Gebrauch des Geschützes in dieser Epoche.

Der Nutzen der Vorwerke ist schon längst bekannt (§. 152. seq. 271 seq.) und selbst unbedeutende Brillen und Feldschanzen haben öfters sehr wesentliche Dienste geleistet, wie die Belagerung von Mainz 1793, von Danzig u. a. beweisen; auch in Saragossa wurden die Fortschritte der Franzosen durch die im Umfang der Stadtmauern liegenden Klöster sehr gehindert.

Sind wenigstens gute Blockhäuser, mit Geschütz besetzt, erbauet, wird der Belagerer sie nicht so leicht wehrlos machen und ihre Besatzung — wie bei oben offenen Werken — durch Bombenwürfe vertreiben können.

515. Sobald die Einschließung der Festung erfolget ist, wird die Besatzung in 3 Theile getheilet, wovon Einer die Posten besetzt, der zweite als Bereitschaft dienet, und der dritte in seinen Quartieren ruhet. Die Vorwerke werden, nach Verhältniß ihrer Größe, die Fleschen oder Reduten mit 60, die größern Brillen mit 120 bis 160 Mann besetzt. a) Anwendung der Besatzung.

Um den feindlichen Offiziers das RekognoszIren zu hindern, werden kleine Posten von 2 Mann ausgesetzt, die sich des Nachts platt auf die Erde niederlegen, und alles zwischen sich hindurch nach der Festung hin, Niemanden aber wieder zurück gehen lassen, sondern sich immer enger zusammen schließen und die Rekognoszirenden auf diese Weise gefangen nehmen. (Goulon, Bericht von der Belagerung und Vertheidigung einer Festung, übers. von Coulon 1754. S. 4.) Gleichzeitig mit dieser Maaßregel wird der Bedeckte Weg auf den möglichen Angriffsseiten, jeder vorspringende Winkel mit 30 bis 40 Mann und jeder eingehende mit 60 bis 80 Mann besetzt. Diese Mannschaften schieben jede Nacht fortwährend kleine Posten bis auf 300 Schritt von dem Glacis vor, um genaue Nachricht von dem Momente und dem Punkte der Eröffnung der Laufgräben zu erhalten.

Cormontaigne bemerkt mit Recht: es sey ganz unnütz und nachtheilig: den Hauptwall und selbst die Aussenwerke mit Infanterie zu besetzen, so lange der Bedeckte Weg noch nicht in der Gewalt des Feindes ist. Eine Polizeiwache von 6 bis 9 Mann ist, außer der Geschützbedienung, völlig hinreichend.

Es werden demnach erfordert:

in die 5 ausspringenden Winkel des Bedeckten Weges à 40 Mann	200	Mann
in die 4 Waffenplätze à 80 Mann	320	—
in die ausspringenden Winkel zu beiden Seiten	40	—
in die nebenliegenden Waffenplätze	80	—
auf die 3 Raveline und 2 Bollwerke . . .	45	—
Schützen oder leichte Infanterie	100	—
	785	Mann

Diese letztere ist zu den vorerwähnten kleinen Vorposten und späterhin zu einzelner Besetzung der langen Linien des Bedeckten Weges bestimmt, zu welchem Ende man 4 tiefe Einschnitte in das Glacis macht, um sie gegen die feindlichen Schleuderschüsse sicher zu stellen, da die Traversen hier dem Feinde mehr Vortheile als dem Belagerten darbieten. Die im Bedeckten Wege stehenden 500 Mann werden gewöhnlich in 2 Abtheilungen getheilet, welche sich die Nacht hindurch von 2 Stunden zu 2 Stunden ablösen, um in 2 Gliedern ein ununterbrochenes Feuer gegen die feindlichen Laufgräben zu machen. Allein, diese zwecklose Pulververschwendung hat durchaus keinen Nutzen, der Feind verlieret in jeder Nacht etwa 2 oder 3 Arbeiter dadurch, ohne daß der Fortgang der Arbeit im geringsten gehindert wird. Einzelne, zuverlässige Schützen, und einige Sechspfünder im Bedeckten Wege, aus den von Zeit zu Zeit ein Kartetschenschuß gegen die Parallelen und vorzüglich gegen die Sappen geschiehet, werden weit vortheilhafter seyn, und im Verhältniß jenes Verfahrens, nur eine unbedeutende Menge Munition verbrauchen.

Bereitschaft.

516. Außer der festen Besatzung des Bedeckten Weges und der Werke wird ohngefähr $\frac{1}{6}$ der Garnison zur Bereitschaft bestimmt, die — so lange der Feind die Ersten Batterien noch nicht vollendet hat — im Bedeckten Wege, nachher aber im trocknen Graben oder hinter der Courtine liegen, um die Wachen zu unterstützen. Von dieser Bereitschaft wird auch die innere Bewachung der Festung bestritten, wenn die Bürger selbst nicht dazu angewendet werden, welches immer geschehen muß, sobald es die Umstände erlauben, um den Dienst der Soldaten zu erleichtern. Dies wird be-

sonders in der zweiten Epoche der Belagerung nothwendig, wo die Besatzung sich durch den täglichen Abgang bedeutend, und vielleicht um ein Sechstheil verringert haben wird. (Cormontaigne, défense des places. Bousmard liv. IV. chap. 3. Wörterbuch der Kriegsbauk. Artik. Vertheidigung.)

517. Die Besatzung muß während der Belagerung zweierlei Gattungen Arbeiter stellen: zu Ausführung der noch fehlenden Vertheidigungsarbeiten, und als Gehülfen der Artillerie. Man siehet leicht: daß die Zahl der einen wie der andern sich nach Verhältniß der Größe der Festung, so wie der schon gethanenen oder noch auszuführenden Arbeiten, und nach der Anzahl der Geschütze und der zu ihrer Bedienung vorhandenen Artilleristen abändert; daher man sich hier blos mit allgemeinen Bestimmungen begnügen muß. Arbeiter.

Angenommen, daß die oben (5. Kap.) erwähnten Arbeiten noch vor Ankunft des Feindes geschehen sind; daß man selbst vor den ausspringenden Winkeln schon Lünetten erbauet hat, wenn es an anderen, festeren Vorwerken fehlet (151 — 160. 271.); müssen doch diese Werke noch pallisadiret, und in den Kehlen geschlossen werden. Man muß die Waffenplätze der Angriffsseite mit guten Reduits (am zweckmäßigsten mit Blockhäusern) oder bedeckten Geschützständen, das Ravelin und die Bollwerke mit Abschnitten versehen; ja, in einer Festung, wo vielleicht vor der Eroberung im Laufe des Feldzuges Nichts geschehen ist; wird durch, in der Eil am Fuße des Glacis aufgeworfene Lünetten oder Fleschen der Widerstand um 3 bis 4 Tage verlängert.

Eine solche Flesche in 8 Tagen zu vollenden, wer= 214 Arbeiter erfordert. Mehr erlaubt auch der geringe Umfang dieser kleinen Werke nicht anzuwenden.

Nach Bousmards Berechnung sind nach Eröffnung der Laufgräben auf Einer Angriffsseite nöthig:

am	1sten Tage	575	Tagearbeiter;	546	Nachtarbeiter	
—	2ten —	591	—	564	—	
—	3ten —	604	—	582	—	
—	4ten —	596	—	296	—	
—	5ten u. die folgend.	100	Tagearb.	100	—	

Es werden demnach auf jeden feindlichen Angriff etwa 600 Arbeiter gerechnet werden müssen. In den meisten Fällen wird es jedoch vortheilhafter seyn: weniger Soldaten anzuwenden und ihre Zahl durch Bürger zu ersetzen.

518. Oben (§. 448.) sind die Grundsätze angegeben worden, durch welche sich die Zahl der für die Artillerie nöthigen Gehülfen bestimmt. Rechnet man, wie es in der neuern Zeit durch die bessere Einrichtung der Laffeten möglich wird, nur 3 Gehülfen auf jeden Zwölf- und Vierundzwanzigpfünder und Mörser; 2 auf jeden Sechspfünder, und hierüber noch auf jedes Geschütz 2 Gehülfen, um die Munition zu holen; lasset sich aus der vorhandenen Geschützmenge auch die erforderlichen Infanteristen bestimmen, welche zu der Bedienung desselben gegeben werden müssen.

Gehülfen für die Artillerie.

Noch vor der Berennung müssen die Geschütze an den gehörigen Orten auf ihre Laffeten geleget werden. Man wendet dazu 2 oder 3 Hebezeuge an, deren jedes mit 3 Artilleristen und 8 Gehülfen besetzt wird. Hat ein Theil der Aussenwerke keine Auffahrten, muß man das dahin gehörige Geschütz hinaufziehen, und in diesem Falle 25 Mann auf jedes Ravelin geben, während bei den, mit Auffahrten versehenen, nur 15 Mann nöthig sind. Um endlich auf jedes Bollwerk 2 Geschütze zu bringen, noch besonders 45 Mann; welchen Posten man $\frac{1}{8}$ Artilleristen zur Aufsicht und Anordnung zutheilet.

Bousmard giebt eine detaillirte Berechnung (Liv. IV. Chap. 1.) der im Verlauf einer Belagerung nöthigen Gehülfen der Artillerie, die jedoch nur mit den gehörigen Modificationen nach Verschiedenheit des Locals statt finden kann.

519. Wenn die Besatzung mit der Größe der Festung im gehörigen Verhältniß stehet, erscheint es nicht ohne Nutzen: durch fortwährende Ausfälle von 300 Mann den wahren Zeitpunkt der Eröffnung der Laufgräben zu erspähen, und die Arbeit zu stöhren. Werden mit den ausfallenden Truppen frühzeitig auf allen übrigen Seiten Detaschementer von etwa 60 Mann vorgeschoben, die den Feind angreifen, wo sie ihn finden und von den nächsten Abtheilungen unterstützt werden, kann es beinahe nicht fehlen, daß man seinen Zweck erreichet, weil auf diese Weise die ausgestellten Truppen nicht von dem Belagerer abgeschnitten werden können. Bei größern, und zufällig sehr stark besetzten Festungen ist es bisweilen sogar möglich: durch einen starken Ausfall das Einschließungskorps zurückzudrängen, die Lebensmittel aus den umliegenden Oertern hinweg zu holen und vielleicht selbst die schon zusammengebrachten Belagerungsbedürfnisse zu vernichten. **Selbst die keckſten und außerordentlichsten Unternehmungen gelingen, wenn sie unerwartet unternommen, zweckmäßig geordnet und schnell ausgeführet werden.** Ausfälle.

S. Ausfälle im Wörterb. der Kriegsbaukunst. Struensee Kriegsbauk. II. § 446. *le Febvre*, Attaque et défense des places. chap 5.; *Cormontaigne*, défense des places. liv. III. chap. 3.

520. Außer den schon vor Ankunft des Feindes ausgeführten Arbeiten (§ 502. seq.) giebt es noch andere, die blos auf der angegriffenen Seite statt finden, und daher nicht **vor** Eröffnung der Laufgräben angefangen werden können. Diese sind a) die doppelte Pallisadirung der Bedeckten Wege; wenn sie nöthig ist. b) Die b) Arbeiten.

Erbauung der Lünetten am Fuße des Glacis. c) Die Einrichtung bedeckter Geschützstände in den Reduits des Bedeckten Weges und auf dem Hauptwalle der Angriffsseite. d) Die Anlegung kleiner Pulvermagazine für den täglichen Gebrauch auf derselben. e) Die Einrichtung eines Hauptabschnittes sowohl im Ravelin als in den beiden angegriffenen Bollwerken.

a) doppelte Pallisaden. 521. Schon vor Einschließung der Festung werden alle eingehende Winkel des Bedeckten Weges mit Reduits versehen seyn; es bleiben daher nur die doppelten Pallisaden auf der Angriffsseite und die Reduits in den ausspringenden Winkeln übrig. Jene gewähren bei weitem nicht den Nutzen, den man sich von ihnen verspricht, und können füglich entbehret werden; die Reduits in den ausspringenden Winkeln aber sind nothwendig, sobald man die eingehenden Winkel nicht mit Geschütz besetzen kann; was man doch nie unterlassen sollte, da es unbezweifelt die kräftigste Vertheidigung dieses weit hervorreichenden, und deshalb an sich schwachen Theiles der Festung gewähret.

Die Reduits in den vorspringenden Winkeln sind nichts anders, als Tambours aus dichte an einander stehenden Pallisaden mit eingeschnittenen Schießlöchern, 4' von einander. Man giebt ihnen $2\frac{1}{2}$ Ruthe auf jeder Face ab, und eben so viel zur halben Kehle ab Fig. 11. und wird demnach ihr Umfang 12 laufende Ruthen betragen. Nach Cormontaigne bekommen sie blos einen Ausgang hinterwärts nach der Contrescarpe. Wenn man jedoch die bessere Construction des Bedeckten Weges ohne Traversen vorziehet; dienet der Tambour der Wache im vorspringenden Winkel zum Zufluchtsort, und bekommt daher seine Eingänge zu beiden Seiten bd; fg.

Lünetten u. Fleschen. 522. Ist bei einer Festung die Angriffsseite schon durch das Terrain bestimmt; darf man nicht erst abwarten: bis der Feind sich durch die Eröffnung der Laufgräben darüber entschieden hat, um den Bedeckten Weg durch vorgelegte Brillen zu verstärken (§. 151. 152.) Fehlet es jedoch an dergleichen Vorwerken; kann man selbst durch einige Fleschen am Fuße des Glacis den Feind vielleicht verleiten: mit der Ersten Parallele weiter zurück zu bleiben, wodurch nothwendig die Dauer der Belagerung um einige, ja wohl um mehrere Tage verlängert werden muß. Man giebt diesen kleinen Werken 20 Ruthen zur Capitale vom vorspringenden Winkel des Bedeckten Weges, 7 bis 8 Ruthen zur Face und 30′ zur Flanke. Sie werden zugleich so geleget: daß sie eine nahe Seitenbestreichung haben, wenn sie auch deshalb ziemlich spitz werden müßten. Man muß jedoch — besonders wenn der Feind schon nahe ist — vorher untersuchen: ob 20 Ruthen vom ausspringenden Winkel das Glacis mehr als 5′ Neigung hat? Denn in ebnem Boden muß die Spitze des Werkes $1\frac{1}{2}$ Fuß, und bei nahen Erhöhungen gegen die man sich decken muß, mehr über dem Glacis liegen; dies giebt eine Brustwehr-Höhe von $6\frac{1}{2}$ Fuß, die wenigstens achtmal in der Grundfläche enthalten seyn muß, wenn der Kamm nicht zu scharf ausfallen und gleich anfangs durch dir feindlichen Schleuderschüsse abgekämmt werden soll. Eine Höhe von 8 bis 10 Fuß würde zu viel Arbeit erfordern und nicht in wenig Tagen beendiget werden können, was doch durchaus nothwendig ist, um die Flesche nicht unvollendet zu lassen, wo sie dem Feinde ein schon fertiges Logement gewähren würde. Bei den vorher gegebenen Maaßen wird die Flesche 33480 W. F. Erdarbeit, 4068 Quadr. F. Faschinirung und 2860 Pallisaden erfordern. Sie wird daher von 214 Mann in 8 Tagen aufgeworfen werden.

Da zu dieser Arbeit wegen Mangel an Raum, nicht mehr Leute angestellt werden können; ist bei dem Entwurf zu dieser Arbeit die durchaus nothwendige Zahl der Fleschen, und die Stärke der Besatzung zu berücksichtigen, welche letztere zu gleicher Zeit noch einer Menge anderer Arbeiten genügen soll. Ist daher mehr als eine Angriffsseite zu verstärken: muß man sich begnügen: die Fleschen blos auf die Flanken des Angriffes zu legen, d. h. vor die Spitzen der Neben-Raveline, um die feindlichen Laufgräben in der Flanke zu bestreichen, und den Belagerer zu einer größeren Ausdehnung seiner Arbeiten zu bestimmen. Will er sie mit Gewalt nehmen, kann er es nicht ohne bedeutenden Verlust bewerkstelligen; greift er sie aber durch die Sappe an, wird die Vertheidigung wenigstens um 4 Tage verlängert. *Cormontaigne*, Mémorial sur la défense liv. 1. chap. 7.

Fortsetzung 523. Hat man Zeit genug: die Fleschen mit einem Tambour (s. dies Wort im Wörterb. d. Kriegsbaukunst) oder besser noch, mit einem Blockhause von 36 und 24 Fuß als Reduit zu versehen, auch wohl ein paar bedeckte Geschützstände darin anzubringen; wird ihr Widerstandsvermögen dadurch bedeutend erhöhet. Ein Graben mit einer Reihe $4\frac{1}{2}$ Fuß hoher Pallisaden wird die Stärke dieses Reduits noch vermehren. Man muß hier der Flesche 10 Ruthen zur Façe und 6 Ruthen zur Flanke geben; oder 12 Ruthen zur Façe, ohne Flanken. Um ihre Höhe zu bestimmen, nimmt man die Fläche des Glacis in der Mitte der Façen für die Sohle des Auftrittes an, über welche die Brustwehr 4 Fuß hoch aufgeschüttet, und von der man den innern Raum des Reduits $4\frac{1}{2}$ Fuß vertiefet. Die Spitze wird 1 Fuß höher aufgeschüttet, als die Schulterpunkte; und zu der Verbindung mit dem Bedeckten Wege wird die Brustwehr von der Kehle bis nach dem vorspringenden Winkel des Bedeckten Weges fortgeführet.

Noch besser sind die Fleschen, wenn sie einen besondern Bedeckten Weg, pallisadirten Graben und eine oben bedeckte Verbindung haben. Die letztere führet jedoch den Nachtheil mit sich: dem Feinde nützlich zu werden, wenn man sie nicht bei Verlassung des Werkes in die Luft sprengen kann. Unerläßlich ist die Anlage der Fleschen bei einem nassen Vorgraben, über den sie dem Feinde den Uebergang außerordentlich erschweren. (151 bis 158.)

524. Es wird immer sehr vortheilhaft seyn: diese vorgelegten Fleschen durch eingegrabene Bomben oder Granaten unzugänglich zu machen. Ihre Wirkung auf das Gemüth des stürmenden Soldaten ist zu groß, als daß man sie nicht in allen möglichen Fällen, bei den ausspringenden Winkeln des Bedeckten Weges ꝛc. anwenden sollte, um ihre Eroberung zu erschweren. Werden die Bomben einzeln eingegraben, so ist die Tiefe, auf welche dies geschiehet: Eingegrabene Bomben.

Kaliber u. Gewicht der Bomben.		Sie faßt Pulver.	Sprengladung.	Linien des geringsten Widerstandes.
18 Zoll	300 Pfd.	48 Pfd.	13 Pfd.	6 Fuß.
12 —	147 —	17 —	5 —	5 —
10 —	100 —	16 —	3 —	4 —
8 —	43 —	$4\frac{1}{18}$ —	1 —	3 —
6 —	23 —	$1\frac{3}{8}$ —	$\frac{3}{4}$ —	$2\frac{1}{2}$ —

Um eine größere Wirkung zu erhalten, vereiniget man 4 oder 8 Bomben in einen Kasten und giebt ihnen eine gemeinschaftliche Feuerleitung, damit sie sich zugleich entzünden; wo alsdann der Halbmesser ihres Trichters ihrer vereinten Ladung entspricht, sie auch dieser gemäß tiefer geleget werden können. Es ist jedoch auf den Widerstand des Eisens Rücksicht zu nehmen, den das Pulver vorher überwinden muß, ehe es seine Wirkung gegen die anliegende Erde äußern kann. (S. Ladungen im Wörterb. d. Kriegsbauk.)

Man wird demnach setzen müssen:

		Ladung.					Tiefe unter der Erde.	Durchmesser d. Trichters.
4	zwölfzöllige Bomben	68	— 20	=	48 ℔.		5 Fuß.	20 Fuß.
4	zehen —	— 40	— 12	=	28	—	4 —	16 —
8	— —	— 80	— 24	=	56	—	5 —	22 —
4	achtzöllige	— 16¼	— 4	=	12¼	—	3 —	12 —
8	— —	— 32½	— 8	=	24½	—	4 —	16 —
8	sechszöllige	— 11	— 6	=	5	—	2½ —	8 —

Diese Ladungen leisten jedoch nur in leichtem Sandboden die angegebene Wirkung; in festerer Erde müssen die Kasten um 1 Fuß weniger tief eingegraben, oder die Ladungen im Verhältniß von 1 : 1,7 verstärkt, in Thonerde sogar verdoppelt werden, wenn sie dasselbe Resultat geben sollen. Achtzehnzöllige Bomben z. B. 5 Fuß tief in festem Boden, werden nur einen, etwa 15 Fuß weiten, Trichter auswerfen, wenn man nicht die Ladung um 30 Pfund vermehret, die in einem Sack in der Mitte der 8 Bomben ihren Platz finden.

Der Kasten zu den Bomben wird nach der Größe ihres Durchmessers, für 4 zehnzöllige 24 Zoll, für 8 derselben 30 Zoll., für 8 achtzehnzöllige 24 Zoll im Lichten weit, und für jene 13, oder 11 Zoll für die letztern hoch; vorausgesetzt: daß die Leitrinne von oben hinein geführet wird. Sollte dieses jedoch unterwärts geschehen, müßte der Kasten einen doppelten Boden bekommen, unter dem die untere Abtheilung noch 1½ Zoll im Lichten hoch, und deren Deckel für die Bombenzünder mit Löchern versehen ist, damit sie durch die darunter liegende Zündwurst in Brand komme. Der übrige Raum um die Zündwurst wird stark mit Mehlpulver beschüttet, und der Kasten auswendig gepicht. (Fig. 13. Tab. II.)

Werden die Bomben auf diese Weise angewendet, müssen sie kurz tempirte, oder besser, gar keine Zünder, und anstatt derselben, blos mit losem Pulver gefüllte Brandröhren haben, damit sie alle in Einem und demselben Momente Feuer bekommen. Sollen jedoch die Bomben erst springen, wenn sie eben über die Erde herausgeworfen werden; giebt man den Zündern etwa 2 oder 3 Tempo's, und versiehet die untere Abtheilung des Kastens mit einer, der kürzesten Widerstandslinie entsprechenden Pulverladung; 12 bis 24 Pfund bei 3 Fuß, Tiefe; 25 bis 51 Pfund bei 4 Fuß; 49 bis 95 Pfund bei 5 Fuß; und 85 bis 170 Pfund bei 6 Fuß. Diese Anordnung erscheinet besonders in dem Falle vortheilhaft, wo man nur Haubitzgranaten von kleinem Kaliber anwenden kann; sie hat jedoch den Nachtheil: daß die Bombenstücken bis in die Schanze geworfen werden, wenn die Bomben über der Erde springen, und daß man deshalb die Kasten nicht unter 300 Schritt von der Brustwehr eingraben darf.

Die Leitrinne mit der 9 Linien starken Pulverwurst muß 4 Fuß tief eingegraben werden, damit sie nicht von den zufällig darauf fallenden Bomben zerstöhret wird. Will man zu einer größern Explosion 2 oder 3 Bombenkasten zusammen verbinden, werden sie dergestalt eingegraben: daß die Umkreise der von ihnen auszuhebenden Trichter sich um 2 oder 3 Fuß durchschneiden.

Bedeckte Geschützstände. 1) Im Bedeckten Wege.

525. Ist auch der Bedeckte Weg mit guten Reduits versehen; werden diese dennoch wenig zur Vertheidigung beitragen können, wenn die darin stehenden Geschütze nicht gegen die Bomben und Steinwürfe gesichert sind. Sobald man daher der Angriffsseite, sey es nun durch die Lage der Festung überhaupt, oder durch die Eröffnung der Transchee versichert ist; darf man nicht säumen: die in den Reduits der eingehenden Winkel aufgestellten Geschütze mit Deckwerken zu versehen, um sie für den wichtigen Zeitpunkt zu erhalten, wo sie durch ihr Kartetschenfeuer die Linien des Bedeckten Weges vom Feinde reinigen sollen. Das aus 12zölligen Balken, mit Faschinen und 4 — 5 Fuß Erde überschüttet, bestehende Deckwerk ist 20 Fuß lang, 10 Fuß im Lichten weit, und ruhet auf 2 Holmen, 8 Zoll breit, 15 Zoll hoch, die von 14 zwölfzölligen Stielen getragen werden.

Auch das im vorspringenden Winkel des Bedeckten Weges stehende Geschütz kann auf dieselbe Weise gegen die Bomben bedeckt werden. Es ist jedoch hier weniger nothwendig, als in den Reduits der eingehenden Winkel, weil der Feind jenes nicht in demselben Maaße zum Ziele seiner Mörser macht, auch die Bomben ihm nicht so gefährlich sind, als den Reduits.

526. Da das Geschütz der Façen sowohl als der Flanken sehr bald durch die feindlichen Schleuderschüsse und Bomben unbrauchbar gemacht ist; wird eine gute Bedeckung desselben augenscheinliche Vortheile gewähren. (§. 355.) Hat die Festung lange — vielleicht doppelte — Flanken, daß man erwarten darf: den Contrebatterien überlegen zu seyn; wird hier die Dekkung des Geschützes zur unerläßlichen Nothwendigkeit. Bei kurzen und einfachen Flanken hingegen ist es besser: die Deckungen auf den Bollwerksfaçen anzubringen, um der Brechbatterie zu seiner Zeit mit Nachdruck und Erfolg widerstehen zu können. Hat man das Holz zu diesen Bedeckungen schon völlig bearbeitet und numeriret, vorräthig; wird sich ihr Bau leicht und schnell beendigen lassen.

Montalembert giebt Unterricht zu diesen Geschütz-Bedeckungen. Man sehe auch Böhm's Magaz. f Ingen. Bd. 10. und Wörterb. d. Kriegsbauk. Artik. Schießscharten und Festungsgeschütz.

2) Auf dem Walle.

527. Alle, in den Wallgang eingegrabene Pulvermagazine, für den täglichen Gebrauch der Batterien, würden in der Folge feucht und dadurch zum Theil unbrauchbar werden, wenn sie schon im voraus — gleichviel, ob gemauert oder in Holz — angeleget wären. Da ihre Anlage in der hintern Seite des Wallganges durch 2 Minirer und 6 Handlanger in 36 bis 48 Arbeitsstunden möglich ist; werden sie auch nicht vor Bestimmung der Angriffsseite angefangen. Von diesen, 24′ langen, 6′ breiten und hohen, Magazinen kommen hier 2 in die Façen } die beiden Bollwerke,
2 in die Flanken }
2 in die Flanken der Neben-Bollwerke,
2 in die Façen des Ravelins,
2 in die beiden Neben-Raveline,

Zusamen 10 Magazinen.

Hat die Festung mehr als 6 Seiten, wodurch die Angriffsfronte breiter wird, und mehrere Nebenwerke nach ihr hin sehen, sind auch mehr Munitions-Niederlagen erforderlich; nemlich nach Cormontaigne im:

Vielecke	VII.	VIII.	IX.	X.	XI.	XII.
Magazine	12.	14.	16.	18.	20.	22.

Bei zwei verschiedenen Angriffsseiten ist von selbst klar: daß eine jede besonders berücksichtiget werden muß.

528. Jedes Magazin giebt etwa 950 Würfelfuß ausgegrabene Erde, die zu Traversen 2c. verwendet werden kann. An Holz werden erfordert: Fortsetzung

an Schwellen, Rahmen, Stielen und Riegeln zu den Eingangsprofilen A. Fig. 14. 15. .	96 Fuß
die beiden Rähmen am Eingange B.	48 —
die 8 übrigen dd.	210 —
	360 laufende Fuß
zweizöllige Dielen	395 laufende Fuß

Ein solches Magazin kann 16 Pulverfässer, jedes zu 2 Zentner aufnehmen, die für den zweitägigen Verbrauch von 6 Geschützen hinreichend sind. Denn rechnet man 20 Schuß in 24 Stunden, so giebt dies à 8 Pfund einen Verbrauch von 960 Pfund.

In den ausspringenden Winkeln des Bedeckten Weges werden kleinere Magazine von $4\frac{1}{2}$ Fuß Höhe unter das Glacis geleget, die höchstens nur 80 Schuß für das dastehende Geschütz aufnehmen dürfen. Die bei der Französischen Artillerie für diesen Behuf eingeführten Munitionskasten haben den Nachtheil: daß sie von den Bomben zerschlagen werden. Sie sind 6 Fuß lang, 3 Fuß breit und $2\frac{1}{2}$ Fuß hoch.

529. Befinden sich nicht schon vorläufig in dem Ravelin und den Bollwerken der Angriffsseite Abschnitte, müssen diese unmittelbar nach Eröffnung der Laufgräben angefangen und mit möglichstem Eifer aus- c) Haupt Abschnitte. 1) im Ravelin.

geführet werden, um, dem Belagerer nach bewirkter Sturmlücke ein kräftiges Hinderniß entgegen zu setzen. Man wird dadurch theils die Vertheidigung der Festung verlängern; theils die gewaltsame Eroberung derselben bei einem nachdrücklichen Widerstande verhindern. Man täusche sich jedoch nicht über die Stärke dieser, in der Eil und unter dem heftigsten Feuer des Feindes erbaueten, Abschnitte, die nur selten die Dienste leisten werden, welche man sich von ihnen verspricht, sobald der Belagerer den Angriff auf eine verständige Weise zu führen verstehet.

Im Ravelin werden die Abschnitte in gleicher Höhe mit den Reduits des eingehenden Winkels, gewöhnlich vorläufig, angeleget, und wenn der Feind sich vielleicht begnüget: die Brechbatterie blos gegen die Spitze des Ravelins zu erbauen, durch 2 weiter vorgerückte Abschnitte verstärket. Diese sind jedoch ganz ohne Nutzen, wenn die Bollwerke nicht ebenfalls Hauptabschnitte haben. Der Feind würde die Ravelin-Abschnitte unberührt lassen und sogleich die Bollwerke stürmen. Haben diese letzteren Contregarden; muß der Abschnitt des Ravelins in der Verlängerung derselben liegen und die Contregarde selbst, dem eingehenden Waffenplatz gegenüber abgeschnitten werden.

Fortsetzung 530. Um einen solchen Abschnitt zu machen, ziehet man quer über den Wallgang und die Brustwehr des Ravelins einen, auf der Sohle 12 Fuß breiten, und auf jenem 9 Fuß tiefen Graben, dessen Erde nachher zu der Brustwehr und zu dem Auftritt hinter derselben verwendet wird. Eine Reihe Pallisaden oder Sturmpfähle sichern die Brustwehr gegen das Ersteigen.

	Ausschachtung.				Aufschüttung.			
	Länge.	Breite.	Tiefe.	Summe in Wf.	Länge.	Breite.	Höhe.	Summe in Wf.
Von der Brustwehr des Walles .	24'.	24'.	$7\frac{1}{2}$	4320				
Auf dem Wallgange der Gräben	54'.	12'.	9	5832				
Bis zur Höhe des Auftrittes . .					30	24	3	2160
Die Brustwehr des Abschnittes . .					36	12	4	1728

Die Ausgrabung verhält sich hier gegen die Aufschüttung wie 10152 : 3888 Würfelfuß; welcher Ueberschuß zu Traversen, Bedeckung der Caponieren rc. verwendet wird.

An Faschinen sind zu diesem Abschnitte nöthig:

zu der Escarpe	60' lang,	18' hoch	1080	Quad.Fuß.
zu der Contrescarpe	60' —	12' —	720	—
zu dem Profil der Contrescarpe . .	24' —	$31\frac{1}{2}$' —	180	—
z. d. innern Böschung der Brustwehr . .	36' —	$4\frac{1}{2}$' —	162	—
zu dem Profil der Brustwehr. . . .	12' —	$7\frac{1}{2}$' —	90	—
		Zusammen	2232	Quad.Fuß.

Da nun 60 laufende Fuß Faschinen von 8—9'' Stärke 36 Quad. Fuß Faschinirung geben, werden 620 sechsfüßige Faschinen und 3100 Pfähle dazu erfordert.

Ein Arbeiter wirft in 10 Stunden 103 Würfelfuß Erde aus, folglich werden zu Beendigung dieser Arbeit in 4 Tagen erfordert . . . . 24 Mann

3 Faschinirer-Abtheilungen, deren jede täglich 180 Faschinen legen kann . .	9	—
zu dem Verankern der Faschinen . .	2	—
zu dem Herbeitragen der Faschinen, Pfählen, Pallisaden rc.	4	—
zu dem Zuschneiden, Spitzen und Einlegen der 110 Sturmpfähle auf 60′ Länge .	3	—
	42	Mann.

Läßt man diese Leute durch Nachtarbeiter ablösen, wird der Abschnitt in 2 Tagen fertig gemacht werden können.

Fortsetzung 531. Die Faschinenbekleidung der Gräben erleichtert das Ersteigen; es ist vortheilhafter: Holzwerk dazu anzuwenden, wo man die Böschung beinahe senkrecht machen kann. Die dazu bestimmten Dielen werden an letzterer über einander aufgesetzt und durch starke, vorgeschlagene Pfähle, oder besser, durch eingelegte Zangen gehalten, die unten in eine Schwelle und oben in einen Holm verzapft sind. Da zu diesem Behuf das Holz eingerissener Gebäude brauchbar ist; findet diese Art Verkleidung keine Schwierigkeit, und wird von 4 Zimmerleuten in der angegebenen Zeit bewirkt, indem die Zangen schon vorher gehörig geschnitten und gepaßt sind, daß sie blos aufgestellt und befestiget werden dürfen.

Die Zangen stehen 4′ von einander, auf 60′ sind daher 14 oder 28 auf beiden Seiten des Grabens nöthig. Jede bestehet aus 1 Sohlstück, 6′ lang, 7 und 8″ stark; 1 Ständer, 11′ lang, 7″ und 8″ stark; 1 Strebe, 6′ lang, 4 und 5″ stark; 60′ Schwellen und 60′ Holme an der Eskarpe, und eben so viel an der Contrescarpe. Zur ganzen Verschalung werden 120 zweizöllige Dielen von 12 Fuß Länge und 11 Zoll Breite erfordert.

Es dürfen hier nur noch die Brustwehr und die Profile faschiniret werden, wozu 250 Faschinen und 1250 Pfähle hinreichen. (Aster, Lehre v. Festungskriege. §. 319. 320.)

532. In den Bollwerken der Festungen finden sich nur selten Abschnitte, obgleich mehrere Kriegsbaumeister, — und nicht mit Unrecht — sie, als nothwendig, empfehlen. Bei solchen Festungen, deren Angriffsseite nicht durch das Terrain bestimmt ist, würden alle Fronten mit Abschnitten versehen werden müssen und die Baukosten dadurch außerordentlich steigen. Will man sich aber nicht ganz der Willkühr des Belagerers bloßstellen, wenn er eine Sturmlücke zu Stande gebracht hat; muß wenigstens Etwas auf der Angriffsseite geschehen, wodurch er verhindert wird, bei dem Sturm sich zugleich der Festung zu bemächtigen, d. h. man muß Abschnitte in den angegriffenen Bollwerken anbringen, deren Umriß schon oben (§. 164.) angegeben worden ist. (Man vergleiche §. 99. und Abschnitt im Wörterb. d. Kriegsbaukunst.) 2) In den Bollwerken

Die Bedingungen bei diesen flüchtig erbaueten Abschnitten sind:

1) Eine gute, nicht zu umgehende Anlehnung. Hat der Wall nur halbe Futtermauern, mit eine 6 — 8' breite Berme, oder eine, durch keinen Gräben abgesonderte Faussebray; würde ein Abschnitt zwecklos seyn. Der Feind könnte ihn beim Sturm ohne Schwierigkeit umgehen. Pallisaden und ähnliche Hindernisse werden durch das Feuer der feindlichen Batterien schnell zerstöhret, und halten ihn nicht auf.

2) Die Courtine darf nicht unmittelbar beschossen werden können, weil die hier entstehende Bresche ebenfalls den Abschnitt unnütz machen würde. Ein Hauptabschnitt mit Verlassung des ganzen Hauptwalles auf

der Angriffsseite, wie man sie in den Belagerungen von Wien, Candia rc. findet, kann nur unter besondern günstigen Umständen statt finden. Der gegenwärtig raschere Gang des Angriffes wird nur selten seine Vollendung erlauben.

3) Da der Abschnitt erst nach Eröffnung der Laufgräben angefangen werden kann, muß er auch vollendet werden können, ehe der Feind die Bollwerke geöffnet hat.

Um keine unausführbare Arbeit zu unternehmen, vorausgesetzt: daß die Belagerung mit Einsicht und Nachdruck geführet wird, ist zuvörderst zu untersuchen: a) die Zeit, welche man übrig hat? b) Die Arbeiterzahl, welche man zu möglichster Beschleunigung der Arbeit wirklich aufbringen und anwenden kann? c) Ob auch die dazu erforderliche Materialien und Werkzeuge in der Festung vorhanden sind?

Ein Umstand, welcher großen Einfluß auf die Ausführung der Arbeit hat, ist die Höhe des Hauptwalles, hinter dem man sich verschanzen will, und gegen dessen Ueberhöhen man sich mit dem Abschnitte decken muß. Letzteres kann in manchen Fällen eine so ungeheuere Arbeit erfordern, daß man sie nicht unternehmen darf. Je niedriger aber der Wall ist, desto leichter sind die Abschnitte auszuführen.

Fortsetzung 533. Bei Festungen nach der ältern Art, wo die Schulterpunkte, der Bollwerke nicht durch das Ravelin gedeckt sind, und auch der Courtinenwinkel durch die Oeffnung zwischen der Flanke und der Grabenscheere beschossen werden kann, muß man den Abschnitt bis an die Courtine zurück ziehen. Man giebt ihm hier die Form einer Polygonseite von 2 Halben Bollwerken, mit einem Durchgange unter der Courtine. Cormontaigne (Défense des places liv. I. chap. II.) berechnet den Inhalt der Wälle und Brustwehren des Abschnittes auf . . . . 149427 Würf.F.
die aus den 7' tiefen, 21' breiten Gräben rc. zu bekommende Erde . . 147804 —

Da aber die letztere, frisch aufgeschüttet, $\frac{1}{12}$ mehr giebt; behält man noch 10694 W.Fuß, um den äußern Grabenrand 2 Fuß zu erhöhen.

An Bauzeug bedarf man zu einem solchen Abschnitte:

	Länge.	Höhe	Inhalt. Quadr. Fuß.
Zu den 2 Profilen des Walles	132′	9′	1188
Zu den 2 Profilen der Brustwehr	54	6	324
Zur äußeren Verkleidung der ganzen Brustwehr	480	10½	5040
Zur innern Verkleidung derselben	480	4½	2160

8712 Quadratfuß oder gegen 12000 laufende Fuß, Faschinen, von 9″ Dicke.

Pfähle, 4 auf jede 6′ Faschinen . .	16000 Fuß
Pallisaden um die Contrescarpe 9 bis 10′ Länge	300 —
Pallisaden in Graben	480 —
Pallisaden zur Gemeinschaft mit Aussen, quer über den Graben	144 —
Pallisaden rings um das Reduit . .	84 —
Sturmpfähle in die Brustwehr . .	480 —
	1488 Fuß

oder, 13 Pallisaden auf 6′, zusammen 3224 Pallisaden.

534. Zur Verbindung nach Aussen wird ein Durchgang unter dem Wallgange hindurch geführet und mit Holz ausgesetzt. Vorn ist er, zu dem Rückzuge der Besatzung des Bollwerkes mit einem Tambour umsetzt, Communication und Reduits.

aus dem eine Treppe hinterwärts nach dem Graben hinunter gehet.

Das Bedürfniß an Holzwerk für diesen Behuf enthält nachstehende Tafel.

	Länge. Fuß.	Breite. Zoll.	Stärke. Zoll.	Längeinlaufende Fuß.
Zu den Thürstöcken d. Durchganges 4 Stücken .	21	12	12	84
2 — .	15	12	12	30
18 — .	12	12	12	216
Zur inneren Verschälung 15 Stücken . . .	24	8	8	360
Zum Tambour von 72′ Umfang	12	12	12	1152
Die Treppen-wangen .	18	12	12	36
Dielen, eichne zu den Treppen	6	12	3	72
Andere Breter zum Verschälen	12	12	2	1800

Hierzu noch 3000 eiserne Nägel, und 4 kleine Gatterthüren, die man aus dem Bedeckten Wege einer, nicht angegriffenen Fronte, nehmen kann.

Sollte es an Faschinen fehlen, kann auch der Wall mit 2 Zoll starken Bretern verkleidet werden, die man hinter 4′ von einander eingeschlagene Pfähle von 10 bis 12″ Durchmesser, oben mit einem Holm verbunden, einschiebt. Man nimmt auch wohl, anstatt der Breter, starke Balken von eingerissenen Häusern ꝛc., die alsdann durch vorgeschlagene Pfähle gehalten werden.

Arbeiter und Zeit.

535. Vertheilet man die Arbeiter in Schachte zu 5 Mann, wovon 3 karren und 2 einladen; wird ein solcher Schacht nach Cormontaigne (l. c.) täglich gegen 324 Würfelfuß Erde fördern. Man stellet demnach an:

Auf jede Seite der Courtine 4 Schachte, um die Brustwehr abzugraben. Folglich auf beiden Seiten des Abschnittes . . .	40	Mann
4 Schachte auf jeder Seite, zu Abgrabung des Wallganges	40	—
13 Schachte zu Aushebung des Grabens .	65	—
2 Schachte zu Ausgrabung d. Durchganges	10	—
Zu den Vergleichen, Rammen und Faschiniren	18	—
	173	Mann
2 Zimmerleute, 4 Handlanger zu dem Spitzen der Pallisaden.		
6 Zimmerleute und 4 Handlanger zu Verfertigung des Durchganges und Tambours	16	—
	181 bis 2.0	Mann.

Oder für beide Bollwerke der Angriffsseite das Doppelte dieser Zahl, sowohl an Arbeitern als Materialien.

Vergleichet man die Zahl der Schächte und ihrer Arbeit mit der auszuhebenden 147864 W. Fr Erde; so findet man 18 Tage. Nach 10 Tagen werden die 8, zu Abgrabung der 25920 W. F. enthaltenden Brustwehr bestimmten Schachte fertig, und daher mit in den Graben vor den beiden Façen der Halben Bollwerke, angestellet, wo sie die 21840 W. F. in 9 Tagen heraus bringen. Der Wallgang wird von 8 Schachten in 15 Tagen abgegraben, und in derselben Zeit auch der Graben vor der Courtine beendiget seyn.

536. Verdeckt das Ravelin — wie bei Festungen der neuern Art — die Schulter der Bollwerke g ugsam, während zugleich das Reduit des eingehenden Winkels verhindert: die Courtine zum Sturm zu brechen, kann auch der Abschnitt ohne Bedenken von einem Schulterpunkte zum andern geleget werden, um die Zangenförmiger Abschnitt.

Bresche näher ins Feuer zu bekommen, und zugleich sich, für den Augenblick des Sturms, den Gebrauch der Flanken zu erhalten. Man siehet jedoch leicht: daß die gewöhnliche Form mit zwei halben Bollwerken, wegen des zu kleinen Raumes in letzteren, hier unpassend ist, und daß man in vollen wie in hohlen Bollwerken immer nur zangenförmige Abschnitte — mit oder ohne Ravelin — anordnen sollte.

Ohne Ravelin erfordert ein solcher Abschnitt eine 18′ starke, 7′ hohe Brustwehr von ohngefähr 400′ Länge, wozu mit Einschluß des Auftrittes 50400 Würfelfuß Erde erfordert werden. Werden die Arbeiter in Schachten zu 3 Mann, 18′ von einander angestellt; sind 22 Schachten nöthig, deren jede 1944 W. F. auszuwerfen, und nach der vorherigen Annahme 6 Tage oder, wenn man nur eine Schachtruthe auf jeden grabenden Arbeiter rechnet, 8 Tage nöthig haben.

Durch die Hinzufügung eines Ravelins werden 28512 W. F., und daher 14 Arbeits-Schachten, mehr erfordert, um das Ganze in der nemlichen Zeit zu beendigen. Dies würde, mit Einschluß der Faschinirer und Zimmerleute, auf 2 Bollwerke 264 Arbeiter machen.

Zur Verkleidung werden 17376 laufende Fuß Faschinen und 2000 Pallisaden erfordert.

In vollen Bollwerken kann man auch den Abschnitt als eine Art Ravelin H, von zwei Abschnitten bestrichen M (Fig. 29. Tab. II. des 1. Theils) anordnen, die einen pallisadirten Graben und einen Bedeckten Weg haben. Jede dieser drei Abtheilungen hat zugleich einen Tambour als Reduit, zu besserem Widerstande, und zu Sicherung der Verbindung.

Die auszuhebende Erde beträgt 180 W. F. auf jeden laufenden Fuß; oder überhaupt 118800 W. F., womit 55 Schachte zu 4 Mann in 10 Tagen fertig werden.

Gebrauch des Geschützes. 537. Der Gebrauch des Geschützes wird durch zwei Motieve vorzüglich bestimmt: möglichste Hinderung der feindlichen Arbeiten und Erhaltung des Geschützes für die spätere Vertheidigungs-Epoche. Hieraus folgt: daß man bei der gewöhnlichen Einrichtung der Festungen, deren Geschütz der Wirkung des feindlichen Schleuderschusses und der Bomben völlig blosgestellet ist, sich nur dann mit dem Feinde in ein Gefecht einlassen darf, wenn man dasselbe mit Ueberlegenheit beginnen und mit Erfolg endigen kann. Auf diesem Grundsatze nun beruhet die Aufstellung des Geschützes vor und nach Eröffnung der Laufgräben; damit es immer zu rechter Zeit zurückgezogen und erst dann wieder in Thätigkeit gebracht wird, wenn es dem Belagerer wesentlichen Schaden zufügen kann.

538. So lange die Angriffsseite der Festung nicht entschieden ist, muß man alle Fronten mit Kanonen besetzen, um die zu nahe Einschließung der Festung zu hindern, und durch einzelne Schüsse das Rekognoszieren zu erschweren. Zu dem letztern Gebrauch eignen sich vorzüglich die Schlangengeschütze — wenn es deren in der Festung giebt — auf den Kavalieren und die Doppelhaken oder Wallbüchsen, die bei einer Schußweite von 600 bis 800 Schritt einen genauen Schuß geben. Gute Schützen werden mit ihnen nicht nur die rekognoszirenden Offiziere abhalten, sondern auch die zu weit vorgeschobenen Posten des Belagerers zurückscheuchen.

a) Vor Eröffnung der Laufgräben.

Sollte der letztere einzelne Leute dichte am Glacis in Gruben stellen, um dadurch die nähere Eröffnung der Ersten Parallele und die Anlegung der Batterien zu decken; wird dieses theils durch die vorgeschobenen kleinen Posten des Belagerten, theils dadurch gehindert: daß man die, in den Gruben stehenden feindlichen Soldaten durch einige entschlossene Leute angreifen und gefangen nehmen läßt. Die letzteren nehmen dann selbst von den Gruben Besitz, und stechen ihren, gegen die Festung gekehrten Rand flach ab, daß sie keinen Schutz gewähren.

b) Während der Eröffnung. 539. Wenn die Angriffsseite der Festung schon im voraus bestimmt ist, werden auf derselben die ausspringenden sowohl als die eingehenden Winkel des Bedeckten Weges, jeder mit 2 sechspfündigen Kanonen besetzt, um in der Nacht der Eröffnung der Laufgräben ein ununterbrochenes Kartetschenfeuer gegen letztere zu machen, das gewiß nicht ohne Wirkung seyn wird, wenn die Richtung des Geschützes schon am Tage gefunden ist, damit die Kugeln auf 450 Schritt vom Bedeckten Wege aufschlagen. Man kann sich zugleich abwechselnd der Rollschüsse mit schwachen Ladungen bedienen; ja, selbst mit voller Ladung werden sie von den Neben-Werken der Angriffsseite, die feindliche Arbeit schräge fassend, gute Wirkung thun.

Ist man aber auch über die eigentliche Angriffsseite ungewiß, muß man sich doch durch Patrouillen rc. davon zu unterrichten suchen, um sogleich das Feuer aller dahin sehenden Werke anfangen zu können. Man wird zu diesem Zweck immer:

2 Geschütze im mittleren Ravelin,
4 Geschütze auf der rechten Face des linken Bollwerkes, und auf der linken Façe des rechten Bollwerkes,
4 Geschütze auf den beiden Neben-Ravelinen.

10 Geschütze bereit haben, und mit ihnen ein ununterbrochenes Feuer machen, ohne jedoch die Munition zwecklos zu verschwenden. Man bestimmt deshalb für diese Nacht eine, nicht zu überschreitende Anzahl Schüsse, weil man ohnedem nach 4stündiger Arbeit den Feind in seiner Parallele als ziemlich gedeckt ansehen kann.

Aus den Mörsern der beiden Bollwerke werden von Zeit zu Zeit Leuchtkugeln hinausgeworfen, um die feindlichen Arbeiter entdecken und um so besser richten zu können. Die Haubitzen auf den Spitzen der beiden Bollwerke und des Ravelins schleudern Granaten mit schwachen Ladungen, so daß sie 300 Schritt vor den Pallisaden aufsetzen, und rollend weiter gehen, um durch ihr Springen die feindlichen Arbeiter in Unordnung zu bringen.

540. Sollte es dennoch dem Feinde gelungen seyn: die Laufgräben unentdeckt zu eröffnen; muß der Belagerte am folgenden Tage um so thätiger seyn, die Vollendung der angefangenen Parallele und die Arbeit an den Batterien zu hindern oder wenigstens zu erschweren. Es fehlet selten: daß nicht irgend ein Theil der feindlichen Laufgräben, besonders die Communicationen links und rechts, der Länge nach bestrichen werden kann, oder daß ein anderer Theil derselben noch nicht die gehörige Deckung hat. Gegen diese muß man sogleich sein Feuer wenden und mit vollen Ladungen gegen solche Punkte schießen, um die zu schwachen Brustwehren desto gewisser zu zerstöhren. Sobald jedoch die Laufgräben vollendet sind, ist es vortheilhafter: überhaupt kein Pulver durch unnützes Schießen gegen sie zu verschwenden, weil es selbst mit der sorgfältigsten Richtung beinahe unmöglich ist, sie zu treffen, auch die treffenden Kugeln überhaupt keinen Schaden thun. c) Nach Eröffnung der Laufgräben.

Da der Belagerte durch die Verlängerung seiner Facen genau die Punkte wissen kann, wohin der Feind seine ersten Batterien legen wird; werden diesen Punkten gegenüber schon vorher die Stellen bezeichnet, wohin die Mörser zu stehen kommen, mit den die feindlichen Batterien beworfen werden sollen. Sobald man nun am Morgen über die wahre Angriffsseite gewiß ist; werden mit der größten Geschwindigkeit die Bettungen gelegt und die Mörser darauf gebracht, um gegen Mittag das Feuer gegen die, im Bau begriffenen, Rikoschetbatterien anfangen zu können.

Geschiehet das Bewerfen der Bauplätze mit Bomben ohne Uebereilung diesen Tag, und die ganze folgende zweite Nacht hindurch — wo die Richtung des Mörsers auf der Bettung sorgfältig bemerkt werden muß — so daß man auf die vierte oder fünfte treffende Bombe rechnen darf; wird auch die Herstellung der Batterien dergestalt erschweret werden, daß sie am zweiten Morgen noch nicht zu feuern anfangen können; sondern dies erst am dritten möglich wird.

Kanonen werden, aus dem vorher angeführten Grunde, nur dann gegen die ersten Batterien angewendet: wenn eine bedeutende Höhe der Festungswälle, oder verständig auf den Courtinen angelegte Cavaliere, Gelegenheit zu Senkschüssen geben, wodurch es vielleicht möglich wird, gemeinschaftlich mit der Wirkung der Bomben, die Anlegung der einen oder der andern Batterie gänzlich zu hindern. In jedem andern Falle ist die Anwendung der Kanonen gegen die feindlichen Batterien zwecklos, und raubt der Vertheidigung vielleicht einen Theil der kostbaren Mittel, die in der spätern Epoche mit größerem Vortheil angewendet werden können.

Aus demselben Grunde bediene man sich gegen die Laufgräben immer nur des Schleuderschusses mit schwachen Ladungen, der weniger Pulver verbraucht und den Laffeten nicht so schädlich ist, wie die vollen Ladungen. Wenn die Kugeln 300 Schritt vor den Pallisaden zum Erstenmale aufsetzen und dann mit niedrigen Sprüngen weiter gehen, werden sie die feindlichen Arbeiter — die sich des Nachts mehr bloßstellen — die nach den Batterien fahrenden Geschütze rc., um so gewisser treffen; sie werden selbst öfterer in die Laufgräben treffen, welches bei vollen Ladungen unmöglich ist. Endlich kann man auch, ohne Besorgniß wegen der Besatzung des Bedeckten Weges, aus den dahinter liegenden Werken, Schleuderschüsse thun, die bekanntlich mit 10 bis 15° Erhöhung geschehen. Aus den im Bedeckten Wege stehenden Geschützen schießt man ebenfalls mit verringerten Ladungen, Halb- und Einpfündige Kartetschen, deren Kugeln 300 Schritt vom Glacis aufschlagen. (S. Geschütz im Wörtb. d. Kriegsbauk.)

Vertheilung des Geschützes.

541. Am ersten Tage nach Eröffnung der Laufgräben muß das Geschütz auf die Angriffsseite gebracht werden, wenn diese nicht ein für allemal bestimmt und es daher schon geschehen ist. Cormontaigne (l. c. p. 180. 20.) giebt hier folgende Vertheilung in der Voraussetzung: daß man die Stellung der Geschütze

im

im Laufe der Belagerung verändert, je nachdem es die Sicherstellung desselben und seine Anwendung gegen die feindlichen Arbeiten erfordert. (S. §. 445.)

Angriffsseite.	Kanonen.					Mörser.	
	24℔er.	16 - 18℔er	℔r.	6 — 8℔er.	℔r.	10'' od. 12''	8''.
Erstes Bollwerk . . .	4	2	—	—	—	2	—
Waffenplatz vor demselben	—	—	—	—	—	—	3
Zweites Bollwerk . . .	4	2	—	—	—	2	—
Waffenplatz vor demselben	—	—	—		—	—	3
Ravelin	—	2	2	2	—	—	—
Waffenplatz vor demselben	—	—	—	—	—	—	3
Neben-Ravelin rechts .	—	2	3	—	—	—	—
— — links . .	—	2	3	—	—	—	—
Die beiden Waffenplätze vor demselben	—	—	—	—	6	—	—
Die beiden Neben-Bollwerke	—	—	—	4	—	—	—
Die hintern Bollwerke der nicht angegriffenen Seite	—	—	—	4	—	—	=
Zusammen	8	10	6	9	6	4	9
Vorräthig	2	—	2	—	4	—	—

Die schweren Kanonen kommen auf die Bollwerke, weil ihr Transport schwieriger ist, die leichtern kommen in die Aussenwerke und in den Bedeckten Weg. Die vorräthigen letzteren werden zu den Contreapproschen und Ausfällen bestimmt. Schießscharten.

542. Haben die Bollwerksspitzen und die ausspringenden Winkel des Bedeckten Weges bloße Bankbatterien; muß man sich unverzüglich damit beschäf-

tigen: sie mit Schießscharten zu versehen, um das Geschütz und seine Bedienung zu sichern. Da man jetzt noch am Tage, und in voller Sicherheit arbeitet und alle Bedürfnisse da hat; können die Schartenzielen sehr bald fertig und die Geschütze wieder zum Gebrauch bereit seyn. Die Schießscharten werden mit 9'' starken Faschinen (deren untere Lage man ½ Fuß tief eingräbt) oder mit 18'' starken Schanzkörben verkleidet. Will man sich in den ausspringenden Winkeln blos des Schleuderschusses bedienen, läßt man die Sohle der Scharten auswärts ansteigen und die Backen nur inwendig verkleiden, wie es überhaupt bei den Rikoschet-Batterien gewöhnlich ist. Man würde sich übrigens die Arbeit sehr erleichtern, wenn man auf den wahrscheinlichen Angriffsseiten die Scharten innerlich völlig ausbauet; die Merlons aber äußerlich abfallen läßt, so daß sie in einiger Entfernung nicht wahrzunehmen sind, sondern die Brustwehr als eine ununterbrochene Linie erscheinet. Auf diese Weise kann der Feind die Schießscharten nicht entdecken und durch eine veränderte Stellung des Geschützes ihre Richtungslinie vermeiden; zugleich hat man durch die stark abfallende Oberfläche der Krone volle Freiheit: das Geschütz, so viel man will, seitwärts zu richten. (Virgin défense des places 49 seq.)

Für das Geschütz auf den Facen der Werke werden in der gehörigen Richtung ebenfalls Schießscharten eingeschnitten, und wie vorher gesagt, verkleidet. Ueberhöhet der Hauptwall den Bedeckten Weg und die Umgegend zu wenig; ist es vortheihaft: die Bettungen in gleicher Höhe mit dem Auftritte oder nur etwa 1' niedriger zu legen, wenn anders die dazu erforderliche Erde in der Nähe zu haben ist. Man muß zugleich die Wiederausfüllung der Schießscharten berücksichtigen;

sobald man genöthiget wird, sich vor der Ueberlegenheit des Feindes zurückzuziehen.

543. Zur Verfertigung dieser Scharten rechnet man auf jede Scharte 5 Mann; welches für die oben (§. 541.) angegebene Zahl Geschütze 150 Mann beträgt. Die Feldkanonen in den Wasserfützen vor den Neben-Ravelinen werden blos auf Nothbettungen gesetzt, aus 4 Dielen bestehend, die 2 bis 3 Fuß hinter dem Auftritt des Bedeckten Weges liegen. Während dem wird durch 215 andere Arbeiter (auf jedes Werk 25) das Geschütz an seinen Ort gebracht. Nöthige Arbeiter u. Faschinen.

An Faschinen sind zur Verkleidung des Kastens und der Schießscharten auf jede Scharte der Bankbatterien 1716, und auf jede der Wallbatterien 316 laufende Fuß Faschinen nöthig; auf jede 2 Fuß der letztern aber ein Pfahl.

Die Bettungen der 24**pfündigen** Kanonen bestehen aus 4 Rippen, 1 Stoßbalken und 14 bis 15 Dielen. Für die kleinen Kaliber sind 3 Rippen, 1 Stoßbalken und 13 Dielen hinreichend.

544. Hat die Festung nicht vielleicht schon **Vorwerke**, welche Gelegenheit zum Enfiliren der feindlichen Parallelen und Verbindungsgräben darbieten; gehet man in der ersten oder zweiten Nacht aus dem Bedeckten Wege der Nebenwerke zu beiden Seiten des Angriffes 100 bis 150 Schritt vor, um vermittelst der **flüchtigen Sappe** schnell eine Batterie für 2 Kanonen zu erbauen, mit der man den Feind am folgenden Tage in die Flanke nimmt, und seine Arbeiten der Länge nach bestreichet. Mit Einbruch der Nacht ziehet man das Geschütz in den Bedeckten Wegen zurück, und läßt in der Batterie blos eine Wache, die bei Annäherung des Feindes Feuer giebt und sich retiriret, damit man mit dem schon dazu gerichteten Geschütz ein leb- Gegenlaufgräben.

haftes Kartetschenfeuer gegen das Innere der Batterie machen, und den Feind wieder vertreiben kann.

Zu der Batterie selbst werden 60 bis 80 Schanzkörbe, von 4' Höhe und 3' Weite, und 12 von 30" Weite und Höhe angewendet. Die größern, welche man mit Reisholz füllet und oben mit dreifachen Faschinen beleget, zur Brustwehr, und die kleinern in die Scharten. Die Schanzkörbe werden doppelt vor einander gesetzt und, wenn die Batterie in der Folge entbehrlich ist, und dem Feinde vielleicht nützlich seyn könnte, angezündet.

Anstatt der Schanzkörbe sind auch leere Tonnen, mit Erde gefüllt, zu diesem Zwecke brauchbar. Die Contre-Approschen wurden schon im großen Niederländischen Kriege häufig mit Nutzen angewendet, und leisteten auch bei den späteren Belagerungen gute Dienste, z. B. bei Philippsburg 1676, bei Landau 1704 und bei Mainz 1793.

Vorkehrungen gegen einen zweiten Angriff.

545. Oft sucht der Belagerer über den wahren Angriffspunkt durch einen zweiten Angriff zu täuschen, und die Aufmerksamkeit der Vertheidiger von jenem abzuziehen. Er eröffnet zu dem Ende eine Parallele und leget einige Batterien an, die früher vollendet, sogleich zu feuern anfangen. Ist die von ihm gewählte Seite bedeutend stärker, als die eigentliche Angriffsfronte; lasse man sich nicht verleiten: jene mit Geschütz zu verstärken und die letztere zu vernachläßigen. Das einzeln anfangende Feuer einer oder zweier Batterien ist ein sicheres Merkmal eines Scheinangriffes! Es muß die Besatzung nur zu um so größerer Aufmerksamkeit bewegen, um den eigentlichen Punkt und den wahren Augenblick der Eröffnung der Transchee zu entdecken, und sich ihr mit allen Kräften entgegenzusetzen. Festungen hingegen, welche durch ihre Lage zu einen doppelten Angriff Gelegenheit geben, müssen auch nothwendig mit mehr Geschütz und Leuten besetzt seyn —

wenn es anders ihre Größe, und die in ihnen vorhandenen sichern Räume erlauben — um einer doppelten Vertheidigung zu genügen.

546. Zur Nachtzeit kann man nur dann mit Erfolg gegen den Feind thätig seyn, wenn man seine wahrscheinlichen Unternehmungen richtig beurtheilet, und diese zu hindern sucht. Nächst dem Batteriebau (§. 540.) wird er die Erste Parallele zu beiden Seiten zu verlängern suchen, um die Angriffsseite völlig zu umfassen. Er wird zugleich auf beiden Capitalen der angegriffenen Bollwerke Laufgräben vortreiben, um sich der Festung mehr zu nähern. Gegen diese Punkte müssen daher die in den vorspringenden Winkeln stehenden Geschütze vorzüglich gerichtet werden, und abwechselnd Schleuder- und Kartetschenschüsse thun, damit der Feind bei seinen Arbeiten auch nicht einen Augenblick Ruhe findet. Gebrauch des Geschützes in der zweiten Nacht.

Da man nicht minder annehmen darf, daß der Belagerer während dieser Nacht seine Ersten Batterien vollendet und das Geschütz in dieselben bringt; wird gegen jede eine oder zwei Haubitzen bestimmt, deren Granaten hüpfend den Raum hinter den Batterien bestreichen, während man ihn von Zeit zu Zeit mit Leuchtkugeln zu erhellen sucht. (§. 11.) So wichtig für die Besatzung auch die Benutzung dieses Momentes seyn mag, um durch die springenden Granaten die feindlichen Stückpferde scheu zu machen, die Laffeten und Protzen zu zertrümmern, und die Munitionswagen in die Luft zu sprengen; so eine unverzeihliche Nachläßigkeit scheint in dieser Hinsicht allgemein zu herrschen. Man läßt das Geschütz ruhig nach den Batterien fahren, oft ohne des dadurch veranlaßten Lermens zu achten.

547. Sobald der Belagerer seine Batterien zu Stande gebracht hat, ist er dem Belagerten so überlegen, daß es von letzterem fruchtlose Aufopferung der Nach Vollendung der feindlichen Batterien.

Vertheidigungsmittel seyn würde, wenn er den ungleichen Kampf länger fortsetzen wollte. Nur da, wo das Festungsgeschütz durch die Höhe und eigenthümliche Lage und durch wechselseitige Unterstützung mehrerer Werke ein entschiedenes Uebergewicht über die eine oder die andere feindliche Rikoschetbatterie hat, ist sie mit voller Kraft bis zu ihrer gänzlichen Vernichtung zu beschießen. Selbst das Aufhören ihres Feuers darf das diesseitige nicht beendigen; es muß noch während der nächst folgenden Nacht mit derselben Lebhaftigkeit fortgesetzt werden, um die Herstellung des Beschädigten zu hindern. (Virgin défense p. 58. Cormontaigne l. c. p. 197.)

Alles übrige Geschütz wird zurückgezogen, und thut blos Schleuderschüsse, gegen die Laufgräben, indem man es dabei dichte an die Traversen stellt, um es gegen die feindlichen Kugeln zu sichern. Die Mörser fahren fort: die feindlichen Batterien zu bewerfen, und müssen die Zünder der Bomben dergestalt tempiret seyn: daß sie bei dem Niederfallen springen. Cormontaigne giebt folgende Vertheilung des Festungsgeschützes:

	Kanonen.					Mörser und Haubitzen.	
	24lber.	16 — 18lber	12lber.	6 — 8lber.	4lber.	10'' — 12''	8''.
Bollwerk rechts .	1	—	—	4	—	2	2
Bollwerk links .	1	—	—	4	—	2	2
Ravelin im vorspringenden Winkel .	—	—	—	2	—	—	1
Neben-Ravelin rechts	—	—	3	—	1	—	2
Neben-Ravelin links	—	—	3	—	1	—	2
Die 4 ausspringenden Winkel des Bedeckten Weges . .	—	—	—	—	8	—	—
Courtine der Fronte	—	8	—	—	—	—	—
Halbe Courtine rechts	4	—	—	—	—	—	—
Halbe Courtine links	4	—	—	—	—	—	—
Die Flanke der äußersten Bollwerke .	—	2	4	—	—	—	—
	10	10	10	10	10	4	9

548. Die Courtine ist überall gegen den Schlenderschuß gedeckt, und bietet deshalb einen bequemen Platz zu Aufstellung des Geschützes dar. Die Bollwerke der Angriffsseite hingegen eignen sich nur in sofern dazu, als man die Kanonen durch Traversen oder bedeckte Stände sichern kann, welche letztere auch zu Erhaltung der Mörser mit Vortheil anzuwenden sind. Auf den Bollwerksflanken aber, die nächst den enfilirenden auch noch durch Rückenschüsse getroffen werden, darf sich in dieser Epoche kein Geschütz befinden. Im Ravelin, oder im ausspringenden Waffenplatze vor demselben, dürfen nur 2 Kanonen oder Haubitzen in der

Batterien der Courtinen.

Spitze bleiben, weil es derjenige Punkt ist, wo alles feindliche Feuer zusammen trifft, und wo deshalb sowohl die Erhaltung des Geschützes als das Herbeibringen der Munition die größten Schwierigkeiten hat.

Um die schrägen, gegen die Capitale des anstoßenden Bollwerkes gerichteten Schießscharten der Courtine einzuschneiden, müssen ihre Directionslinien durch die Mitte der Oeffnung laufen, durch welche man schießen kann. Man legt sie zugleich in größerer Entfernung von einander, als bei den geraden Schießscharten üblich und nöthig ist. Kommt demnach die erste Scharte nahe an den Courtinenwinkel, wird die zweite 54' von ihr, die dritte 42 Fuß von der zweiten geleget u. s. f., so daß die Entfernungen nie unter 21' betragen. (Ueber das Abstecken der schrägen Scharten siehe Wörterb. der Kriegsbauk. Artik. Schießscharten). Bei einer bedeutenden Seitenrichtung des Geschützes, muß die Brustwehr entweder ausgeschnitten werden, oder einen Ansatz bekommen, weil außerdem das Rohr nicht in die Scharte reichen würde. Auf der Courtine, die von keinen graden Schüssen getroffen werden kann, ist jedoch das erstere kürzer und leichter, und deshalb dem Ansatz (Eperon) vorzuziehen. (Struensee, Kriegsbaukunst III. §. 432 seq. Wörterb. d. Kriegsbauk. Artikel Vertheidigung.)

Eintragen der feindlichen Arbeiten auf dem Risse.

549. Nach der Eröffnung der Laufgräben, deren Entfernung von der Festung sich leicht finden läßt, wird die Parallele auf einen, in jener befindlichen Riß eingetragen, und die Größe der jedesmaligen Arbeit und der Vorschritte des Feindes täglich darauf bemerkt. In Verfolg der dadurch bekommenen Uebersicht der feindlichen Arbeiten, kann sich der Commandant mit dem Festungs-Ingenieur und dem Artillerie-Befehlshaber über die zu machenden Gegen-Anordnungen berathen,

um sich nicht überraschen zu lassen, sondern in jedem Falle immer das Zweckmäßigere zu thun.

Neuntes Kapitel.

Fortsetzung des Angriffes bis zur Eroberung des Bedeckten Weges.

550.

Während das vereinte Feuer der ersten Batterien den richtigen Gebrauch des Festungsgeschützes sehr erschweret und die Wirkung desselben schwächt; brechen die Pionnire auf den beiden Capitalen der angegriffenen Bollwerke, aus der Ersten Paralle heraus, um die zweite, 300 bis 400 Schritt von der Festung, anzulegen. Diese wird aldann mit der flüchtigen Sappe (§. 481. No. 2.), nach Verschiedenheit der Umstände in der vierten oder fünften Nacht nach Eröffnung der Laufgräben beendiget. Zweite Parallele.

Man kann sie auf zweierlei Art legen: a) nach Vaubans Art (B. Fig. 1. Pl. I.), ganz gleichlaufend mit der Ersten A, aus der man durch die Communicationen oder Verbindungsgräben GG nach ihr kommt. Sobald es nöthig ist: Demontir- oder vielleicht noch Rikoschet-Batterien in die zweite Paralle zu legen, was jedoch in der neuern Zeit selten geschiehet muß sie nothwendig diese Einrichtung bekommen. b) Nach le Febvres Angabe (Fig. 16. Pl. II. B.), wo sie in fast gerader Linie vor der Angriffsseite hinläuft, und mit ihren beiden Flügeln qr an die Erste A stößt.

Fortsetzung 551. Da bei dieser letzteren Einrichtung an der Arbeit bedeutend ersparet wird; sollte man sie immer vorzugsweise wählen. Es ist jedoch in diesem Falle nöthig: der Ersten Parallele eine etwas stärkere Krümmung mit ihren beiden Enden gegen die Festung zu geben, so viel es geschehen kann, ohne von den Nebenwerken der Angriffsseite bestrichen zu werden. Man erlangt dadurch noch besonders den Vortheil: daß die zweite Parallele in dieser Form vor den Gegenlaufgräben der Festung sicher ist; daß sie keiner besondern Verbindungsgräben bedarf; und daß sie die Rikoschet-Batterien der Ersten Parallele nicht verdekket, so daß diese — vorzüglich die wichtigen Flügelbatterien — ungestöhrt bis zur Eroberung des Bedeckten Weges schießen können.

Hat man die Ausgänge aus der Ersten Parallele (Amorces) schon gemacht, werden sich die Ingenieur, welche hier die Arbeiter von beiden Flügeln nach der Mitte führen, durch auf die Brustwehr gesteckte glimmende Lunte leicht zurecht finden. Es hat auch gar keine Schwierigkeit: die Linie der Schanzkörbe zur zweiten Parallele vermittelst einer Schnur abzustecken, um gegen Irrthum völlig sicher zu seyn. Jeder Arbeiter bekommt, nebst Hacke und Schaufel, oder Spaten, einem Sappenkorb, den er in der bestimmten Richtung vor sich hinstellet, und sich darhinter mit möglichster Geschwindigkeit einzugraben anfängt. Die Bedeckung, zu der 4 Kompagnien hinreichend seyn werden, da sie durch die Laufgräben nahe unterstützt ist, bleibt hinter den Arbeitern liegen, oder zu beiden Seiten in der Ersten Parallele, und schickt blos kleine Benachrichtigungsposten vorwärts, die sich bei der Annäherung eines feindlichen Ausfalles zurückziehen, um ihn dem Flankenfeuer auszusetzen, gegen das er nicht lange Stand halten wird.

Bousmard (liv. I. chap. 2.) verwirft mit Recht, den Vorschlag: jedem Arbeiter 2 Schanzkörbe zu geben, da er nur Einen auf einmal tragen kann. Man müßte zu dem Ende entweder besondere Träger für die andern Schanzkörbe kommandiren, oder es wird ein nachtheiliges, die Arbeit hinderndes, Hin- und Herlaufen entstehen. Gegen eine schwache und eingeschüchterte, oder nachlässige Besatzung ist es bisweilen möglich und vortheilhaft: die Laufgräben auf etwa 500 Schritt von der Festung zu eröffnen, wodurch die zweite Parallele ganz entbehrlich wird, wenn man nicht die erste und zweite zugleich auswerfen will, wie 1744 die Franzosen vor Menin. In dieser großen Nähe scheint es jedoch vortheilhafter, ja nothwendig: sich immer der flüchtigen Sappe zu bedienen, weil die Arbeit mit Schanzkörben schneller geht, als mit der Faschine.

Es hat jedoch auch Fälle gegeben: wo man sich genöthiget sahe: zu Unterstützung der zu nahe an der Festung eröffneten Ersten Parallele eine zweite hinter ihr (Arrière parallele) (DD Pl. I.) anzulegen, um gegen die Ausfälle der Besatzung eine stärkere Laufgrabenwache in der Nähe zu haben. Diese wird in der zweiten oder dritten Nacht n. E. d. L. erbauet, und bedarf es hier keiner besondern Bedeckung, weil die Arbeiter durch die vorliegende Parallele genugsam geschützt sind.

552. Von der zweiten Parallele aus werden die Laufgräben zur weitern Annäherung auf den 3 Capitalen gegen die angegriffenen Festungswerke geführet, die von ihrer hin- und herlaufenden Richtung dem Namen der Sick-sacks erhalten haben. Bousmards Vorschlag: die Oeffnungen zu diesen Laufgräben gleich bei Verfertigung der zweiten Parallele offen zu lassen, gewähret allerdings eine Erleichterung der Arbeit, und man kann nun gleich Tages darauf die Laufgräben mit der ganzen Sappe vortreiben, ohne erst dem Einbruch der Nacht abzuwarten. Sick-sacks.

Die sich auf die Laufgräben beziehenden Bedingungen sind: a) sich möglichst vor gerader Bestreichung aus der Festung zu sichern.

b) Die Sick-sacks anfangs bis auf 180 Fuß, näher an der Festung aber nur bis auf 60 Fuß mr (Fig. 16.) zu öffnen: so daß sie immer zwischen zwei zusammenlaufenden Linien CD und CE liegen, die man sich hinterwärts abstecken kann. Man erlangt dadurch den wesentlichen Vortheil: Arbeit zu ersparen, die Batterien nicht zu maskiren und die Bewegungen der Truppen gegen einen feindlichen Ausfall nicht so zu beschränken.

c) Die Schläge (retours) der Laufgräben (P. Pl. I.) werden immer durch einen 12 bis 18 Fuß langen Haken gedeckt.

d) Die zweite und dritte Parallele bekommen Auftritte zur Vertheidigung; die Laufgräben hingegen nicht.

e) Die Sohle des Laufgrabens muß rückwärts abhängig seyn und an der hintern Böschung eine Rinne zu Abführung des Regenwassers haben.

f) Am Tage wird immer mit der ganzen Sappe, des Nachts aber, wenn sonst das Feuer der Festung nicht gar zu heftig ist, mit der flüchtigen Sappe gearbeitet.

Ganze Sappe.

553. Obgleich der ganzen Sappe schon oben (§. 481.) erwähnt worden, müssen wir doch hier wieder auf sie zurückkommen, weil sie das einzige Mittel ist: sich der Festung mit weniger Gefahr und Verlust zu nähern. Sie wird gemeinschaftlich von 4 Mann ausgeführet, die von Stunde zu Stunde unter sich abwechseln, so daß der zweite zum ersten wird ꝛc., und nach 4 Stunden von einer andern Sappir-Brigade abgelöst werden. Der Erste dieser Sappirer setzt seinen Schanzkorb — mit den Spitzen der Pfähle oben — auf die Erde und gräbt sich hinter demselben, nach der gewöhnlichen Vorschrift $1\frac{1}{2}$ Fuß tief und breit, ein, indem er die Erde theils in den Korb, theils über denselben hinauswirft, und von den zweiten Sappirer

bei der Bewegung des Rollkorbes, vermittelst der Gabel und des Hakens unterstützt wird.

Der zweite, dritte und vierte Sappirer erweitern jeder den Graben ihres Vorgängers um ½ Fuß, so daß er zuletzt, wenn sie einen neuen Schanzkorb setzen, 3 Fuß breit und tief ist. Jede Brigade kann auf diese Weise stündlich 8 Körbe setzen und füllen, und wird 64 Fuß fortgerückt seyn, wenn sie von der zweiten Brigade abgelöst wird. Von dem vierten Sappirer werden zugleich die Körbe oben mit 3 Faschinen belegt, über welche nachher die den Graben vollends aushebenden Arbeiter die Erde hinweg werfen.

Wenn man diese Vorschrift genauer untersucht; findet sich: daß der erste Sappirer unmöglich in einem, 1½ Fuß weiten Graben arbeiten kann, sobald er nur einige Böschung bekommt, wie es bei trocknem Boden durchaus nothwendig ist. Es ist demnach der Graben des ersten Sappirers auf der Sohle 1½ Fuß zu machen, und ihm die Böschung nach Erfordern zu geben. Setzt man nun mit Morla, (Artillerie III. 4. §. 221.) $EF = 1\frac{1}{2}$ Fuß, und $AB = \frac{1}{6} = \frac{1}{4}$ Fuß, so wird

$$\left(\frac{AD + EF}{2}\right) BE = \left(\frac{2 + 1\frac{1}{2}}{2}\right) 1\frac{1}{2} = 2\frac{5}{8} \text{ Quadr. Fuß und}$$

der erste Sappirer $5\frac{1}{4}$ Würfelfuß auszugraben haben. Die Arbeit aller 4 Sappirer würde demnach seyn:

des 1sten	Arbeiters	$5\frac{1}{4}$	Würfelfuß
— 2ten	—	$2\frac{5}{12}$	—
— 3ten	—	4	—
— 4ten	—	$3\frac{1}{3}$	—

Es ist nemlich die Arbeit des zweiten Sappirers, der den Graben nur 3″ breiter macht, AIGH — ADEF (Fig. 17.) oder

$$\left(\frac{27 + 19}{2}\right) 24 - \left(\frac{24 + 18}{2}\right) 18 = 174'' \text{ ein Querschnitt,}$$

welches auf die Länge von 2 Fuß, die ein Schanzkorb in den Laufgräben einnimmt, $2\frac{5}{12}$ Würfelfuß, auszugrabende Erde macht. Die Arbeit des dritten Sappirers, welcher den Graben um ½ Fuß vertiefet und verbreitet, wird im Querschnitt $\left(\frac{33 + 23}{2}\right) 30 - 552$, die des vierten aber $\left(\frac{36 + 24}{2}\right) 36 - 840$, welches den vorher angeführten Inhalt giebt.

Um nun die Arbeit zu fördern, lasse man den ersten und zweiten Sappirer gemeinschaftlich arbeiten, und gebe einen fünften Arbeiter dazu, welcher bei der Bewegung des Rollkorbes ꝛc. hilft. Man wird alsdann im Stande seyn: stündlich 12 Körbe zu setzen, wie es in den Werken über die Belagerungskunst gewöhnlich bestimmt wird.

Deckmittel. 554. Der Sappirer ist durch die Schanzkörbe keinesweges gegen das feindliche Flintenfeuer gedeckt, weil die Kugeln, in den Zwischenräumen derselben hindurch schlagen, und weil auch vorwärts überhaupt keine Schanzkörbe stehen. Hier wird daher ein Rollkorb, mit Strauchwerk, oder besser, mit altem Tuche oder mit Wolle angefüllt, zum Schutz für den Sappirer vorgeleget und im Verhältniß des Vorrückens der Sappen weiter beweget. Anstatt dieses Rollkorbes bediente man sich in der früheren Zeit der Blendungen von eichenen Dielen mit Eisenblech beschlagen, die auf 2 Rädern ruheten und vermittelst einer kurzen Deichsel beweget wurden. Wahrscheinlich, weil ihre Herbeischaffung bisweilen einige Schwierigkeiten fand, sind sie aus dem Gebrauch gekommen. Bei der anerkannten Unbehülflichkeit des Rollkorbes jedoch, scheint es: daß es zweckmäßiger gewesen seyn würde, jene Blendungen (mantelets) beizubehalten.

Hinter die Zwischenräume der Schanzkörbe werden entweder Sappenbunde (§. 437.) oder Sandsäcke — von letzteren 3 über einander — hinter jeden Zwischenraum gesetzt, bis die Erde denselben von aussen völlig deckt, wo sie weiter vorwärts angewendet werden. Diese Arbeiten, so wie das Herbeitragen der Schanzkörbe und andere Handreichungen, werden von der zweiten Sappirer-Brigade verrichtet, die nach etwa 2 Stunden an die Stelle der ersten tritt, die nun dafür ihre bisherigen Verrichtungen übernimmt.

Halbe Parallelen. 555. Wenn man am Tage mit der ganzen und

des Nachts mit der flüchtigen Sappe bis etwa 60 Schritt der zweiten Parallele vorgerückt ist; werden 100 Schritt lange Halbe Parallelen angeleget, um den feindlichen Ausfällen Widerstand zu leisten (R. Pl. I.), auch um zu Kesseln zu dienen, von denen die Reduits der eingehenden Winkel beworfen werden; oder um von da aus mit Haubitzen die Schenkel des Bedeckten Weges zu bestreichen und die Vertheidiger daraus zu vertreiben. Alle diese Arbeiten müssen sehr oft selbst des Nachts mit der ganzen Sappe gemacht werden, wenn in dieser Nähe der Festung das Gewehrfeuer derselben zu viel Schaden thut, oder wenn die Belagerten Mittel gefunden haben: noch einige Geschütze zu Vertheidigung des Bedeckten Weges zu erhalten. Gegen diese wird am Tage selbst der Rollkorb nur eine schwache, unzureichende Deckung gewähren. Man kann in diesem Falle nur des Nachts, wo die feindlichen Stückschüsse nie dieselbe Genauigkeit haben, mit der ganzen Sappe vorrücken, und wird es dabei vortheilhaft seyn: nach Landsbergs Vorschlag, einen Wollsack auf ein Gerüste mit niedrigen Rollrädern zu legen zur Deckung des Sappirers anzuwenden. S. Sappe im Wörterbuch d. Kriegsbauk. Cormontaigne Mémorial pour l'attaque p. 95. Struensee 3. §. 212. seq. Bousmard liv. 1. chap. 2.

556. Ist man mit den Laufgräben bis 180 Fuß von den Pallisaden, d. h. an den Fuß des Glacis, vorgerückt, gehet man mit den Sappen zu beiden Seiten aus den Annäherungswegen (Cheminemens) heraus, um sie unter einander zu verbinden und so jenes durch die dritte Parallele völlig zu umfassen. (C. Pl. I.) Diese hat die dreifache Bestimmung: zur Anlage der Batterien gegen die Waffenplätze in den eingehenden Winkeln, und bisweilen gegen die Flanken, zum Widerstande gegen die Ausfälle und zu Versamm- Dritte Parallele.

lung der Truppen bei dem Angriffe des Bedeckten Weges zu dienen. Zu der letztern Absicht muß sie breit genug seyn: (9 bis 12 Fuß) die sich in ihr versammelnden Bataillone zu fassen; für den erstern Zweck aber wird sie mit, durch Sandsäcke gebildeten Schußspalten versehen. Da die gewöhnlichen Ausfälle zugleich mehrentheils auf die Flügel gerichtet seyn; müssen diese auch vorzüglich verstärket werden. Man muß dieses selbst durch, mit Geschütz besetzte Reduten zu bewirken suchen, wenn man eine muthvolle Besazzung mit einem unternehmenden Commandanten gegen sich hat.

Um auf den 3 Capitalen zu beiden Seiten seitwärts, und zugleich vorwärts zu gehen, sind 9 Sappir-Abtheilungen nöthig, die zu 8 Mann, 72 oder nach Vauban zu 24 Mann gerechnet, 126 Mann erfordern. Erwäget man die beschwerliche und gefahrvolle Arbeit des Sappirers, wird man der letztern Bestimmung den Vorzug geben müssen. Hier arbeiten 8 Mann jedesmal 8 Stunden, und es ist nicht wohl möglich: mehr von ihnen zu fordern. Sie mit Harnisch und Sturmhaube zu versehen, ist jetzt nicht mehr üblich, weil besonders der erstere sehr lästig ist, und die Arbeiter schneller ermüdet. Eine Kopfbedeckung würde jedoch noch immer vortheilhaft seyn, den Arbeiter an der Sappe zu sichern, wo er es nie ganz vermeiden kann, bei dem Füllen des Schanzkorbes sich bloß zu stellen.

Hat man wegen der häufigen und starken Ausfälle der Besatzung, oder aus Besorgniß wegen der unter dem Glacis liegenden Gegenminen sich genöthiget gesehen: die dritte Parallele weiter von dem Bedeckten Wege abzulegen; muß man nothwendig noch eine vierte Parallele 55. auf dem Glacis selbst haben, um die zum Angriff bestimmten Truppen in derselben aufzustellen. Bei dieser findet das vorher in Hinsicht der dritten Parallele gesagte statt; doch macht man sie wohl 3 bis 4 Fuß breiter, als jene. S. Parallele und Couronnement.

Demontir-Batterien.

557. Weil die in der Ersten Parallele liegenden Rikoschet-Batterien wegen ihrer Entfernung nie eine

eine so vollständige Genauigkeit der Schüsse zulassen; verbindet man sie vor einer, stark mit Geschütz besetzten Festung mit den Demontirbatterien (J. Pl. I.), die bald in der Zweiten Parallele, bald in den Halben Parallelen, auch wohl in der dritten Parallele erbauet werden, je nachdem es das Terrain und die besondern Umstände der Belagerung fordern. Ihre Bestimmung ist: die Schartenzeilen der Festungs-Batterien herunter zu werfen, und die Brustwehr abzukämmen, welches sie auf 400 bis höchstens 600 Schritt, als ihre gewöhnliche Entfernung von den Festungswerken, bei nur einiger Fertigkeit der Artilleristen, mit Sicherheit bewirken können.

Die Demontirbatterien (siehe dies Wort im Wörterb. der Kriegsbaukunst) sollen nach den Bestimmungen der Schriftsteller immer auf den Horizont erbauet, oder auch wohl erhöhet werden. Allein, die letztere Arbeit hat ihre eigene Nachtheile, und ist deshalb, mit Recht, ziemlich aus dem Gebrauch gekommen. Am leichtesten geht der Bau in der Parallele von statten, wo man blos den Graben verbreiten, und den Kasten der Batterie inwendig mit Faschinen verkleiden darf. Bei sehr niedrig liegenden Festungswerken kann man jedoch hier, wo die Geschützröhre kaum ½ Fuß über den Erdboden erhoben sind, jene nicht gut fassen, und nur sehr schwer die Schießscharten treffen. Es ist daher vortheilhafter: die Batterie horizontal zu erbauen, indem man die fertige Sappe zu dem Graben benutzt, um die erforderliche Erde zum Kasten und den Merlons zu bekommen. Die Arbeiter sind hier durch die vorliegende Brustwehr des Laufgrabens völlig gedeckt, und können ohne Gefahr auch die äußere Böschung des Kastens faschiniren, wenn man es zu mehrerem Widerstande gegen die feindlichen Stückkugeln für nöthig erachtet, obgleich dabei der Nachtheil eintritt: daß eine solche Faschinenverkleidung dem Anzünden durch Granaten oder glühende Kugeln ausgesetzt ist. Der eigentliche Bau dieser Batterien ist blos Geschäft der Artilleristen; es wird blos durch den Ober-Ingenieur gemeinschaftlich mit dem Befehlshaber der Artillerie die Stelle bezeichnet, wohin die Batterie geleget werden soll. (Wörterb. der Artillerie. Batterien und Demontir-Batterien. Morla Lehrb. der Artill. 3r Theil.)

In Hinsicht des Gebrauches dieser Batterien ist zu bemerken: daß sie nur am Tage feuern, weil man des Nachts keine genaue Richtung der Schüsse erlangen kann, wie sie bei diesen Batterien durchaus erfordert wird. Nicht minder ist zu Erreichung des angegebenen Zweckes durchaus die vereinte Wirkung mehrerer Geschütze gegen Eine und eben dieselbe Schießscharte nöthig. Man lasse daher alles Geschütz der Batterie bis auf 2, immer auf Einen Punkt richten, und so lange mit Schießen fortfahren, bis der angenommene Merlon ꝛc. gänzlich heruntergeschossen ist und das feindliche Geschütz schweiget; worauf man zu der zweiten Schießscharte fortgehet, bis das feindliche Feuer völlig gedämpft ist. Die beiden übrigen Kanonen der Batterie schießen mitlerweile abwechselnd gegen die andern, feindlichen Nebengeschütze, um sie zu beschäftigen, bis der Zeitpunkt auch ihrer Zerstöhrung eintritt.

Da jedoch der Feind den Moment benutzen wird, wo man zu feuern aufhöret, um seine Geschützstände auszubessern, und neue Kanonen aufzustellen; lasse man sich durch das Schweigen der Festungsbatterien nicht dazu verleiten, sondern feuere vielmehr noch einen halben Tag fort, um die Zerstöhrung zu vollenden.

In der Nacht dürfte es am zweckmäßigsten seyn: Kartetschen mit schwachen Ladungen im Bogen gegen das angegriffene Festungswerk zu schießen, um die Herstellung des Beschädigten zu hindern.

Ihre Anlage in gebirgigen Stellen. v) Bergauf.

558. Nächst dem, daß man durch nachtheilige Beschaffenheit des Bodens öfters genöthiget wird: andere Materialien, Faschinen, Schanzkörbe, Sandsäcke ꝛc. zum Batteriebau anzuwenden; werden bisweilen durch

den Angriff von Bergfestungen ungewöhnliche Anordnungen der Geschützstände herbeigeführt. Die Kanonen haben auf dem Ruheriegel einen Erhöhungswinkel von 8 bis höchstens 15°, und abwärts, einen Depressionswinkel von etwa 5°. Soll demnach eine Demontirbatterie an einer Berglehne erbauet werden, um ein höher oder niedriger liegendes Festungswerk zu beschießen, müssen die Schießscharten und die Bettungen diesem Zwecke gemäß eingerichtet werden.

Für das erstere wird die Batterie versenkt, und die eigentliche Bettung waagerecht geleget, jedoch nur bis 1 Fuß hinter den oberen Bruch des Geschützes, um hinter ihr ein Lager für den Schwanz der Laffete vertiefen zu können, damit die Mündung der Kanone dadurch in eben dem Maaße erhoben wird. (Fig. 18. Pl. II.) Fehlet es wegen des Felsenbodens an Erde zu der Brustwehr und den Merlons; muß dieselbe entweder in Körben oder Sandsäcken herbeigetragen und zwischen die Faschinenverkleidung des Kastens geschüttet werden. Bei dieser Stellung des Geschützes ist besonders auf den Rücklauf Bedacht zu nehmen, und derselbe durch eine gut angepflöckte Faschine zu hemmen, damit die Kanone nicht von der kurzen Bettung herablaufen kann.

559. Um bergabwärts zu schießen, wird der vordere Theil der Bettung (B. Fig. 19.) so tief versenkt: daß der Depressionswinkel erreichet werden kann, ohne das Rohr hinten auf eine nachtheilige Weise erheben zu dürfen. Ist der Boden felsig und steinig; wird der Kasten von aussen und inwendig mit Faschinen verkleidet, und mit Erde und Steinen ausgefüllt. Müßte zwar die Batterie bergan gebauet werden, aber dennoch beinahe horizontal schießen; wird der Berg entweder hinten bei A ausgegraben, um einen waagerechten Geschützstand zu bekommen; oder, wenn die fel- b) Bergabwärts.

sigte Beschaffenheit des Grundes dies nicht erlaubt, wird die Brustwehr etwas höher gemacht, und vorne, unter den Bettungen (C) aufgeschüttet. Man darf sich in diesem Falle nicht scheuen: den Kasten der Batterie mit Steingruß auszufüllen; sobald man nur oben eine, wenigstens 1 Fuß hohe, Lage reiner Erde, Mist, losen Sand ꝛc. aufbringen kann.

Eine unerläßliche Vorsicht bei einer solchen Lage der Batterie ist: dichte hinter derselben einen, 4 Fuß tiefen und breiten Graben zu ziehen, oder eine 4 Fuß hohe Rückenwehr aufzuwerfen, damit die hinter der Batterie niederfallenden Bomben nicht rückwärts von dem Berge herabrollen und beim Springen die Bedienung des Geschützes beschädigen können. Der vorerwähnte Graben dient zugleich zu Ableitung des vor dem Berge herabströmenden Wassers bei heftigen Regengüssen.

Wäre der Felsenhang zu steil, um sich darauf festzusetzen, weil man über oder unter 18° schießen müßte: setzt man sich mehr seitwärts, und — sobald man nun den zu beschießenden Punkt sehen kann — hat hier weniger von dem feindlichen Feuer zu leiden. Man leget in diesem Falle die Batterie sägenförmig (Fig. 20.) an, und schneidet sich hinten so tief ein, als es nöthig ist, um die Bettungen legen zu können. Der Bau geschiehet übrigens wie gewöhnlich. Man sehe *Morla* l. c. III., 4 §. 114. 150. 225. Versuch über den Gebrauch der Artillerie. 8. Berlin. 1773. S. 207 f.

Kessel. 560. Es ist schon §. 509. der Mörser gedacht worden, welche zugleich mit den Rikoschetbatterien angewendet werden. (F. Pl. I.) Da jedoch die letztern im Verlauf der Belagerung zum Theil durch die zweite und dritte Parallele masquiret werden (wenn man nicht vielleicht die vor ihnen liegenden Laufgräben mit Rückenwehren (parados) versehen will); ist es nothwendig: ihre Stelle durch Kessel zu ersetzen, um das durch Bomben zu vollenden, was die Schleuderschüsse begonnen haben. (KK.) Da die Entfernung der Kessel hier nicht über 180 bis 200 Schritt von den eigentlichen Festungswerken beträgt, kann man auch zwanzig-, ja zehenpfündige Mörser anwenden, und doch — wenn die Bomben mit kurz tempirten Zündern im flachen Bogen von 20 bis 25° geworfen werden — die Erreichung des Zweckes: Zerstöhrung der noch vorhandenen feindlichen Geschütze, und Verhinderung der Arbeiten an den Abschnitten, Unordnung rc. erwarten.

Man bestimmt die Mörser besonders gegen diejenigen Werke, den man mit den Kanonen und Haubitzen nicht viel Schaden zufügen kann; wie die verdeckten Flanken, Tenaillen, Reduits, Bollwerksthürme u. dergl. und legt die Kessel dergestalt an: daß auch die zu nahe oder zu weit fallenden Bomben nicht ohne alle Wirkung bleiben, da bekanntlich bei dem Mörser die Seitenabweichungen bei weitem nicht so groß sind, als die Unterschiede der Wurfweiten. Sind zugleich Gewölbe in der Festung vorhanden, die man zertrümmern will; müssen große Bamben mit der höchsten Erhöhung von 65 bis 73° geworfen und ganz voll Pulver geladen werden, um ihnen eine stärkere Perkussionskraft mitzutheilen und ihre Wirkung beim Springen zu erhöhen, die der einer schwachen Mine gleich kommt. Hat man jedoch blos die Absicht: das noch übrige feindliche Geschütz unbrauchbar zu machen; würde es Pulver-Verschwendung seyn, den Bomben mehr als die erforderliche Sprengladung zu geben.

Gegen die oben offenen Reduits der Waffenplätze im Bedeckten Wege, so wie überhaupt gegen letzteren, wird man sich auch mit Nutzen der Rephühnergranaten und der Steinmörser bedienen können. Für diese wird es jedoch dem Belagerer gewöhnlich an der Munition fehlen, wenn sich nicht ein Fluß in der Nähe findet, aus dem man die nöthigen Kieselsteine nehmen kann, die nie weniger als 1 Pfund wiegen dürfen.

561. Um den Bedeckten Weg von seinen Vertheidigern zu reinigen, gehet man aus der dritten Parallele entweder (a) mit einer 12 Fuß breiten, geraden doppelten Sappe auf der Capitale bis etwa auf die Hälfte des Glacis (30 bis 40 Schritt von den Laufgrabenkatzen.

Pallisaden) vor, und wendet sich hier rechts und links bis über die Verlängerung der Facen des Bedeckten Weges, so das jenseits derselben noch 8 oder 10 Schanzkörbe zu stehen kommen. Das äußerste Ende dieses T wird rückwärts gebogen und zu der eigentlichen Laufgrabenkatze eingerichtet, in dem man auf die Erste Reihe Schanzkörbe eine zweite setzt, diese mit Faschinen bedeckt und von Sandsäcken Schußspalten darauf machet. Hinter die gefüllten Schanzkörbe werden einige Stuffen von Faschinen und Erde angerichtet, um 6 oder 8 gute Schützen auf die Katze steigen lassen und durch sie den Bedeckten Weg reinigen zu können. Da diese Schützen 4 bis 5 Fuß höher stehen müssen, als der Bedeckte Weg, sind, bei einem sehr steilen Glacis 2 Reihen Schanzkörbe über einander nicht hinreichend, man wird ihrer 3 setzen und deßhalb, zu mehrerer Festigkeit die unterste Reihe verdoppeln müssen, damit die oberen Reihen eine feste Unterlage haben und nicht herunterstürzen. Der Laufgraben des T wird gehörig verbreitet um auf jeder Seite etwa 50 Mann zu Unterstützung der Schützen aufstellen zu können. Man bedarf zu dieser ganzen Arbeit ohngefähr 36 Stunden, und wird sie etwa in der zwölften oder dreizehnten Nacht nach Eröffnung der Laufgräben beginnen können.

Man kann auch b) aus der dritten Parallele, 100 Fuß seitwärts der Capitale und zu beiden Seiten mit der ganzen Sappe in einem Bogen, etwa 30 Schritt, vor gehen, daß ein Halbkreis entstehet, aus dem nachher eine doppelte Wendesappe (s. double tournante) vorgetrieben und die Transcheekatze in der gehörigen Entfernung angeleget wird. S. Laufgrabenkatze und Couronnement im Wörterb. d. Kriegsbaukunst. Cormontaigne, l. c. p. 110.

562. Ist der Bedeckte Weg durch das Feuer der Katzen völlig gereiniget; oder vielmehr, unter Begünstigung dieses Feuers gehen die doppelten Sappen — nach Vauban, auf der Capitale, oder nach le Febvre, außerhalb der Katzen zu beiden Seiten derselben — gerade auf den ausspringenden Winkel des Bedeckten Weges los, von dem sie 18 Fuß ab bleiben, und hier ihre Schanzkörbe setzen, bis das Logement auf jeder Seite 30 bis 36 Fuß von der Spitze sich erstreckt, wo es sogleich breiter gemacht und auf 40 bis 50 Mann eingerichtet wird. Wäre ja noch Etwas vom Feinde in dem ausspringenden Waffenplatze zurück geblieben, müssen 6 bis 8 entschlossene Soldaten bis auf den Kamm des Glacis vorgehen und hinabspringen, um den Feind mit dem Bajonet zu vertreiben, worauf sie sich jedoch sogleich wieder zurück ziehen. Jetzt sind die größten Schwierigkeiten überstanden, und man kann sehr zufrieden seyn, wenn man am funfzehnten bis siebenzehnten Tage so weit gekommen ist. Couronnement des Bedeckten Weges.

Zu gleicher Zeit und auf die nemliche Weise gehet man auch gegen die Waffenplätze in den eingehenden Winkeln vor, die man ebenfalls mit einem kreisförmigen Logement umgiebt, aus dem nachher die Mörser-Batterien gegen die Bollwerke gemacht werden.

Anstatt sich mit dem eben so beschwerlichen als gefahrvollen Bau der Laufgrabenkatzen aufzuhalten; dürfte es zweckmäßiger seyn: in der dritten Parallele auf jeder Seite 2 Kanonen aufzustellen und damit die Schenkel des Bedeckten Weges zu bestreichen. Diese Kanonen werden, bei gehöriger Einrichtung ihres Standes, auch zu Zerstöhrung des bombenfesten Reduits oder Blockhauses mit Vortheil angewendet werden können.

563. Sind die vorspringenden Winkel des Bedeckten Weges auf diese Art größtentheils von den Feinden gereiniget; sind die Reduits in den eingehenden Winkeln durch die Bomben und durch die enfilirenden a) Gewaltsamer Angriff des Bedeckten Weges.

Kugeln unhaltbar gemacht worden; läßt man jene durch 300 bis 400 Mann angreifen und zugleich von den dazu commandirten Arbeitern das Couronnement mit der flüchtigen Sappe verfertigen. Man gewinnt dadurch ein paar Tage Zeit, und wird auch wohl dazu genöthiget, wenn ein steiles Glacis die Laufgrabenkatzen unnütz oder unmöglich machet; wenn ein trockner Graben der Besatzung Gelegenheit giebt: durch unaufhörliche kleine Ausfälle das Couronniren zu hindern; während doch auf der andern Seite eine doppelte Pallisadirung des Bedeckten Weges, gute Tambours in den aus- nnd eingehenden Winkeln, oder auch feste Reduits mit gemauerten Gräben in letztern (wie in Metz und Thionville), einen allgemeinen Angriff unmöglich machen.

Mit der bewehrten Mannschaft zugleich gehen die Arbeiter vor, deren jeder Einen Schanzkorb und Einen Spaten oder (nach Beschaffenheit des Erdbodens) Schaufel und Hacke trägt. Auf jeden vorspringenden Winkel werden 3 Ingenieurs gerechnet: zwei zu dem Couronnement auf beiden Seiten, und einer zu der Communication. Jeder von ihnen bekommt 150 Arbeiter zu sich, die am folgenden Tage durch die Halbe Anzahl abgelöset werden. Zugleich bekommt jeder einen genauen Plan von der auszuführenden Arbeit, worauf die Zahl und Stellung der Schanzkörbe genau bemerkt ist, um allen — hier höchst gefährlichen — Irrthum zu vermeiden, und zugleich zu richtiger Bestimmung der Arbeiter zu dienen.

Wäre hier (Fig. 21.) die Breite des Bedeckten

Weges a b.	30	Fuß.
Die Breite des Ravelingrabens.	60—90	—
Stärke der Traversen c.	18	—
Der Umgang zu beiden Seiten m. . . .	12	—
Verlängerung des Logements über dieselbe .	30	—
Der Umfang zweier Traversen im Logement (jede 6 Schanzkörbe lang und 4 breit) .	72	—
Der Umfang der beiden Deckungen f . . .	36	—
Der Haken am Ende des Logements d. . .	30	—
	288	Fuß.

Dies giebt 144 Schanzkörbe auf jeder Seite, und eben so viel zu dem Verbindungsgraben; folglich 1296 und eben so viel Arbeiter zu dem Couronnement des Glacis auf den 3 Capitalen, die nebst eben so viel Deckfaschinen in der dritten oder vierten Parallele bereit liegen müssen. Nicht minder muß eine Anzahl Tragen zu Fortbringung der Verwundeten zur Hand seyn, denn es ist kein Zweifel: daß man deren mehrere bekommen wird.

564. Während des bei einbrechender Nacht beginnenden Gefechtes mit den in den Reduits der vorspringenden Winkel, und hinter den Traversen zurückgebliebenen Vertheidigern gehet jeder Ingenieur mit seinen Arbeitern 18 Fuß von dem Kamme des Glacis nach d, 125 Schritt fort, stellet die Arbeiter an — wobei er durch einige gute Sapirer unterstützt wird — und läßt mit dem größten Eifer in die Tiefe arbeiten, um mit dem kommenden Tage gedeckt zu seyn, weil das Couronnement auf allen Seiten von den nahen Festungswerken überhöhet und eingesehen ist. Die getödteten und verwundeten Arbeiter werden sofort durch andere ersetzt, die in der dritten Parallele bereit stehen; auch müssen sich einige Ingenieuer bei ihnen befinden, wenn einer oder der andere an der Spitze der Arbeit verwundet würde, um das Stille-stehen der letztern zu verhindern. Der Hauptzweck ist: Beendigung des Logements während der Nacht; diesen darf man keinen Fortsetzung

Augenblick hinten ansetzen! Sobald die Feinde aus dem Bedeckten Wege vertrieben sind, ziehen sich die Truppen erst hinter die Arbeiter, und dann in die Paralle zurück, mit Ausnahme einiger Detaschementer, welche hinter den Pallisaden der Tambours, und hinter den Traversen sicher stehen können.

Fortsetzung 565. Ist die Besatzung schwach und muthlos; ist der Bedeckte Weg vielleicht ohne Reduits und mit gar keinen, oder wenigstens nur mit einer einfachen Pallisadirung versehen; oder siehet sich endlich der Belagerer durch die nahe Ankunft eines Entsatzes gedrängt, und ist das Geschütz der Angriffsseite völlig zum Schweigen gebracht; wird öfters — mit Nichtachtung des zu erwartenden Verlustes — zu Ersparung der Zeit (5 bis 8 Tage), die Arbeit der Laufgrabenkatzen ꝛc. unterlassen, und man sucht sich durch einen allgemeinen gewaltsamen Angriff in den Besitz des Bedeckten Weges zu setzen. Zu dem Ende werden:

1) Eine, der möglichen Vertheidigung angemessene Anzahl Truppen, um die gewöhnliche Zeit der Ablösung der Laufgrabenwache in dem Materialiendepot versammlet, und in der schon vorher mit Stuffen versehenen, dritten Parallele, aufgestellt. Diese gehen auf das bestimmte Zeichen (Eine Geschützlage; einzelne Kanonenschüsse von einer bestimmten Batterie; oder einige, in der Luft zerspringende Bomben) rasch bis auf den Kamm des Glacis vor, geben eine General-Decharge und dringen mit dem Bajonet in den Bedeckten Weg, dessen Pallisaden zum Theil durch ein, Tages vorher gemachtes heftiges Feuer zertrümmert sind. Diese Truppen haben vor jedem eingehenden Winkel Ein Bataillon, und auf jeder Flanke zwei Bataillons zu ihrer Unterstützung, um einem etwannigen feindlichem Ausfalle zu begegnen. Nur durch diese Maaßregel gelang 1713 die Eroberung des Bedeckten Weges von Frei-

burg. Die Unterstützungstruppen bleiben jedoch in der vordersten Parallele stehen, so lange der Feind keine Truppen herausschickt, den angreifenden in den Rücken zu fallen.

2) Um die Gatterthore in den Pallisaden zu öffnen und die letztern selbst umzuhauen, wenn sie durch das Kanonenfeuer des Belagerers noch nicht genugsam beschädiget wären, werden auf jeden ausspringenden Winkel 4 bis 6 Zimmerleute mit starken Aexten, Einer mit einem Schmiedehammer, und Einer mit einem Brecheisen unter Anführung eines entschlossenen Unteroffiziers, gegeben. Diese beginnen sogleich nach der General-Decharge ihre Arbeit, und werden ohne große Mühe den Truppen Oeffnungen machen können.

3) Dichte auf die Truppen folgen die eigentlichen Arbeiter, jeder mit einem Schanzkorbe, Schaufel und Hacke versehen, von den Ingenieurs geführet, um ohne Anstand, und noch während des Gefechtes das Logement auf die vorbeschriebene Weise (§. 563.) zu verfertigen. Denn auch hier wird gewöhnlich das Logement blos vor den ausspringenden Winkeln angeleget, und nur in besonderen einzelnen Fällen, wenn eine schwache, unentschlossene Besatzung den Bedeckten Weg völlig verlassen hat, und sich lau vertheidiget, wird man sich sogleich in dem ganzen Bedeckten Wege festsetzen können. Morla Lehrb. der Artillerie II.; 4. §. 237. seq.

Um die Stärke der zum gewaltsamen Angriff des Bedeckten Weges erforderlichen Truppen zu bestimmen, rechnet man Ein Drittheil der Besatzung auf den taglichen Dienst, ziehet aber von diesem $\frac{1}{5}$ für die Artillerie, die Arbeiter ꝛc., von dem Ueberreste aber $\frac{1}{4}$ zu Besetzung des Hauptwalles ab, so wird man $\frac{1}{6}$ der ganzen Besatzung zu der beständigen Vertheidigung des Bedeckten Weges annehmen können, und demnach das Doppelte dieser Zahl auf den Angriff rechnen müssen; die oben erwähnten, als Rückhalt aufgestellten, Bataillone ungerechnet. Wäre z. B. die Besatzung der Festung 9000 Mann, werden sich 1500 Mann in dem Bedeckten Wege der Angriffsseite befinden; etwa 150 Mann in jedem der 4 eingehenden Winkel; 100 Mann in den 3 ausgehenden Winkel und 600 Mann auf den 6 langen Seiten zwischen beiden. Dies giebt ohngefähr 3000 Mann zu dem Angriff, der jedoch nur allein unter den obigen Voraussetzungen unternommen werden darf. Denn es ist unbesonnen und strafbar: bei einer Belagerung das Leben des gemeinen Mannes durch erfolglose Wagestücke aufs Spiel zu setzen, und dadurch genau das Gegentheil von dem zu erreichen, was man eigentlich bezweckte. Man täusche sich daher auch nicht über die zur Ausführung nöthigen Mittel, um nicht aus Mangel derselben ein Unternehmen scheitern zu sehen, das im Ersten Momente am leichtesten auszuführen ist, durch jede Verzögerung aber schwieriger und gefahrvoller wird, wie das Beispiel mehrerer Belagerungen evident bewiesen hat. *Cormontaigne* Mémorial 2. a. m. O.

Vorkehrungen gegen die Minen.

566. Hat man Grund, eine Minenanlage unter dem Glacis zu fürchten, muß man alles anwenden: sich genauer davon zu unterrichten, weil nichts den Soldaten mehr zurück zu schrecken vermag, als die Explosion einer Mine, deren Wirkung durch die Einbildung des furchtsamen immer mehr als um das Zehenfache erhöhet wird. Ist demnach ein wirkliches Minengewebe vorhanden — dessen Beschaffenheit man von den Ueberläufern, oder vielleicht von Maurern der Umgegend erfahren kann, die zufällig daran gearbeitet haben; — bleibt kein anderes Mittel: als die Gegenminen der Festung durch eine überladene Mine (Globe de compression) zu sprengen und zu dem Ende aus der dritten Parallele einen Rameau vorzutreiben, oder aber, nach Mouzé's Vorschlag, jene Gänge durch überladene Schachtminen einzudrücken und unbrauchbar zu machen. (Wörterb. der Kriegsbaukunst Artik. Couronnement.) Das letztere Verfahren gewähret den wichtigen Vortheil, großer Zeitersparniß; denn während man beinahe 30 Tage auf die Führung

eines förmlichen Minen-Angriffes in Anschlag bringen muß, kann die Schachtmine schon am zweiten Tage ihre Wirkung thun und der Belagerer sich der feindlichen Gallerie mit Gewalt bemächtigen, folglich in etwa 10 Tagen das Glacis couronniret haben.

Bei dem Minenkriege ist es durchaus nöthig: eine Abtheilung Truppen und Arbeiter in den Laufgraben bereit zu haben, um den Trichter sogleich zu besetzen, und zu couronniren. Im 3ten Theile dieses Lehrbuches wird ausführlicher von dem Minenkriege gehandelt werden.

567. Fladderminen sind zwar an sich von geringer Wirkung, denn selbst im glücklichsten Falle werden nur die, sich oben im Umkreise des Trichters befindenden 3 oder 4 Mann beschädiget. Da sie jedoch ebenfalls ein Schrecken der Soldaten sind, muß man beim gewaltsamen Angriff des Bedeckten Weges — wenn sie der Belagerte nicht vielleicht schon zu frühzeitig gezündet hat, wie es fast immer geschiehet, — mit den angreifenden Truppen einige Minirer gehen lassen, die sogleich in den Kehlen der Waffenplätze und hinter den Auftritten die Leitfeuer aufsuchen, und die Zündwürste herausziehen oder durchhauen, um den Explosionen zuvor zu kommen. Das sicherste Mittel dagegen ist: schnell bis an die Pallisaden vorzugehen, wodurch die Minen wirkungslos hinter den angreifenden Soldaten springen werden. (Mémorial de Cormontaigne 2.; p. 208. Fladderminen.

568. Wenn sich Lünetten am Fuße des Glacis befinden, müssen diese nothwendig vorher erobert werden, ehe man sich des Bedeckten Weges — gleichviel auf welche Art — bemeistern kann. Da die Lünetten gewöhnlich bloße Erdwerke sind, werden schon in der Ersten, oder wenigstens in der zweiten Parallele gegen jede 3 Mörser aufgestellt, die binnen 2 Tagen Lünetten.

ihren innern Raum völlig unhaltbar machen und die Besatzung vertreiben müssen. Ist die letztere jedoch durch ein bombenfes Blockhaus ꝛc. gesichert; fähret man fort sich durch die Sappe der Lünette zu nähern, nachdem ihr Geschütz durch eine überlegene Demontir-Batterie und durch das erwähnte Bombenwerfen zum Schweigen gebracht worden ist; um sie zu einem günstigen Zeitpunkt zu stürmen, indem man ungeladene, blos mit brennenden Zündern versehene, Bomben hinein wirft, und die dadurch in ihrem Zufluchtsorte zurückgehaltene Besatzung überraschet. Oder sie werden nach vorher gegangenem heftigen Beschießen — entweder für sich allein, oder gleichzeitig mit dem Bedeckten Wege — von einer besondern Abtheilung Truppen angegriffen.

Bei diesem gewaltsamen Angriffe sind vorzüglich zwei Dinge zu berücksichtigen: a] der Uebergang über den Graben, und die Ersteigung der Brustwehr, b) Der Angriff des Werkes in der, gewöhnlich nur mit Pallisaden geschlossene Kehle. Zu letzterem müssen die nöthigen Werkzeuge in Bereitschaft seyn, um einige Pallisaden umzuhauen oder das Gatterthor zu sprengen. Für den Uebergang über den Graben (besonders wenn derselbe spitze Pfählgen u. dergl. auf der Sohle hat), sind 5 Fuß lange Faschinen, oder mit Heu, Stroh und Moos gefüllte Säcke mit Nutzen anzuwenden. Wäre der Graben gemauert, müßte man zugleich Leitern von angemessener Länge bei sich führen, um den Wall mit ihrer Hülfe ersteigen zu können. Da dergleichen Vorwerke gewöhnlich durch Fladderminen oder Bombenkasten verstärkt sind, findet auch bei ihnen §. 567. seine Anwendung.

Unmittelbar nach Eroberung der Lünette wird ihr innerer Raum zu einem Logement eingerichtet, weshalb die dazu nöthigen Arbeiter (200 bis 300) schon während des Angriffes mit Schaufeln, Hacken und Schanzkörben bereit stehen, und den Truppen folgen müssen. Ist man genöthiget, ein solches Werk für sich allein anzugreifen, dem Feuer der rückwärts liegenden Festungswerke ausgesetzt; wird sich das Logement nie ohne bedeutenden Verlust ausführen lassen und es ist immer vortheilhafter: einen allgemeinen Angriff des Bedeckten Weges damit zu verbinden, oder durch die Sappe sich den Lünetten zu nähern, ihren Bedeckten Weg durch Laufgrabenkatzen zu bestreichen und eine förmliche Brechbatterie gegen ihre Face zu erbauen. Zu diesem langsamen, doch sicherern Mittel wird man auch greifen müssen, wenn die Lünette einen tiefen gemauerten Graben, mit Seitenbestreichung; oder ein bombenfestes gemauertes Reduit im Innern hat, wodurch der gewaltsame Angriff unmöglich wird. (Bousmard a. a. O. 2 Bch.; Kap. 4.)

569. Oefters sind die Lünetten noch mit einem Vorgraben und zweiten Bedeckten Wege umschlossen, wodurch ihr Angriff mehr erschweret und der Zeitpunkt ihrer Eroberung weiter hinausgerückt wird. In diesem Falle sind alle Belagerungsarbeiten bis zu Eroberung des zweiten Bedeckten Weges der oben beschriebenen ähnlich. Nach Einnahme der Lünetten werden sie durch eine Parallele verbunden und von dieser — der vierten oder fünften — alsdann die Sappen weiter gegen die Festung vorgetrieben. Ist der Vorgraben mit Wasser angefüllt, muß man eine Brücke oder einen Faschinendamm erbauen; welches nothwendig, einer thätigen und entschlossenen Besatzung gegenüber, noch mehr Zeit- und Blut-Verlust herbeiführet, besonders wenn bei einer großen Festung die Angriffsseite eine beinahe gerade Linie bildet, und zu Seiten- und Rükkenfeuer von den Nebenwerken gegen die Belagerungsarbeiten Gelegenheit giebt. Vorgraben

570. Wäre der, sich der geraden Linie nähernde, Umfang eines großen Vielecks mit einer Doppelreihe Lünetten, oder ähnlicher Werke verstärkt; müssen diese nothwendig nach Maaßgabe ihrer Festigkeit, und der wechselseitigen Unterstützung, welche sie einander selbst, oder die ihnen die eigentlichen Festungswerke gewähren, mit größerer Vorsicht angegriffen werden. Man richtet hier — wie überhaupt bei breiten Fronten — den An- Doppelte Reihen Lünetten.

griff nicht gegen Ein Ravelin und zwei Bollwerke; sondern immer umgekehrt, gegen zwei Raveline und das zwischen ihnen liegende Bollwerk; doch so, daß auch die beiden Neben-Ravelinen von den Laufgräben mit umfaßt werden. Die am meisten vorspringenden beiden Lünetten vor den Raveline müssen demnach der Erste Gegenstand des Angriffes seyn, von dem man zu den, mehr rückwärts liegenden Lünetten, vor den Bollwerken fortschreitet, um nach ihrer Eroberung, mit den Sappen auf das Glacis der Festung selbst vordringen zu können. Sobald demnach der Bedeckte Weg der vordersten Lünetten durch die Schleuderschüsse und Bomben größtentheils unbewohnbar gemacht und die dritte Parallele am Fuße desselben gezogen ist, gehet man mit der doppelten Sappe heraus und errichtet die Transcheekatzen, um jenen vollends von der Besatzung reinigen und den vorspringenden Winkel in Besitz nehmen zu können. Zu gleicher Zeit wird eine dritte doppelte Sappe auf der Capitale der mittleren Lünette geführet, die mit den beiden vorigen gleichen Schritt hält, um nach Eroberung der beiden vordersten Lünetten an ihrer Kehle einen Waffenplatz gegen die hintersten zu bilden.

Ist die Fronte der Festung beinahe gerade, kann man sich wohl genöthiget sehen: vorne zwei und hinten drei, ja wohl vorne drei und hinten vier Lünetten auf Einmal anzugreifen. (§. 152. 153.) Wollte man dies unterlassen, würde man bei weiterm Vordringen seine Laufgräben und Batterien der Seitenbestreichung aussetzen, und mehr dadurch aufgehalten werden, als durch den gleichzeitigen Angriff der Neben-Lünetten die blos eine größere Menge Hülfsmittel und Arbeit erfordert.

Eroberung derselben.

571. Sobald der Belagerer sich des ausspringenden Winkels bemächtiget und den Bedeckten Weg der vorderen beiden Lünetten besetzt hat; fängt er sogleich gegen jede derselben eine Brechbatterie an. (s. unten

Kap.

Kap. XI.), während zugleich zwischen diesen Lünetten Demontirbatterien und Kessel gegen die hinteren Lünetten und (wenn es die Lage derselben und die Richtung der Laufgräben gestattet) gegen die Hauptwerke erbauet werden. Die einen wie die andern können in der 18ten oder neunzehnten Nacht nach Eröffnung der Laufgräben vollendet und mit Geschütz besetzet seyn. Während sie feuern, wird der Uebergang über die Gräben der Lünetten zu Stande gebracht, um wenigstens vor Einbruch der dritten Nacht den Sturm auf sie antreten zu können, der unter Begünstigung eines falschen Angriffes auf die Kehle derselben nothwendig gelingen muß. Ihr innerer Raum wird zu einem Logement eingerichtet, das zugleich eine bequeme Stelle zu Anlegung von Demontirbatterien gegen den Hauptwall, und gegen die Raveline darbietet, um die Unterstützung der rückwärts liegenden Lünetten zu hindern, gegen die man ohngefähr in der 22sten Nacht die Brechbatterie anfangen, und ihre Besitznahme in der 25sten oder 26sten Nacht vollenden kann. Bei dieser wird zugleich eine Parallele von den Kehlen der vordern Lünetten nach den Schulterpunkten der hinteren gezogen, um das in letzteren angelegte Logement mit jenen zu verbinden. Dieser Parallele, die Gelegenheit zu einer sichern Aufstellung gegen die Festung selbst giebt, und die daher gleichsam als die dritte anzusehen ist, darf es auch nicht an hinreichender Verbindung rückwärts fehlen. Die dazu dienenden Laufgraben werden — wo möglich — ebenfalls in der Nacht der Besitznahme der hintern Lünette, oder doch in der darauf folgenden gemacht.

572. Sind die detaschirten Werke sehr weit vorgeschoben, so daß sie von dem Hauptwalle nur wenig unterstützt werden können, und daß sie entweder keine, oder doch eine leicht zu unterbrechende Verbindung mit demselben haben; muß man entweder einen vorläufigen Weit vorliegende Werke.

Angriff gegen sie führen, oder, wenn sie zugleich sehr weit aus einander liegen — zwischen ihnen hindurch zu gehen und sie von der Festung abzuschneiden trachten, während man sie durch einige Batterien von vorne angreift. Beständen diese Vorwerke aus festen steinernen Thürmen, nach Montalembert's Angabe; wäre das hier vorgeschlagene Mittel das Einzige mögliche: die Eroberung der Festung durch Anwendung einer doppelten Arbeiter- und Geschützzahl in einer angemessenen Zeit zu vollenden. Bei aller Höhe der runden Thürme werden ihre Kanonen doch keine sehr bedeutende Wirkung gegen die versenkten Batterien und Laufgräben haben, die sich nur 4 Fuß über den Horizont erheben. Man fürchte daher nicht: daß die letztern so leicht von ihnen zerstöhret werden können. Die Thürme selbst bieten dagegen ein sicheres und leichtes Ziel dar; auch ist es keinesweges unmöglich: mit zweckmäßig eingerichteten Haubitzen, Granaten und Brandkugeln in die Schießscharten zu bringen. Während dieses Gefechtes geht man mit einer doppelten, flüchtigen Sappe des Nachts zwischen zwei Thürmen durch und ziehet hinter ihnen auf dieselbe Art eine Parallele, gegen die Festung, die durch ihre doppelte Brustwehr auch von hinten gegen das Feuer des Thurms gedeckt ist. Das letztere würde sogar überflüssig seyn, im Fall der Thurm hinterwärts gegen die Festung keine Schießscharten für grobes Geschütz hätte. (§. 271. 272.)

Ein Vorwerk, das eine Fortifications-Fronte darstellet, wie ein Hornwerk, Kronwerk u. dergl., wird auf die nemliche, vorher beschriebene Weise angegriffen. Wie man sich nachher in seinem Innern festsetzet und den Angriff weiter führet, wird weiter unten gezeiget werden. Daß durch alle dergleichen vorliegende Werke die Eroberung des Bedeckten Weges der Hauptfestung um wenigstens 9 Tage verzögert wird, ist von selbst klar.

Zehntes Kapitel.

Vertheidigung der Festung bis nach Eroberung des Bedeckten Weges.

573.

Obgleich der Belagerer der Festung, bei der allgemein gangbaren Form des Umrisses, überall mit Geschütz überlegen ist, und der Belagerte deshalb das seine ihn zu entziehen suchen muß; kommen dennoch Fälle vor: wo man sich auch nach Vollendung der Angriffsbatterien mit wesentlichen Vortheil des Geschützes zur Vertheidigung bedienen kann. Diese Fälle sind: a) wenn der Geschützmangel — der nur zu oft bei den, ohne gehörige Vorbereitungen und mit unzureichenden Mitteln unternommenen, Belagerungen der neuern Zeit statt fand, — dem Feinde verbietet: alle Linien der Angriffsseite gehörig zu bestreichen. Auf diesen nicht getroffenen Linien bleibt demnach das Festungsgeschütz unverändert stehen. b) Wenn eine Batterie des Feindes von einer, ihr wenigstens um die Hälfte überlegenen Geschützzahl der Festung entweder gerade, oder schräge gegen die Scharkenzeilen beschossen werden kann; darf man nie unterlassen diese Ueberlegenheit zu benuzzen. c) Wenn die Geschütze der Festung durch Kasematten oder bedeckte Stände so gesichert sind, daß sie Nichts von den feindlichen Bomben und Schleuderschüssen zu fürchten haben. d) Sollte vielleicht ein Festungswerk durch das heftige feindliche Feuer der Zerstöhrung nahe und die Ausbesserung des Beschädigten unmöglich seyn; wird das Beschießen der, gegen dasselbe gerichteten Batterien, vor andern Punkten fast immer unfehlbar das Feuer derselben ableiten, und die Herstellungsarbeiten erleichtern. Gebrauch der Artillerie.

In der Belagerung von Prag konnten die Franzosen einen Abschnitt hinter einem, sehr beschädigten Theile des Walles wegen des heftigen Feuers der Oesterreicher nicht beendigen, bis ein Artillerieoffizier durch eine angelegte Batterie, die Schüsse jener auf sich zog und dadurch die Ausführung des Abschnittes möglich machte, während seine Batterie von Grund aus zerstöhret ward.

Mörser und Haubitzen.

574. Die Mörser werfen gegen die feindlichen Batterien in jeder Nacht abwechseln 5 Leuchtkugeln und 5 Bomben. Ist man hinreichend mit letztern versehen; werden sie am Tage dergestalt gegen die nächsten Batterien angewendet; daß man immer nur Eine für 4 bis 6 Mörser zum Ziel bestimmt, und diese unausgesetzt und so schnell bewirkt, als es nur mit der gehörigen Genauigkeit der Richtung vereinbar ist. Sie wird ohnfehlbar dadurch zum Schweigen gebracht — vielleicht gänzlich zerstöhret werden. Wenn die Artillerie im Bombenwerfen geübt ist, werden 20 Bomben aus jedem Mörser dazu hinreichend seyn.

Mit den Haubitzen auf dem Hauptwalle werden im Laufe der Belagerung fortwährend die Spitzen der Sappen beschossen, und ihnen dabei so schwache Ladung gegeben, daß die Granaten in und neben den Sappen liegen bleiben, wo sie den Fortgang der Arbeiten am meisten hindern können. (Struensee l. c. 3; §. 438.)

Sobald der Feind sich mit den letztern bis auf 200 Schritt nähert, werden auf der Angriffsfronte die Steinmörser gegen die feindlichen Batterien und Sappen aufgestellt, zu deren Gebrauch man in dem Straßenpflaster einen unerschöpflichen Vorrath von Projectilen findet.

Hat man keine besondern Steinmörser; so wendet man in der Ersten Periode der Belagerung die großen Mörser fast ausschließend an, um ihre Bomben — mit Ausschluß der zu Vertheidigung der Breschen etwa nöthigen — zu verbrauchen und in der spätern Zeit Steine daraus zu werfen. Diese werden immer in dem Momente, unmittelbar nach dem Einschlagen einer Bombe, wo sich alles zur Erde nieder wirft, um den umher fliegenden Stücken zu entgehen; die meiste Wirkung thun. Man rechnet den Verbrauch der Steinmörser ohngefähr auf 30 Würfe in jeder Nacht und 50 am Tage.

575. Sobald der Feind am Fuße des Glacis anlangt, wird das Feuer seiner Schützen den Artilleristen auf dem Hauptwalle gefährlich, man muß daher die Schießscharten mit 4 Zoll dicken Blendladen von Eichenholz versehen. Die sechspfündigen Kanonen in den ausgehenden Winkeln des Bedeckten Weges sind nun von keinem Nutzen mehr, sie werden in die Reduits der eingehenden Winkel zurückgezogen, wo sie die feindliche Besitznahme des Bedeckten Weges sehr wirksam erschweren können. Die Spitzen der Sappen werden nun, außer den erwähnten Haubitzen auf dem Hauptwalle, aus dem Bedeckten Wege mit Handgranaten beworfen, die man vermittelst lederner Schleudern auf 100 bis 120 Schritt bringen kann. Einige Uebung wird den dazu bestimmten Leuten bald die nöthige Fertigkeit geben, um die Laufgräben nicht zu fehlen, und sie werden die Sappenarbeit gewiß nicht wenig erschweren. Die schlechte Verfertigung der Zünder und die Ungeschicklichkeit der dazu angewandten Leute, verbunden mit der geringen Weite, auf die man sie mit der bloßen Hand werfen kann, haben ein so wirksames Vertheidigungsmittel des Bedeckten Weges und der Gräben, mit Unrecht aus dem Gebrauch gebracht. Handgranaten.

576. So lange der Feind noch über 300 Schritt von den Pallisaden entfernt ist; stellt man sich bei unternommenen Ausfällen immer der Gefahr bloß: auf dem Rückwege durch das feindliche Geschütz oder die Kavallerie einen beträchtlichen Verluß zu erleiden; während auf der andern Seite, der den Belagerungsarbeiten zugefügte Schaden leicht und bald wieder herzu- Kleine Ausfälle.

stellen ist. (Struensee 3; §. 449.) Man begnüge sich daher, nach Vaubans Anordnung, kleine Ausfälle von 10 bis 20 Mann gegen die Spitzen der Sappen zu thun, an die sie sich in der Finsterniß der Nacht heranschleichen, und plötzlich ihr Gewehr losschießen und die Sappirer tödten oder verjagen. Sie können auch vielleicht die feindlichen Ingenieure bei dem Abstecken der Belagerungsarbeiten überraschen und gefangen nehmen; immer aber werden sie Schrecken und Verwirrung unter den Arbeitern verbreiten und den Fortgang der Laufgräben erschweren. (S. Tageb. der Preuß. Belagerung von Schweidnitz in Tielkens Beiträgen IV. Stück.)

Starke Ausfälle. 577. Größere und deshalb oft folgenreiche Ausfälle mit starken Truppenabtheilungen geschehen:

1) vor Eröffnung der Laufgräben, um einen entfernten Posten einzunehmen, oder wieder zu erobern, wenn er vom Feinde besetzt worden ist; um Lebensmittel Futter, Holz u. dergl. herein zu bringen; um eine Verstärkung oder ein Munitionstransport an sich zu ziehen. (§. 519.)

2) Nach Eröffnung der Laufgräben; um die feindlichen Vorschritte aufzuhalten, seine Logementer und Batterien zu zerstöhren, oder sich der, von dem Feinde eroberten Vorwerke wieder zu bemächtigen.

3) Während und nach der Eroberung des Bedeckten Weges um diese zu erschweren, und den Uebergang über den Graben zu hindern. (Struensee III, §. 446. folg.)

Fortsetzung 578. So lange der Feind noch weit von dem Bedeckten Wege entfernt ist, wird sich durch einen Ausfall nur selten ein wesentlicher Vortheil für den Belagerten erreichen lassen, während er immer einen bedeutenden Verlust bei seinem Rückzuge nach der Stadt erleiden muß. Nur wenn die Besatzung sehr stark ist, oder sich ein verschanztes und besetztes Lager an der Festung befindet; lassen sich oft glückliche Streiche gegen die feindlichen Laufgräben und selbst gegen seine Quartiere ausführen, wenn besonders vielleicht ein Ueberfall derselben gelingen sollte. Wenn jedoch der Feind die dritte Parallele ziehen will; dann ist es Zeit: durch einen starken Ausfall seine nahen Arbeiten zu zerstöhren und ihn mit seinen Vorschritten auf mehrere Tage zurückzusetzen. Der Ausfall bestehet dann: 1) aus bewehrten Leuten, und 2) aus Arbeitern.

1) Die Zahl der ausfallenden Truppen hängt von der Stärke der Besatzung, von dem zu erreichenden Zweck, und von der wahrscheinlichen Stärke des Feindes ab, den man dabei zu bekämpfen haben wird. 600 Mann werden in den meisten Fällen zu diesem Behuf hinreichend seyn; doch kann man in besondern Fällen auch bis 1000 Mann dazu bestimmen, wovon Ein Theil durch die Waffenplätze der eingehenden Winkel heraus gehet, um die Spitzen den feindlichen Sappen anzugreifen, die übrigen aber aus den Seitenfronten auf die Flanken der Laufgräben fallen, und die letztern von der zweiten Parallele abzuschneiden suchen. Die übrige Besatzung besetzt mitlerweile den Bedeckten Weg der Angriffsseite und die andern, nicht angegriffenen, Seiten der Festung.

579. Mit den zum Ausfall bestimmten Truppen werden zugleich: Arbeiter.

2) einige Abtheilungen Arbeiter, jede zu 1 Offizier und 30 Mann, mit Aexten und Erdhauen herausgeschickt, welche während des Gefechtes die Schanzkörbe herunterreißen, und soviel von der Sappe zu füllen, als es in der Geschwindigkeit möglich ist. Zu ihrer besondern Bedeckung ist eine kleine Abtheilung bewehrter Leute (15 bis 20 Mann) bestimmt. Sie gehen

dann bei dem allgemeinen Rückzuge vor den ausgefallenen Truppen her.

Findet der Ausfall fertige Batterien vor sich, deren er sich bemächtigen kann; muß hier unverzüglich das Geschütz mit stählernen Nägeln vernagelt, oder besser noch: mit eisernen Keilen, die man zwischen die Kugel und das Rohr stößt, verladen werden. Die Laffeten werden, am besten durch eine, zwischen die Wände gehangene 10pfündige Granate zerschmettert. Bei jeder Abtheilung befinden sich zu diesem Behuf 8 oder 10 Artilleristen mit den nöthigen Geräthschaften, und mit Brandkugeln, Pechkränzen und Brandtüchern, um die Schanzkörbe und Faschinenverkleidung anzuzünden.

Man läßt gewöhnlich den Ausfall Eine Stunde vor Tage antreten, und auf ein bestimmtes Zeichen feuern die Festungsgeschütze blind, um den Feind desto gewisser zu täuschen und ungewahret zu überfallen. Da auf diese Art der Rückzug am hellen Tage erfolget; hat man den Vortheil: durch einige im Bedeckten Wege hinter Traversen aufgestellte Geschütze den Feind abweisen und die sich zurückziehenden Truppen unterstützen zu können.

Immer waren starke Ausfälle in der letzten Epoche der Belagerung vortheilhaft für die Besatzung und setzten die Fortschritte des Feindes um mehrere Tage zurück Am merkwürdigsten war ohne Zweifel der große Ausfall in der Belagerung von Gibraltar, im Dezember 1781, durch den die Batterien und Laufgräben der Spanier gänzlich verbrannt und zerstöhret wurden. Die Engländer giengen hier mit 1900 Mann in 3 Kolonnen heraus und griffen die feindlichen Arbeiter in der Mitte und auf beiden Flügeln an. Die Spanier wurden überrumpelt, so daß die Engländer bei diesen Unternehmen nur einige Mann verloren.

Unterstützung der Vorwerke. 580. Befinden sich abgesonderte Werke, Lünetten, Reduten oder Fleschen außerhalb des Bedeckten Weges, oder am Fuße des Glacis; ist es öfters vortheilhaft, sie durch einen Ausfall zu unterstützen, wenn der Feind sie mit Gewalt nehmen will; oder sie wieder zu erobern, wenn er sich ihrer schon bemächtiget hat. Der zweckmäßigste Zeitpunkt zu ersterem ist der, wo der Feind seine T Sappen und Katzen vollendet hat, die man durch den Ausfall um jeden Preis zu zerstöhren suchen muß, indem man sie auf beiden Flügeln und im Rücken zugleich angreift. Die Wiedereinnahme eines vom Feinde eroberten Werkes ist gewöhnlich auf frischer That am leichtesten, wenn der Belagerer noch nicht Zeit gehabt hat, sich darin festzusetzen. Nach Vollendung seines Logementes wird die Einnahme nur mit Schwierigkeit und nicht ohne bedeutenden Verlust zu bewirken seyn. Die vortheilhafteste Anordnung dazu ist: daß Ein Drittheil der Truppen sich auf die Communication des Feindes wirft, um Unterstützung zu verhindern; der zweite Theil umfaßt das Werk und springt in den Graben, um den in jenem befindlichen Feinden den Rückzug abzuschneiden; der dritte Theil endlich dringt mit gefälltem Bajonet durch die Kehle ein. Die bei dem Detaschement befindlichen Ingenieure und Arbeiter zerstöhren mitlerweile die, von dem Feinde angefangenen, Logementer u. dergl.

In Hinsicht der Vertheidigung vorliegender Werke gegen den feindlichen Angriff ist zu bemerken: daß während des ihnen überlegenen Beschießens ihr Geschütz zurückgezogen wird, um erst dann, wenn der Feind auf der Contrescarpe ankommt, mit Kartetschen auf ihn zu feuern. Die im Graben stehenden Pallisaden werden durch Schützen vertheidiget, die sich jedoch nicht in die Schanze werfen dürfen, wenn sie vom Feinde gedrängt werden; sondern sich durch die Communication nach dem Bedeckten Wege zurückziehen müssen. Es dürfte hier vielleicht zweckmäßig seyn: bei dergleichen Vorwerken den äussern Grabenrand mit einem pallisadirten Auftritt zu versehen, um einen Theil der Vertheidiger, als in einem Bedeckten

Wege, darhinter aufstellen zu können. Eine zweite Pallisadirung am Fuß der innern Grabenböschung erschweret die Ersteigung und zwingt den Feind: sich auf der Contrescarpe festzusetzen. Die Feuerleitungen der Bombenkasten gehen bis hinter die Pallisaden. Sie werden nur im Momente des Angriffes gezündet. Mit ihnen sollte immer ein Ausfall der Besatzung verbunden seyn, um die in Unordnung gebrachten Feinde vollends zurück zu werfen. Eine unerläßliche Vorsicht ist: bei dergleichen einzelnen Werken den Eingang zu verschließen, und dadurch der Besatzung die Flucht unmöglich zu machen. Sie wird sich dann allezeit mit mehr Entschlossenheit vertheidigen.

Vertheidigung des Bedeckten Weges.

581. Bei der gegenwärtigen Einrichtung der Festungen ist es um so wichtiger: den Bedeckten Weg so lange als möglich zu vertheidigen, da dem Belagerer, wenn er sich einmal auf der Contrescarpe festgesetzt und die Brechbatterie erbauet hat, bei allen folgenden Unternehmungen nur wenig nachdrücklicher Widerstand entgegengesetzt werden kann. Die Richtung der feindlichen Sappen ist hier genau bestimmt: auf oder neben den Capitalen der Angriffsseite; man kann und muß daher auch hier alles aufbieten, dem Feinde jeden Schritt streitig zu machen. Kanonen und Haubitzen in den ausspringenden Winkel, die nur gegen die Spitzen der Sappen feuern, und wenn diese bis auf 50 Schritt sich nähern, Handgranaten und Fladderminen, durch deren Explosionen die feindlichen Logementer zerstöhret uud verschüttet werden, (456. 524. 525.) sind die vornehmsten Mittel, jenen Zweck zu erreichen. Vielleicht wird man sich auch der Sprützen (§. 175.) mit Vortheil bedienen, um das Vorrücken der feindlichen Sappen zu erschweren, wenn das Locale diesem Vorschlage günstig ist. Man befolge überhaupt den von Belidor aufgestellten Grundsatz: „daß der „Widerstand jedes Werkes nur dadurch verlängert wird, „wenn man seinen Zugang eben so kräftig vertheidiget,

„als das Werk selbst; und daß es nützlicher und wich-
„tiger ist: die Festsetzung des Feindes zu hindern, als
„sie, vollendet, zu zerstöhren.“

582. Ein gewöhnlicher Bedeckter Weg mit Tra- Fortsetzung
versen und Pallisaden bietet nur wenig Bequemlichkeit zu einer nachdrücklichen Vertheidigung dar. Die Waffenplätze der eingehenden Winkel werden durch die feindlichen Bomben und Steinwürfe unbewohnbar gemacht, die Pallisaden durch die Rikoschetkugeln umgeworfen und die Traversen dienen dem Feinde zum Schutz, wenn er von dem Glacis herabsteigt. Ein solcher Bedeckter Weg muß verlassen werden, sobald der Feind die Transcheekatzen vollendet hat, weil diese alle Linien überhöhen; es können dann nur noch einzelne Leute hinter den Traversen bleiben, die jedoch ebenfalls bald von dem Feinde hinweggejagt werden. Es ist daher vortheilhafter: die langen Linien des Bedeckten Weges gar nicht zu besetzen, sondern blos eine kleine Wache im ausspringenden Winkel zu lassen, die sich bei dem Angriffe des Feindes zurückziehet. In diesem Augenblicke beginnt ein heftiges Feuer aus den Reduits der eingehenden Winkel sowohl, als von dem Hauptwalle, das dem Feinde gewiß viel Schaden thun wird, ehe es ihm gelingt, sich dagegen zu decken.

Man siehet: daß nur allein die Anwendung des Geschützes unter bombenfesten Ständen in den erwähnten Reduits eine gute und kräftige Vertheidigung des Bedeckten Weges gewähret. (141. 147. 455.) Findet sich eine doppelte Pallisadirung der Angriffsseiten, welche den Raum zwischen den — ebenfalls pallisadirten — Traversen verbindet, wird auch schon dadurch die gewaltsame Einnahme des Bedeckten Weges sehr erschweret; es muß jedoch jede Beschädigung der Pallisaden durch die Schleuderschüsse unverzüglich mit Einsetzung neuer, wieder hergestellt werden. Unterläßt man dies, aus Mangel an Holz oder Arbeitern; verschwindet auch der ganze Nutzen dieser Anordnung, und es ist unter allen Umständen besser: die vorerwähnten bedeckten Geschützstände und Blockhäuser in den eingehenden Winkeln an ihrer Stelle zu setzen, wenn es nur irgend Zeit und Umstände erlauben. Oben offene Reduits und Tambours sind hier nur eine schlechte Nothhülfe.

Waffenplätze der eingehenden Winkel.

583. Sind die Caponieren in den eingehenden Winkel mit einem tiefen, und pallisadirten Graben umgeben, vielleicht auch durch, vor demselben eingegrabene Bomben verstärkt; wird es dem Feinde unmöglich: sie stürmend zu erobern. Er ist gezwungen: ein paar Kanonen gegen die Caponieren aufzuführen, um den Belagerten dadurch zu Verlassung derselben zu zwingen. So lange dies nicht geschehen ist, wird die Anlegung der Kessel für die Steinmörser, und der Breschbatterie nur mit vieler Schwierigkeit und Verlust von Seiten des Belagerers zu bewirken seyn. Wenn sich endlich die Besatzung gezwungen siehet: die Waffenplätze zu verlassen; ziehet sie sich durch die Kehle nach dem Graben, oder — wenn er voll Wasser ist — in die bereit stehenden Fahrzeuge zurück, nachdem die in der Caponiere stehenden Kanonen unbrauchbar gemacht worden sind. Es wird wenig Schwierigkeit haben: bei diesem Rückzuge die Caponiere selbst in die Luft zu sprengen, und dadurch dem Belagerer jede Deckung gegen die Bomben, Hebespiegelgranaten und Steinwürfe zu entziehen. (Struensee l. c. §. 470. seq. Cormontaigne 3, 313. u. a. m.

Unterstützung des B. W vom Hauptwalle.

584. Während dem Angriffe des Bedeckten Weges, er mag nun vermittelst der Sappe oder mit Gewalt geschehen, muß das Geschütz des Hauptwalles vorzüglich thätig seyn: die Festsetzung des Feindes zu erschweren. Daß dieses durch die, vorher empfohlne, Verlassung der ausspringenden Winkel sehr begünstiget wird, fällt von selbst in die Augen. Außer einem heftigen Musketenfeuer von den Façen des Ravelins und der Bollwerke, wird das feindliche Couronnement von

den Flanken (wenn sie durch zweckmäßige Rückenwehren gegen die Schleuderschüsse und vielleicht durch Deckwerke gegen die Bomben geschützt gewesen sind, so wie von allen Punkten der Courtine, von denen man zwischen den Bollwerken und dem Ravelin hindurch sehen kann, beschossen und mit Bomben und Steinen unausgesetzt beworfen. Auf die Verlängerung der Schenkel des Bedeckten Weges werden Kanonen und Haubitzen gestellt, um sie mit schwachen Ladungen zu beschießen und die feindlichen Logementer zu zerstöhren. Bollwerke mit einer Faussebray geben vorzüglich gute Gelegenheit: sich der Logirung des Feindes auf der Contrescarpe nachdrücklich zu widersetzen, weil ihre Brustwehr gegen die Demontirbatterien, durch die Höhe des Glacis geschützt ist, und ihr Geschütz durch Traversen und die öfter erwähnten Deckwerke auch gegen die Bomben und Schleuderschüsse gesichert werden kann.

Obgleich diese Aufstellung des Geschützes von vielen für so gut als unmöglich gehalten wird, verhält es sich keinesweges so; vorausgesetzt: daß es auf dem Wallgange nicht an einer hinreichenden Menge Traversen fehlt. Liegt die Festung sehr niedrig, wird die Brustwehr so gut als gar nicht durch die Demontirbatterien beschädiget; aber, auch selbst bei einem hohen Walle wird jene innerlich noch 3 Fuß Höhe behalten. Man darf daher hier blos Schießscharten auf der abgekämmten Brustwehr einschneiden, nachdem man den Geschützstand hinter derselben, so viel es nöthig ist, ausgegraben hat. Die dadurch gewonnene Erde wird sehr zweckmäßig zu Herstellung der Brustwehr und zu Traversen angewendet. Die Arbeit und selbst die Bedienung des Geschützes wird allerdings hier durch die feindlichen Projectilen sehr gefahrvoll. Allein, Gefahr bringt Ruhm! und die Angriffsteite einer Festung ist einmal nicht als ein sicheres Ruheplätzchen anzusehen. Du Puget sagt mit Recht: „wenn der for währende Verlust des Belagerers ihn nicht dahin bringen kann, die Belagerung aufzuheben, kann er wohl einen Grund abgeben: die Festung schlecht

„zu vertheidigen?" Je länger man im Stande ist, das Breschschießen zu verhindern; je mehr erfüllet man den schönen Zweck: die endliche Einnahme der Festung zu verzögern.

Hätte man das Glück: Defensiv-Kasematten unter dem Hauptwalle zu finden, wie in einigen älteren Festungen; bedarf es keines Beweises: daß durch sie die Besitznahme des Bedeckten Weges und die Anlegung der Breschbatterie noch mehr erschweret, ja fast ganz unmöglich gemacht werden müsse. Ein abwechselndes Feuer mit Kugeln und halbpfündigen Kartetschen wird in dieser großen Nähe jeden Fortschritt der Ganzen Sappe hindern, und den Kasten der Breschbatterie zerstöhren, ehe er nur die Hälfte seiner Vollendung erreichet. Weil jedoch diese zweckmäßige Anlage sich in keiner, seit Vaubans Zeiten erbaueten Festung findet, muß man überall da, wo das feindliche Feuer die Aufstellung der Kanonen verhindert, zu bedeckten Mörserständen seine Zuflucht nehmen. (§. 181. 182.) Diese gewähren ebenfalls eine sehr wesentliche Verstärkung, und haben sich besonders bei der Vertheidigung von Wittenberg 1813 wirksam und nützlich erwiesen.

Minen. 585. Die großen Baukosten, welche alle Minenanlagen, selbst die einfachsten, erfordern, und der fast ungeheuere Pulververbrauch, den sie herbeiführen, stehen ihrer häufigen Anwendung im Vertheidigungskriege entgegen. Und dennoch giebt es ohnstreitig kein wirksameres Mittel, die Hinwegnahme des Bedeckten Weges zu verzögern. (§. 450. 457.) Man sollte nie unterlassen, das Glacis durch T Minen zu verstärken, wenn es nur irgend Zeit und Umstände erlauben.

Die gewöhnlichste Anlage der Gegenminen ist Fig. 16. angezeiget, und bestehet aus einem Kleeblatt d (Treffle) auf jeder Capitale und den T zwischen auf den Schenkeln des Bedeckten Weges. Alle diese Gänge gehen alsdann entweder von der Entrescarpe heraus, oder sie werden durch einen Hauptgang unter dem Bedeckten Wege verbunden, der mehr oder weniger dem Umrisse der Festung folgt.

586. Ist dem Belagerer das Daseyn dieses Minengewebes schon bekannt, wird er aus der dritten Parallele einen Schacht abteufen, um die Gegenminen aufzusuchen und durch überladene Minen zu quetschen. Ahndet er im Gegentheile Nichts von den unterirdischen Vulkanen unter seinen Füßen; scheint es vortheilhafter: ihn die Laufgrabenkatzen vollenden zu lassen, um ihn nun in den beschwerlichen und langsamen Minenkrieg zu verwickeln. So vortheilhaft aber dies für den Belagerten seyn mag, weil die Dauer seines Widerstandes durch einen zweckmäßigen Gebrauch der Gegenminen um vier Wochen verlängert werden kann; hat doch die Minenvertheidigung bei weitem nicht den unendlichen Werth, der ihr in den ihr besonders gewidmeten Werken beigeleget wir. Die neuern Erfindungen der überladenen und besonders der Schacht-Minen vernichten gleichsam durch Einen Schlag das ganze Minengewebe der Angriffsseite; ja, der Belagerte selbst, indem er seinem Feinde schadet, bringt sich zugleich um einen Theil seines Terrains, und erleichtert jenem durch die entstandenen Trichter die Einrichtung der Logementer. Er muß daher möglichst vermeiden, wirkliche Minen zu sprengen; oder wenn er sich dazu gezwungen siehet, sehr schwache Ladungen gebrauchen, die nur flache Trichter auswerfen. Seine Hauptmittel sind Quetscher und Dampfminen, gemeinschaftlich mit einer defensiven Einrichtung der Gallerien. Ihr Gebrauch.

Da der 3te Theil dieses Werks ausschließend für den Minenkrieg bestimmt ist, kann auch hier dieses Vertheidigungsmittel blos angedeutet werden. Man sehe auch Wörterbuch d. Kriegsbauk. Artik. Globe de Compression; Ladungen, Minen, Gegenminen, Böhm's Magazin f. Ing. u. Artilleristen II. S. 202. Cormontaigne, defense chap. IX. Bousmard liv. II. chap. 6. Morla Artillerie.

Eilftes Kapitel.

Anlegung der zweiten Batterien auf dem Glacis; Uebergang über den Graben, und Vorbereitungen zum Sturm.

537.

Zweite Batterie.

Sobald die Besetzung des Glacis und Bedeckten Weges vollendet ist, rücken die Artillerie-Arbeiter ein, um die Bresch- und Contrebatterien zu erbauen. Die Bestimmung dieser Batterien ist: das, was die Schleuderschüsse und Bomben in Hinsicht der Demontirung der Flanken nicht bewirken konnten, zu vollenden, um alsdann ungestöhrt den Uebergang über den Graben unternehmen zu können; und die Futtermauern des Ravelins und der beiden Bollwerksfaçen niederzuschießen. Die Stellung und Größe dieser Batterien wird durch den Raum bedingt, auf den sie zu liegen kommen; es ist daher nur nach ihrer möglichst schleunigen Vollendung zu bewirken. Diese Absicht aber wird erreicht:

a) durch zweckmäßige Eintheilung und Anlegung der Arbeiter, daß sie überall in der nöthigen Zahl, doch ohne sich zu hindern, angewendet werden.

b) Eine in der letzten Parallele bereit stehende Ablösung dienet zum Ersatz der Getödteten und Verwundeten, und zu nachheriger Abwechselung der ganzen Zahl.

c) Daß die Mannschaft bei der Arbeit durch Wollsäcke oder andere Blendungen gedeckt wird, weil zu häufige Beschädigungen der Arbeiter nothwendig Aufenthalt und Unordnung entstehet. Denn nur

d) durch die größte Ordnung und Ruhe bei Ausführung ähnlicher Baue unter dem nahen Feuer des Feindes können sie gefördert werden.

e)

f) Um das feindliche Feuer möglichst zu schwächen, werden neben der Batterie gute Schützen aufgestellt, die auf Alles Feuer geben, was sich auf dem Walle zeiget. Eine Maaßregel, die auch während des Feuers dieser Batterie, gemeinschaftlich mit den vor die Schießscharten gesetzten Laden, die richtige Bedienung des Geschützes erleichtert.

588. Da die zweiten Batterien allgemein in den Logementern liegen, sind sie versenkt. (Wörterb. der Artillerie). Die Schanzkörbe der Sappe werden hinweg genommen, und durch Faschinen ersetzt, deren 3 oberste Reihen man zu Deckung der Artilleristen quer über die Schießscharte hinweglaufen läßt. Da es eine unerläßliche Bedingung der Breschbatterie ist: die Futtermauern am Fuße beschießen zu können; darf die Brustwehr nicht über 12 Fuß dick werden. Ja, wenn ein zu schmaler und tiefer Graben, oder ein zu breiter Bedeckter Weg die Erreichung jener Absicht verhindert; ist man genöthiget, von dem Glacis herunter zu gehen und die Batterie in dem Bedeckten Weg selbst zu legen. Der innere Raum der Batterie ist 27 Fuß breit; die Schießscharten sind äußerlich nur 6 Fuß 8 Zoll weit, inwendig 12 bis 15 Fuß von einander, und zwischen jeden 2 oder 3 Geschützen wird eine Traverse gegen die Enfilade gelegt. Der Raum erlaubt gewöhnlich nicht viel Geschütze auf diese Batterien zu stellen; doch dürfen nirgends weniger als 4 Kanonen seyn, wenn sie ihren Zweck sicher und bald erfüllen sollen. Ihre Beschaffenheit

Für die Contrebatterien ist 12 Fuß Brustwehren-Dicke nicht hinreichend, man muß ihnen 15 Fuß geben; besonders wenn der Belagerte noch brauchbares Geschütz auf den Flanken hat. Eben so muß man bei lockerm Sandboden eine größere Stärke zu bekommen suchen, und dies gleich Anfangs bei Einrichtung des Logements berücksichtigen. Wäre das Glacis mit

Steinen gepflastert, würden jene aus Sandsäcke aufgeführet und sie auch zu den zweiten Batterien angewendet, oder diese in den Bedeckten Weg selbst gelegt werden. Struensee III. §. 279.

Ihr Gebrauch. 289. Alle diese Battterien sind entweder bestimmt: den Hauptwall zu öffnen, oder das noch vorhandene feindliche Geschütz zum Schweigen zu bringen und den Wallgang von seinen Vertheidigern zu reinigen. Zufolge dieser Bestimmung werden sie entweder gerade gegen die zu beschiessende Linie, oder senkrecht auf dieselbe geleget. Die letztern schießen vorzüglich Kartetschen mit schwachen Ladungen, weil diese mehr Wirkung gegen die Vertheidiger thun, als der Kugelschuß. Um die Flanke zu demontiren, scheinen Haubitzen vorzüglich anwendbar. Treffen ihre Granaten gerade in die Schießscharten, sind sie auf diese geringe Weite in ihrer Wirkung den Kugeln gleich; bleiben sie aber in den Merlons stecken, werden diese nach und nach von ihnen zerstöhret. Sowohl zu diesem Zweck als zu Oeffnung der Futtermauern ist ein unausgesetztes, lebhaftes Feuer nöthig, in sofern es sich mit der erforderlichen Genauigkeit der Schüsse vereinigen läßt. Nicht die Menge der Schüsse überhaupt, sondern allein die gehörig treffende Zahl derselben vermag die Wälle wehrlos zu machen und dem Belagerer einen Zugang zu bahnen.

Bresche-schießen. 290. Zu dem Breschelegen wird die Breite der Sturmlücke (6 bis 8 Ruthen) zu beiden Seiten durch Schüsse mit starken Ladungen ($\frac{5}{12}$ bis $\frac{9}{24}$ Kugelschwere) bezeichnet, und das Mauerwerk durch eine horizontale Linie dichte über dem Wasserspiegel, oder — bei einem trocknen Graben — 6 Fuß über der Sohle gleichsam abgeschnitten. Diese Linien oder Furchen müssen die Futtermauer völlig durchdringen, so daß die Erde des Walles durch sie zum Vorschein kommt. Man feuert hierauf mit etwas verringerten Ladungen gegen das bezeichnete Stück, indem man an der horizontalen Furche anfängt und nach und nach aufwärts gehet. Geschiehet dieses Feuern lagenweise (mit etwa $\frac{1}{4}$ oder $\frac{1}{5}$ Kugelschwere) in Verbindnng mit den schrägen Schüssen zweier oder dreier, seitwärts stehender Kanonen; werden bald größere Stücken Mauerwerk herunter stürzen, und der Druck der Erde das übrige vollenden. Zuletzt werden die noch stehenden Strebepfeiler, nebst der Brustwehr zu beiden Seiten der Oeffnung hinweggeschossen.

591. Obwohl das hier angegebene Verfahren das zweckmäßigere scheint; können doch Umstände eintreten, die es unzureichend machen, oder die überhaupt seine Anwendung ganz verbieten. Bisweilen erlaubt die Lage des Werkes nicht: es gerade zu beschießen; sondern man muß alles von der Wirkung einer seitwärts angelegten Batterie erwarten. Man darf jedoch nicht erwarten, die Mauer zu fällen, sobald die Kugeln unter einem spitzigern Winkel als 40 Grad anschlagen; weil sie dann abprellen und weiter gehen werden. (§. 456.) Ist es bei einer solchen schrägen Richtungslinie der Breschbatterie möglich: sie durch eine zweite auf der andern Seite, zu unterstützen; wird man um so sicherer seinen Zweck erreichen, weil die Perkussionskraft der Kugeln hier nicht so stark ist, als wenn sie senkrecht auf die Mauerfläche treffen.

Noch nachtheiliger ist es, wenn sich die Futtermauer an gewachsenen Felsen lehnet, oder auf einem, ihr an Höhe gleichen Felsen ruhet, oder wenn vielleicht der ganze Graben im Felsen gehauen ist; in allen diesen Fällen läßt sich keine ersteigliche Sturmlücke bewirken. Die Lage solcher Felsenschlösser bietet jedoch bei diesen Schwierigkeiten öfterer einen wichtigen Vortheil dar, denn man nie unterlassen darf, zu benutzen. Nemlich, die Gelegenheit: denn innern Raum des Schlosses

Besondere Umstände.

von irgend einer überhöhenden Bergkuppe zu bestreichen und den angegriffenen Punkt von hinten her zu treffen. Weiß man jeden ähnlichen Umstand zweckmäßig zu gebrauchen; ist bisweilen ein für unüberwindlich geachtetes Felsennest von leichtem Zugange.

Dahin gehöret Sonnenstein in Sachsen, mit doppelten, 40 bis 60 Fuß tiefen Gräben, in Felsen gehauen, und auf der andern Seite mit massiven Bollwerken, deren jedes drei kasemattirte Batterien über einander hat. Die nicht bombenfeste Wohnkaserne umschließt den inneren Hofraum; geräth sie in Brand, ist die Landseite von der Wasserseite gänzlich abgeschnitten, weil der Eingang nach jene Kasematten durch die Gebäude geht. Das Ganze wird deshalb und überhaupt wegen seiner unbedeutenden Größe gegenwärtig nicht mehr als Festung benutzt.

Das Schloß von Trarbach an der Mosel, dessen Angriff Cormontaigne 1735 leitete, hatte ebenfalls eine solche eigene Lage. Ein kleines Aussenwerk mit einem, in Felsen gehauenen Graben, der — so wie der innere Raum des Werkes — von einer Gallerie mit Schießlöchern bestrichen war, lag dergestalt an dem steilen Felsenhange eines gegen die Mosel abfallenden Berges, daß er das ganze Schloß in drohender Stellung mehr als 50 Fuß überhöhete. Doch gerade dieses Ueberhöhen machte die Stärke des Schlosses aus. Man konnte sich ihm nur von unten herauf nähern, wo der steile Abhang die Schanzkörbe B nur mit Mühe durch untergelegte Sappenbunde (m Fig. 10.) feststellen ließ, wo der Rollkorb A blos durch zwei vorgesetzte Spitzhauen gehalten ward, und wo der Felsenboden durchaus keine Erde zu dem Füllen der Schanzkörbe darbot. Das Schloß selbst konnte nur von den, durch tiefe Schluchten abgeschnittenen Höhen auf 500 bis 700 Schritt beschossen werden, und gegen das Aussenwerk, wo nur allein der Angriff geführt werden konnte, ließen sich blos 3 Kanonen aufstellen, indem man die Bettungen auf der unteren Seite durch untergeschobene Faschinen und Steingrus über 6 Fuß erhöhete. Und selbst von diesen 3 Kanonen konnten nur zwei die Futtermauer über den Bär hin, welcher hier den Graben verschloß, sehen und eine etwa 18 bis 24 Fuß breite Bresche zu Stande bringen. Wäre dies Aussenwerk zweckmäßiger vertheidiget worden; die Franzosen würden es nur mit viel Zeitverlust und Aufopferung haben nehmen können. Allein, die Besatzung verließ die krenelirte Gallerie ohne allen Widerstand, und machte es dadurch den Stürmenden leicht: es einzunehmen und sich darinen festzusetzen. (*Cormontaigne*, Mémoir. pour l'attaque. p. 169 Dasselbe von Bousmard herausgegeben (bei Decker in Berlin 1803) S. 215.

592. Um die Breschbatterien möglichst zu unterstützen, werden überall, wo sich keine Kanonen anbringen lassen, Mörser aufgestellt, die jetzt ihre Bomben mit hohen Elevationen werfen, um tiefer in die Brustwehren und Traversen einzubringen — die sie, als Mienen wirkend, zerstöhren — und um die vielleicht zu schwachen Decken der Gewölbe und Vertheidigungsgallerien einzuschlagen. Die große Nähe der Festungswerke erlaubt hierbei: schwache Ladungen anzuwenden, welche die Schemel der Mörser weniger beschädigen. Da man die Mörser überall, selbst in den engsten Räumen der Waffenplätze ꝛc. anwenden kann, sind die Bomben in Verbindung mit den Steinwürfen und Hebespiegelgranaten von vorzüglichem Nutzen: die noch übrig gebliebenen Vertheidigungsmittel der Festung vollends zu vernichten, um den Uebergang über den Graben zu erleichtern. Alles, nicht zum Breschelegen bestimmte Geschütz wirkt zu diesem Zweck; die Kanonen und Haubitzen schießen mit Kartetschen, wenn sie wegen der Lage der Werke und wegen der zu kurzen Linien derselben sich des Schleuderschusses nicht bedienen können. Dieser ist bei Bergfestungen von oben herunterwärts zwar nicht anwendbar, wohl aber aufwärts, gegen ein 90 bis 120 Fuß hohes Werk auf eine Entfernung von 400 bis 500 Schritt, wenn man Ladung und Elevation dergestalt nimmt, daß die Kugel eben über die Krone der Brustwehr hinweg streichet. Mörserbatterien.

Du Puget schlägt schon vor: Ein- bis dreipfündige Kugeln aus den Steinmörsern zu werfen, wozu auch die, aus der

Festung geschossenen, dem Belagerungsgeschütz nicht kaliber-mäßigen Kugeln zu gebrauchen sind. Nur auf diesen Fall muß man Carnots wahrscheinlich dort geschöpften Vorschlag: Kartetschenkugeln aus Mörsern zu werfen, beziehen.

Vollendung der Bresche. 593. Wird auf die oben erwähnte Art gegen die Futtermauer geschossen; kann in 2 bis 3 Tagen eine ersteigliche Bresche bewirkt seyn. Sie ist dieses, sobald keine Mauern mehr stehen und die Brustwehr völlig abgekämmt ist. Man muß nun zu schießen aufhören, um nicht unnützerweise Munition zu verschwenden, und das Aufsteigen beschwerlicher zu machen, wenn die herabgefallene Erde gleichsam mit Kugeln gepflastert wird. Man säume dann nicht: sich zum Sturm zu rüsten, weil der Feind außerdem die ihm gegönnte Ruhe benutzen würde, sich zu verschanzen,. oder mancherlei Annäherungshindernisse auf und hinter der Bresche anzubringen. Das Geschütz der Breschbatterie schießt daher von dem Augenblicke an, wo seine eigentliche Bestimmung aufhöret, mit schwachen Ladungen Kartetschen gegen die Bresche, die zu gleicher Zeit von mehreren Mörsern unausgesetzt mit Bomben und Granaten überschüttet wird, um das Abräumen der Trümmern, die Vollendung der Abschnitte rc. zu verhindern.

Verfahren gegen das Ravelin. 594. Obgleich nach den allgemeinen Grundsätzen des Angriffes das Ravelin und die beiden Bollwerke zugleich zum Sturm gebrochen werden müssen, räth doch Belidor: nur 3 Kanonen gegen jede Ravelinface aufzustellen, und in die Brustwehr eine 20 bis 24 Fuß breite Oeffnung zu schießen, um durch dieselbe den Wallgang bestreichen zu können. Dadurch wird der Belagerte verhindert: etwas zu Unterstützung der beiden Bollwerke zu unternehmen, die mitlerweile zum Sturm geöffnet werden. Wirklich scheint die förmliche Eroberung des Ravelins vor dem Sturm auf die Bollwerke um so weniger nöthig; als sein Geschütz zu dieser

Zeit schon völlig demontirt ist, und als das vorerwähnte Bestreichen seines Wallganges mit Kugeln und Kartetschen auch die Anwendung des kleinen Gewehres unmöglich macht. Selbst von dem Reduit im Ravelin hat der Belagerer wenig zu fürchten; seine Flanke kann von der Contrescarpe vor der Spitze des Bollwerks gesehen und beschossen werden, wenn die hier von allen Seiten zusammentreffenden Schleuderschüsse und Bomben noch überhaupt ein brauchbares Geschütz übrig gelassen haben. Die Wirkung des letztern kann unter diesen Umständen nur geringe seyn, und die daraus entspringende Gefahr bei dem Uebergange über den Hauptgraben stehet in keinem Vergleich mit der Arbeit und der Gefahr, welche — fast nutzlos — durch den Sturm auf das Ravelin und durch den Angriff seines Reduits herbeigeführet wird. Da durch Belidors Vorschlag die Zeitdauer der Belagerung — wenn besonders das Ravelin ein festes Reduit hat — um mehrere Tage abgekürzt wird; läßt sich, nicht ohne allem Grund, der Satz aufstellen: „man beschränke sich blos „auf die Eroberung derjenigen Werke, die zur Ein„nahme der Festung unentbehrlich sind, wie die Re„duits des Bedeckten Weges und die Contregarden; „lasse aber die Nebenwerke unberührt liegen, und be„gnüge sich: sie durch ein heftiges und zweckmäßiges „Feuer zu paralysiren.“

Nur dann, wenn man ein weit vorspringendes Ravelin der neueren französischen Schule (Demi-Lune) mit Defensivkasematten vor sich fände, das durch die entfernten Rikoschetbatterien nicht wehrlos geschossen werden kann; würde man sich entschließen müssen: dasselbe vor dem Sturm auf die Bollwerke hinweg zu nehmen.

595. In den früheren Zeiten bediente man sich sehr häufig der Minen, um eine Oeffnung in die Futtermauer der Festung zu machen, der verbesserte Ge- Bresche durch Minen.

brauch des Geschützes, und der Umstand: daß der Einsturz der Mauern durch den Druck der darhinter aufgeschütteten Erde erleichtert und beschleuniget wird, machten: daß man sich in der Folge blos auf die Breschbatterien beschränkte. Es giebt aber dennoch Fälle, wo die letztern nicht hinreichend sind, und wo man nur durch Anwendung der Minen seinen Zweck erreichen kann: eine ersteigliche Bresche zu bekommen. Defensivkasematten, auch wohl überwölbte Strebepfeiler, ein Felsengrund, ein schmaler und tiefer Graben, der den Fuß der Futtermauern zu treffen verhindert, lassen nichts übrig: als den Minirer über den Graben zu schicken, damit er durch über einander gelegte Sandsäcke von der Seite, und durch ein Blendwerk aus Balkenhölzern von oben geschützt, sich einen Gang durch die Futtermauer bricht, und 15 Fuß hinter derselben eine Minenkammer anlegt. Diese wird in Verbindung mit zwei andern, dichte an den Strebepfeilern, in gleicher Weite seitwärts liegenden Kammern ohnfehlbar eine hinreichende Sturmlücke bewirken, und zugleich die etwa vorhandenen feindlichen Minen öffnen.

Verfahren dabei. 596. Es ist bei Ansetzung des Minirers nützlich: die Sappe über den trocknen Graben auf den innern Winkel der Brustwehr zu führen, wodurch dem Belagerten das Herabwerfen von Steinen, Bomben u. dergl. erschweret wird. In Hinsicht der Ladungen dieser Breschminen siehet man die Hälfte der Höhe des Profils BC (Fig. 9.), als die kürzeste Widerstandslinie an, und macht $AB = \frac{BC}{2}$, um dadurch die erforderliche Pulvermenge zu bestimmen. Man nehme jedoch die letztere nicht zu groß, 1) weil die Trümmern zu weit rückwärts auf die Logementer geschleudert würden; und 2) weil stärkere Ladungen ihre Trichter so rein auswerfen, daß man nachher sich genöthiget sähe: ihn mit

Schaufel und Hacke abzuschrägen. Eine, in diesem Momente, höchst gefährliche und schwierige Arbeit!

Hat die Festung einen Wassergraben, muß nothwendig die Brücke oder der Damm über denselben vorher gemacht werden, um den Minirer ansetzen zu können. Die Oeffnung des Ganges liegt in diesem Falle mit ihrer Sohle allezeit 1 Fuß über den höchsten Wasserstand, weil außerdem die Gallerie durch Anschwellung des Grabens leicht ersäuft werden könnte. Da zugleich hier das Herausbrechen der Ersten Steinschichten dem, fast unbedeckten, Minirer höchst gefährlich ist; wird es vortheilhaft seyn: wenigstens zwei Kanonen aufzustellen, um ein 3 Fuß tiefes und 4 Fuß hohes Loch zu bekommen, worin der Minirer gegen die Schüsse von den Flanken und gegen alle, von oben herabgeworfene Kunstfeuer, sicher ist.

Nach der bekannten praktischen Regel der Minirer giebt $\frac{1}{15}$ des Würfels der kürzesten Widerstandslinie die gewöhnlichen Minenladungen, die in dem vorliegenden Falle um $\frac{7}{11}$ vermehret werden müssen, um den größeren Widerstand der Futtermauern zu überwinden. Cormontaigne will jedoch die Vermehrung nicht; sondern begnügt sich mit der einfachen Ladung, und sein Herausgeber, Bousmard bemerkt: daß bei 12 Fuß K. W. L. schon $57\frac{1}{4}$ Pfund Pulver hinreichen, um eine bis auf die Oberfläche des Erdbodens fortgesetzte, Wirkung, jedoch ohne Trichter, zu erhalten, welches durch den Zusatz von $\frac{7}{11}$ bei Mauerwerk $93\frac{3}{4}$ Pfund giebt. Es fehlet hierüber an genügenden Erfahrungen. Bei Demontirung der Festungswerke von Mayland wurden die Kammern C (Fig 16.) mit 300 Pfund, oder etwas über die Hälfte der berechneten Ladung von 12 Pfund auf die Würfelklafter geladen, die Kammer A und B aber hatten der Beschaffenheit der Mauern entsprechende Ladungen, und die Wirkung war vollkommen.

Man kann bei den Sprengen der Futtermauern im Allgemeinen festsetzen: daß auf Eine Würfelklafter erfordert werden

bei gewöhnlichem Mauerwerk . . .	18 bis 20	Pfund;
bei sehr festen Mauern	27	—
bei alten und vorzüglich gute Mauern	30 bis 35	—

Es ist aber die aufzuwerfende Masse = $\frac{11}{6}$ des Würfels der kürzesten Widerstandslinie, für die man die Mauerstärke annehmen kann, um nach Verhältniß der Beschaffenheit des Mauerwerkes die Ladung zu bestimmen. Bei der Vertheilung des Feuers ist es dann vortheilhaft, die vordern Minen A B um Einen Moment früher spielen zu lassen, als die hintern C. S. Ladungen und Sprengen im Wörterb. der Kriegsbaukunst.

Besondere Fälle. 597. Wenn hinter der Futtermauer eine Gallerie, oder wohl eine Defensivkasematte lieget, wird dadurch das Sprengen derselben sehr erschweret, und der Feind findet mancherlei Gelegenheit zu Gegenmanövern. Kann man die Gallerie nicht durch Kanonenschüsse öffnen; muß dies vermittelst einer Petarde geschehen, wenn die Mauer nicht zu stark dazu ist, und der Feind durch Granaten und Kunstfeuer aus derselben vertrieben worden. Der Minirer vergrößert mitlerweile die Oeffnung, bemächtiget sich der Gallerie und verschanzt sich mit Sandsäcken und Holz in derselben. Wird die Gallerie zu beiden Seiten gut und hinreichend versetzt und überladen; muß nothwendig das Springen der Minen den Einsturz der Futtermauer und des darüber liegenden Walles nach sich ziehen. (S. Laufgraben im Wörterb. der Kriegsbauk.) Weil hier der Versatz des leeren Raumes der Gallerie zu viel Zeit erfordert, muß die Ladung in demselben verhältnißmäßig auf das Doppelte oder Dreifache erhöhet werden.

Eine Gallerie der Bollwerksfaçe des Forts Felix zu Verona, ward durch 3608 Pfund Pulver, in 8 Kasten vertheilet und auf jeder Seite 30 Fuß lang versetzt, so daß der leere Zwischenraum 210 Fuß betrug, nicht gesprenget. Es erfolgte blos eine leichte Erschütterung und die 15 Fuß dicke Futtermauer bekam einige Sprünge. Man brachte nun 6000 Pfund Pulver in Einem Haufen in der Mitte des vorerwähnten Raumes an, den man — wie vorher — auf beiden Enden, doch diesmal nur $22\frac{1}{2}$ Fuß lang, versetzte. Nach einer schwankenden Bewegung von 3 bis 4 Sekunden ward die Futtermauer über 100 Schritt lang umgeworfen, der Wallgang hinter derselben 30 bis 36 Fuß breit hinweg geblasen, und eine höchstens 30° betragende Böschung gebildet. Ein nahe liegendes Ravelin ward mit Trümmern bedeckt und der Graben fast bis oben angefüllet.

Bei den, gewöhnlich sehr dicken, nicht mit Erde hinterschütteten, Mauern alter Schlösser und Thürme, bricht man einen Rameau bis über die Hälfte der Mauerstärke hinein, gehet dann rechtwinklich ab, um die Kammer anzulegen, und auf eine der Beschaffenheit des Mauerwerkes angemessene Weise zu laden.

Fände sich ein Minengang unter der Contrescarpe, vielleicht mit Schießlöchern nach dem Graben; gewähren diese dem Belagerer den zweifachen Vortheil: durch Schützen den Hauptwall von den Vertheidigern reinigen, und durch Sprengen der Gallerie sich einen bequemen Weg in den Graben bahnen zu können. Letzteres ist auch der Fall, wenn man sich zu dem eigentlichen Minenangriff genöthiget siehet. Man kann durch eine überladene Mine sich zugleich den Zugang in den Bedeckten Weg und, durch die, von die innere Böschung des Grabens geworfenen Trümmer der Contrescarpe, auf den Hauptwall bahnen, wie es in den Belagerungen von Breslau, durch die Preußen und von Chotzim und Bender, durch die Russen, geschehen ist; ohne daß man vorher Bresche schießen darf.

598. Unmittelbar nach Vollendung des Couronnements, und während man an den Breschbatterien arbeitet, wird auch ein Gang aus dem Logement nach dem Graben hinab geführet, so daß er auf der Sohle desselben, oder bei einem nassen Graben, auf dem Wasserspiegel herauskommt. Dieser Gang wird hinter einer Traverse des Bedeckten Weges angefangen, und entweder unter der Erde, wie eine Minengallerie, aus schon bereiten Hölzern, mit 4 bis 5 Fuß Breite und 7 Fuß Höhe geführet; oder — wenn die geringe Tiefe des Grabens es nicht gestattet — als eine gedeckte Sappe quer über den Bedeckten Weg bis an die Futtermauer getrieben, längs der man sich nachher bis zur erforderlichen Tiefe einschneidet. Die Sohle

Absteigung in den Graben.

des Ganges fällt Stufenweise mit 4 Fuß Anlage auf 1 Fuß Höhe. Wäre demnach der Graben 14 Fuß tief, wird der Gang 30 Fuß unter der Traverse lang, und gehet 26 Fuß rechtwinklich an der Futtermauer hinab, wo man ihn noch etwa 30 Fuß verlängert, und von 6 zu 6 Fuß Schießlöcher hindurch bricht, um den Uebergang zu bestreichen. 4 Minirer und 4 Gehülfen werden bei zweistündiger Ablösung in 12 Stunden 2 Rähmen setzen oder 6 Fuß fortrücken. Sie werden folglich die ganze Arbeit in 4 Tagen und Nächten beendigen können.

Das Durchbrechen der Futtermauer geschiehet immer in der Nacht, um während derselben die Schulterwehr der Sappe queer über den Graben machen zu können. Weil sowohl die Arbeit an der Brücke über einen Wassergraben, als das Defiliren der Truppen zum Sturm durch die enge Gallerie sehr beschwerlich wird, schlägt Belidor vor: ein paar Minenkammern hinter der Futtermauer der Contrescarpe anzulegen, und dadurch eine 4 bis 6 Ruthen breite Absteigung nach dem Graben zu bilden, von dem zugleich ein Theil durch die herabgeworfenen Steine und Erde ausgefüllet, und so die Herstellung des Dammes erleichtert wird. Die zu beiden Seiten stehen bleibende Erde vom Wallgange des Bedeckten Weges bildet dann eine Schulterwehr gegen die Flankenschüsse.

Uebergang vermittelst des Dammes.

599. Wassergräben erfordern zu dem Uebergange andere Vorkehrungen, je nachdem das Wasser a) zwar tief, aber stille stehend, oder b) fliessend ist; oder wenn endlich durch besondere Schleusen und Schutzfallen eine heftige Strömung in den Graben hervorgebracht werden kann. Da diese verschiedene Beschaffenheit der Wassergraben wesentlichen Einfluß auf die Uebergangsmittel hat; muß man sich vorher genau davon unterrichten, um sich nicht im Augenblicke des Sturmes durch Hinwegreißen des Dammes in Verlegenheit gebracht zu sehen.

Ueber einen Graben mit stillem Wasser bedarf es

blos eines Dammes von über einander geworfenen Faschinen, mit Hurten und Sandsäcken bedeckt, der auf einer Seite durch eine Schulterwehr von Schanzkörben mit Sandsäcken gefüllt, und von Faschinen gegen die Schüsse von der Flanke des Nebenbollwerks geschützt ist. Nachdem man sich in dem Logement 8 Fuß tief eingesenkt, den Gang bis an die Futtermauer getrieben und diese durchbrochen hat; fangen die Pionnirer sogleich den Damm an. Sie werfen zu dem Ende eine Lage Faschinen nach ihrer Länge auf die, in den Graben gefallenen Trümmern der durchbrochenen Futtermauer C D (Fig. 8.), die sie mit einer zweiten und dritten Lage kreuzweise bedecken, und hierauf die Lagen durch von 3 zu 3 Fuß hindurch gestoßene Pfähle befestigen. Auf den Kopf jedes Pfahles wird ein gefüllter Sandsack gelegt und mit dem Fuße breit getreten, um dadurch die Faschinen einsinken zu machen und gegen das Anzünden zu sichern. Man verbreitet zu gleicher Zeit den Damm, daß er unten 30 bis 48 Fuß breit wird; vorausgesetzt: daß er 6 Fuß Höhe bekommen muß. Mitlerweile haben 2 andere Pionnirer das Einwerfen der Faschinen fortgesetzt, wie vorher, 3 Lagen derselben übereinander mit Pfählen befestiget und mit Sandsäcken bedecket, deren es jetzt mehrerer bedarf, um den Damm unterzutauchen B. So wird die Arbeit quer über den Graben fortgesetzt, bis man jenseits den Abhang der Bresche erreichet, an den sich der Damm anschließet. Oben wird letzterer auf die Sandsäcke mit Hurten bedeckt, und mit (in Minirkörben zugelangter) Erde überschüttet, daß er nur 2 Fuß über das Wasser empor stehet, weil bei dem Uebergange der Truppen die Last ihn um ohngefähr soviel zusammensetzt.

600. So wie der Damm fortrückt, wird auch sogleich die Schulterwehr angefangen, indem man 2 Rei- Schulterwehr.

hen Schanzkörbe vor einander auf zwei Faschinenlagen stellt, und sie sowohl als die Zwischenräume mit Sandsäcken ausfüllet. Man giebt endlich der Schulterwehr durch aufgelegte Faschinen die gehörige Höhe von $6\frac{1}{2}$ Fuß, und bedeckt sie — oder wo möglich den ganzen Damm — gegen das Anzünden mit frischen Thierhäuten. Würde der Damm sehr durch das überhöhende Feuer der Flanken belästiget; muß man ihn vermittelst angestellter Blendrähmen oben mit Hurten, Faschinen und Erde, oder frischen Thierhäuten bedecken.

Zu Verfertigung des Dammes sind jedesmal 6 Pionnirer bestimmt, welches mit zweimaliger Ablösung 18 Mann ausmachet. Nun können 2 Mann in Einer Stunde bequem Eine Lage Faschinen vollenden, so daß mit Einschluß der Schulterwehr 8 Stunden zu Einer Ruthe Länge des Dammes nöthig sind. Ein zehen Ruthen breiter Graben wird demnach 80 Stunden, oder vier Tage unausgesetzter Arbeit erfordern. Dazu 5 bis 6 Tage um den Gang nach dem Graben abzusenken; macht in Allem 9 bis 10 Tage.

Obgleich die Verfertigung des Dammes von den Arbeitern gewöhnlich unbedeckt geschiehet, sollte man doch nie unterlassen: diese Deckung, nach Landsbergs Vorschlag, vermittels eines vorgelegten Wollsackes zu bewirken. Die Arbeit wird dadurch nur wenig beschwerlicher, und diese Beschwerde hinreichend durch den weit geringeren Verlust von Sappirern aufgewogen. Ein heftiges Feuer aus allen Batterien und Logementen mit Geschütz und kleinem Gewehr dient während der ganzen Zeit zu Begünstigung der Arbeit, und die Feinde von den Punkten zu vertreiben, wo sie sich ihr mit Erfolg widersetzen könnten.

Bedürfnisse zu dem Damme.

601. Alle Materialien zu Fertigung des Dammes müssen schon vorher in das Logement gebracht, und neben dasselbe zur Hand geleget werden, um sie durch angestellte Arbeiter zureichen und den Bau ohne Unterbrechung fördern zu können. Da nun der Damm un-

ten 50 Fuß breit wird, rechnet Cormontaigne (l. c.) auf jede Faschinenlänge (6 Fuß) ins Gevierte, 10 Faschinen; folglich auf die 3 untersten Lagen 240 Faschinen

auf die 3 untersten Lagen	240	Faschinen
auf die 3 folgenden Lagen	210	—
auf die 3 obersten Lagen	180	—
2 Lagen Faschinen unter die Schulterwehr	20	—
2 Lagen Faschinen zu Bedeckung derselben	20	—
	670	—

die man wegen des Abganges auf 800 setzen, und dadurch leicht die ganze Zahl der erforderlichen Faschinen nach Verschiedenheit der Breite des Grabens bestimmen kann.

An Sandsäcken wird man ohngefähr bedürfen:

auf die untern 3 Lagen	64
auf die folgenden 3 Lagen	112
auf die obern 3 Lagen	192
zu der Schulterwehr	150
	518 Sandsäcke,

wofür man 600 annehmen kann.

Zu Bedeckung der Faschinenlagen 60 Hurten, von 6 Fuß Länge und 3 Fuß Breite.

Schanzkörbe, werden auf 6 Fuß, 6 erfordert; endlich auf dieselbe Länge 4 Blendrahmen, und 2 frische Häute, zu Bedeckung der Schulterwehr.

Das volle Materialien-Bedürfniß würde demnach seyn, wenn der Uebergang zugleich gegen Ein Ravelin und 2 Bollwerke gemacht wird.

	Hauptgraben von 10 Ruthen	Ravelingraben von 6 Ruthen.	Ganze Summe.
Faschinen . .	15000	6000	42000
Hurten . . .	1200	720	3840
Schanzkörbe . .	120	72	284
Sdndsäcke . .	12000	6000	38400
Blendrähmen .	80	48	256
Frische Thierhäute	40	24	128

Sollte es an einer so großen Menge Sandsäcke fehlen, kann man auch die Schanzkörbe mit Erde füllen, die in Minirkörben oder Sandsäcken, durch die in 2 Reihen aufgestellten 80 Arbeiter von der Infanterie zugereichet wird. Da die Dämme nach dem Ravelin nicht so breit seyn dürfen, werden auf jeden nur 500 Faschinen gerechnet, wie sich aus vorstehender Tafel ergiebt. Um diese Dinge heranzubringen, läßt man einen Viertheil der Laufgrabenwache das Gewehr strecken, und jeden Mann 2 Faschinen tragen. Ihnen folgt das zweite Viertheil u. s. f., so daß jede Abtheilung in 24 Stunden dreimal gehet und am zweiten Tage alles nach der Baustelle getragen ist. Die vorerwähnten 80 Arbeiter werden nach 12 Stunden immer abgelößt, und täglich um 20 Mann vermehret, um der zunehmenden Länge des Dammes zu genügen.

Dämme über fließendes Wasser.

602. Wenn der Graben strömendes Wasser hat, würde dasselbe oberhalb des Dammes anschwellen, und denselben durch den vermehrten Druck umstürzen und mit sich fortreißen. Es ist daher nöthig: auf der Seite des Stromfadens eine Oeffnung zu dem freien Abfluß des Wassers zu lassen, indem man entweder 6 Fuß hohe Schanzkörbe, von sehr starken Aesten geflochten, anstatt der Faschinen, einleget, durch die das Wasser hindurch strömen kann; oder indem man zwischen die Faschinen Mauer- oder Rüstböcke stellet, welche unter ihren Füßen die nöthigen Oeffnungen lassen. Die Rüst-

Rüstböcke lassen sich jedoch nur mit viel Schwierigkeit aufstellen, weshalb auch die von le Febvre (Angriff und Vertheid. Kap. 19.) vorgeschlagene Anwendung derselben zu Uebergangsbrücken nicht statt finden kann. (Struensee III, §. 306. Wörterb. der Kriegsbauk. Uebergang.)

603. Schwimmende Brücken von einer zweckmäßigen Einrichtung, daß sie sich leicht aufschlagen lassen, und von dem Feinde durch Wallmusketen, oder ein herbeigebrachtes Flankengeschütz nicht in den Grund geschossen werden können, eignen sich wohl am besten dazu; obgleich sie den Nachtheil haben: weniger Gelegenheit zur Schulterwehr zu gewähren. Sie sind von verschiedener Art: Pontons-, Faß-, Block- oder Kasten-Brücken. Schwimmende Brücken. a, Pontons.

a) Von allen bei den Europäischen Armeen üblichen Pontons eignen sich nur die Sächsischen, mit Fächern versehen, für den gegenwärtigen Zweck, weil sie nicht untersinken können, wenn auch mehrere, und selbst größere Kugeln, hindurch gehen. Der Bau einer Brücke läßt sich mit ihnen leicht und schnell beendigen, und man wird auch eine 4 Fuß dicke Brustwehr von Wollsäcken darauf anbringen können. Bei einer unterirdischen Absteigung in den Graben wird es jedoch schwierig seyn: die 22 Fuß langen und 4 Fuß breiten Pontons hindurch zu bringen.

b) Floßbrücken nach Asters Vorschlag (vom Festungskriege S. 245.) werden sich nicht ohne Schwierigkeiten ausführen lassen; besonders, wenn die Stämme einzeln neben einander gebracht werden sollen, wie dort gelehret wird. Wollte man sich dieser Floßbrücken bedienen, müßte man schon vorher kleine Flößen aus 5 Baustämmen (die ohngefähr 4 Fuß Breite einnehmen und sich eben noch auf Walzen durch die 6 Fuß weite Gallerie bringen lassen) zusammensetzen, und dieselben b) Holzblöcke.

durch mit Weiden befestigte Queerhölzer, oder auch durch eingeschnittene und aufgenagelte Latten verbinden. Diese Flößen werden durch Ringe und Seile neben einander befestiget, mit 5 Zoll starken Balken und mit Bretern überdeckt. Sie gewähren den sehr wichtigen Vortheil: selbst durch Stückkugeln nicht in Grund geschossen werden zu können; sind aber dagegen sehr schwer zu bewegen, sobald ihre Länge 12 bis 14 Fuß übersteigt. Ja, schwere Holzarten, als Eichen, Buchen, Ulmen 2c. sind gar nicht anwendbar, weil sie — selbst ausgetrocknet — sich zu wenig von der eigenthümlichen Schwere des Wassers unterscheiden und aus ihnen verfertigten Flößen kein hinreichendes Vermögen zu tragen bekommen.

c) Tonnen. 604. Santa Cruz, und nach ihm, le Febvre (Kap. 19. No. 4.) haben zu diesen Behuf c) Tonnen empfohlen, die beinahe überall zu finden sind, und gut verpicht, die Brückendecke mit einer Schulterwehr von Wollsäcken sowohl, als die übergehende Mannschaft tragen. Allein, die dort und anderwärts (Stuensee III. §. 310. St. Remy, Mémoir. d'artillerie.) beschriebene Bauart ist deshalb nicht ausführbar: weil man die einzelnen Glieder der Brücke auf dem Ufer zusammensetzen und nachher erst ins Wasser schieben muß. Will oder muß man sich der Tonnen zum Uebergang bedienen; so verbinde man je zwei derselben durch ein Holzstück von 30 Zoll Länge und 4 Zoll Stärke, cc Fig. 7., das vermittelst eiserner Klammern, Ringe, oder eines in das Spundloch geschobenen Knebels befestiget wird. Wären die Tonnen um 2½ Fuß hoch und 20 Zoll weit; werden drei Paare CDF hinter einander, unter den, 10 Fuß langen, 4 und 5 Zoll starken Balken AB befestiget. So ist Ein Brückenglied fertig, das bequem durch den Absteigungsgang in den Graben gebracht werden kann. Diese Brückenglieder bekommen 8 Fuß Abstand von Mitte zu Mitte: Ueber sie werden 10 bis 12 Fuß lange, 5 Zoll starke Balken gestrecket und mit Bretern zum Uebergang beleget. Um die Balken auf dem Träger AB leicht und schnell zu befestigen; kann man Löcher durch sie bohren, und sie mit denselben auf die, in den Träger geschlagene Bolzen schieben.

605. Man hat zu dem Uebergange über Wassergräben in Holland eine Art wasserdichter Sturmkasten (Fig. 8.) gebraucht, die auch in der That den Vortheil eines schnellen Baues darbieten, besonders, wenn man sie sowohl nach der Länge als Breite mit gut verpichten Abtheilungen f versiehet, damit sie nicht untergehen können, wenn sie von Kugeln beschädiget werden. Ist AB = 12 Fuß; BC = 2' und CD = 2 Fuß; wird jeder Kasten 576 Würfelfuß enthalten und, mit Einschluß seines eigenen Gewichtes, 4608 Pfund tragen können. Um sie handhaben und an einander befestigen zu können, sind sie oben an den 4 Ecken mit Ringen versehen. Man kann diese Kasten 9 Fuß im Lichten, oder 12 Fuß von Mitte zu Mitte stellen; sie werden hierauf, gleich den Pontons, mit Balken und Bretern beleget. d) Kasten.

Daß alle diese verschiedenen schwimmenden Brücken gegen den Zug des strömenden Wassers mit Ankern, oder sonst, befestiget werden müssen, ist von sich selbst klar. Man kann sich zu diesem Zweck auch eines großen, mit einem Boden und Deckel geflochtenen und mit Steinen angefüllten Schanzkorbes bedienen; oder auch das, zu Festhaltung der Brücke bestimmte Tau gegen den Strom an einem starken Pfahle auf der Contrescarpe befestigen. Man wird um so mehr das letztere Mittel anwenden müssen; als die Ausbringung der Anker hier, ohne ein besonderes dazu bestimmtes Fahrzeug, beinahe unmöglich ist. Pfähle, zu Befestigung der Brücke, in den Grund des Grabens einzuschlagen, wird ebenfalls — da es nothwendig unbedeckt geschehen muß, seine eignen Schwierigkeiten haben.

Bei allen schwimmenden Brücken ist das Gewicht der darauf zu errichtenden Schulterwehr vorzüglich zu berücksichtigen. Geschiehet dieses nicht; läuft man Gefahr: daß die Brücke auf der, gegen die Flanke gewandten Seite zu tief eingetaucht oder wohl gar versenket wird. Es erscheinet als zweckmäßig; ja, beinahe als nothwendig: zwei Brücken neben einander zu legen; deren Eine nur 8 Fuß breit seyn darf, und auf deren Mitte die Schulterwehr stehet. Die andere, zu dem Uebergang der Truppen bestimmte wird dann mit jener zugleich aufgeschlagen und beendiget. Der Unterschied lieget dabei blos in einer größern Menge Materialien und einer stärkern Anzahl Arbeiter.

Anordnungen zum Sturm.

606. Die Bedingungen, unter denen ein Sturm auf das angegriffene Werk statt finden kann, sind:

a) Die Ersteiglichkeit der gemachten Sturmlücke.

b) Daß keine Brustwehr-mehr auf dem oberen Rande derselben stehet, die außerdem noch durch fortgesetztes Schießen abgekämmt werden muß.

c) In einem trocknen Graben muß der Uebergang wenigstens 15 Fuß breit und durch eine Schulterwehr gegen die Senkschüsse von den Nebenwerken genugsam gedeckt seyn.

d) Bei einem Wassergraben muß die Brücke oder der Damm 12 Fuß breit und fest genug seyn: die Last der Uebergehenden zu tragen. Auch muß die Schulterwehr hinreichend stark gegen das feindliche Feuer seyn.

e) Die Brustwehr ist sorgfältig zu betrachten: ob man keine Merkmale der feindlichen Abschnitte bemerkt. Reichen diese nicht bis an die äußere Böschung der Brustwehr; kann man auf letzterer hingehen und den Abschnitt im Rücken nehmen.

f) Man muß die Gefangenen und Ueberläufer genau befragen: ob der Belagerte Abschnitte in dem, zu stürmenden Werke hat? Ob sie von Erde und gemauert, oder blos von Holz sind? Auch, ob vielleicht Minen unter oder hinter der Bresche liegen?

g) Es ist die Größe des Logements, die dazu nöthigen Schanzkörbe und Arbeiter vorläufig zu bestimmen. Wäre nemlich das erste (nid de pie, Festsetzung)

	10 Ruthen
die beiden Verbindungsgräben	10 —
	20 Ruthen.

Dazu sind 120 Schanzkörbe und eben so viel Arbeiter mit Schaufel und Hacke nöthig, die man auf 150, unter Anführung dreier Ingenieur-Offiziere setzen kann. Man theilt ihnen einige Pionniere zu, um das Anlegen der Arbeiter rc. zu erleichtern.

h) Die zum Sturm bestimmte Mannschaft muß immer das Doppelte der Besatzung des Werkes ausmachen, und der Hauptangriff mit mehreren andern gleichzeitigen Angriffen verbunden werden, um die Aufmerksamkeit und die Kräfte der Belagerten zu theilen.

607. Unter den obigen Voraussetzungen wird der Sturm entweder gegen ein detaschirtes, oder ein Außenwerk, oder aber auf die Bollwerke des Hauptwalles unternommen. Bei ersteren beiden wird man außerdem noch die Verbindung mit der Festung unterbrochen haben, oder sie wenigstens so unsicher als möglich zu machen suchen, um die nachdrückliche Unterstützung des angegriffenen Werkes zu hindern. Die zum Sturm bestimmten Leute versammlen sich hierauf im Couronnement des Bedeckten Weges, gehen über den Graben und ersteigen die Bresche, indem sie sich dabei blos des Bajonets bedienen: den Feind zu vertreiben. Die Sturmkolonne wird gewöhnlich folgendergestalt geordnet: Ausführung.

1) Ein Offizier mit dreißig Freiwilligen.
2) 6 oder 8 Zimmerleute mit Aexten, einem starken Hammer und eine Brechstange.

3) 4 Minirer mit scharfen Beilen, Erdhauen und Spaten, um die Feuerleitungen der vorhandenen Minen aufzusuchen und abzuschneiden.
4) 150 bis 200 Mann zu 6 oder mehr, in der Breite, je nachdem es die Breite des Dammes oder der Brücke erlaubt.
5) Die Ingenieurs mit den Arbeitern, welche unmittelbar nach Vertreibung des Feindes zu Verfertigung des Logements angestellet werden.
6) Die Unterstützungs-Mannschaft, die jedoch nur bis an den Fuß der Bresche rückt, und daselbst stehen bleibet, wenn die Stürmenden ihrer Hülfe nicht bedürfen.

Fortsetzung 608. Ist alles gehörig vorbereitet, und vorzüglich ein oder zwei Tage vorher, ein heftiges Feuer auf das angegriffene Werk gemacht worden, um den Feind entweder zur Verlassung desselben zu bewegen, oder ihn muthlos zu machen; wird auch die Erstürmung mehrentheils gelingen. Findet sich ein starker Abschnitt hinter der Bresche; muß man sich begnügen: sich auf letzterer festzusetzen. Die Arbeiter wenden dabei möglichsten Fleiß an: sich schnell einzugraben, um gegen das feindliche Feuer gedeckt zu seyn, das sie nie an der Ausführung ihres Vorhabens hindern kann. Denn hätte der Belagerte auch ein oder zwei Geschütze in seinem Abschnitte aufgestellt, welche die Beendigung des Logements oben auf der Bresche unmöglich machten; darf der Ingenieur nur um Etwas rückwarts gehen, wo ihm der obere Theil der Bresche selbst zum Schutz dienet. Auf diese Weise brachte Cormontaigne bei der Belagerung des Trarbacher Schlosses 1734 des heftigen Feuers der Besatzung ohngeachtet, auf dem eroberten Außenwerk das Logement am hellen Tage zu Staude.

Man unternehme nie den Sturm, ohne von dem Gelingen desselben beinahe gewiß zu seyn, weil es an keiner Vorsicht, an keinem Hülfsmittel fehlet, die sich zeigenden Schwierigkeiten und Hindernisse zu besiegen, und unerwarteten Vorfällen zu begegnen. Auch diese muß man vorher sehen, alle Maaßregeln des Feindes errathen; denn nichts ist gefährlicher, als jene unverzeihliche Sorglosigkeit bis zum Augenblick der Ausführung, die nichts vorbereitet, sondern sich dem blinden Zufall hingebend, alles verliehrt, wenn sie alles zu gewinnen wähnte. Man untersuche selbst: welche Vortheile die Umstände darbieten, und welche Vertheidigungsmittel noch in der Hand des Feindes stehen? Nur durch ein ruhiges Abwägen beider wird man den Erfolg mit Sicherheit bestimmen können. Die neuern Belagerungen der Engländer in Spanien zeigen uns Beispiele unbedachtsam unternommener Stürme, die deshalb auch nicht gelingen konnten. (S. Jones Tagebuch der Belagerungen 1811 und 1812. Man sehe auch Cormontaigne l. c. III. Kap. 16. §. 3.)

609. Es finden aber auch Fälle statt, wo eine schwache Besatzung, eine nicht mit Geschütz und Munition gehörig versehene Festung die Belagerung dadurch abzukürzen erlauben: daß man nach Beendigung der dritten Parallele gleich mit dem gewaltsamen Angriff des Bedeckten Weges den Sturm auf den Hauptwall verbindet. Hierzu ist jedoch besonders nöthig: daß schon durch die Ersten Batterien eine ersteigliche Bresche bewirkt worden ist, oder daß die Eskarpe gar keine, oder doch nur eine 10 bis 12 Fuß hohe Futtermauer hat. Um den Graben in diesem Falle — wenn auch nicht ganz zu füllen, doch das Herunterspringen von der Contrescarpe zu erleichtern; giebt man den bewehrten Leuten mit Stroh, Heu oder Moos gefüllte Säcke, die sie vor sich in den Graben werfen. Es darf auch nicht an einer Anzahl, der Höhe der Eskarpe angemessenen Leitern fehlen, die von besonderen Commandirten hinter dem zweiten Peloton der Stürmenden getragen werden.

Sturm ohne Grabenübergang.

Wie oben, wo man bei dem Sturme blos eine Festsetzung auf der Bresche beabsichtiget, wird hier eine Abtheilung Arbeiter bestimmt: ein Logement auf dem Hauptwalle zu machen, im Falle es den Stürmenden nicht gelingen sollte, die Belagerten gänzlich zu vertreiben, und sich unerwartete Hindernisse fänden, die ganze Festung zu erobern. Diese Arbeiter setzen während des Gefechtes sogleich ihre Schanzkörbe nach der Leitung des Ingenieurs auf, und graben sich so schnell als möglich ein, um den Angreifern einen festen Standpunkt und die Möglichkeit zu verschaffen: sich auf den eroberten Werken zu behaupten. Immer bleibt jedoch ein solcher Sturm ein — wo nicht ungewisses, doch höchst gefahrvolles Unternehmen, das sich nie ohne bedeutendem Verlust ausführen läßt, wenn es auch gelingt.

Beispiele gelungener Stürme stellen uns die Belagerungen von Trarbach 1734, Philippsburg im nemlichen Jahre, von Tournay 1745, von Bergen op Zoom, von Schweidnitz (Tielkens Beiträge IV.), von Valenciennes 1793, die vorerwähnten Belagerungen der Spanischen Festungen durch die Engländer dar, u. a. m.

Eroberung durch die Sappe.

610. Zeigen sich in einem vorliegenden oder Aussenwerke nur noch einzelne Leute auf der Bresche, würde es unnütz und nachtheilig seyn: eine starke Abtheilung Truppen dem Feuer von den Nebenwerken oder von dem Hauptwalle auszusetzen. Man schickt daher einen Ingenieur-Offizier mit einer Pionnier-Abtheilung an den Fuß der Bresche, von wo sie (den Rollkorb vor sich) die Sappe schräge aufwärts treiben, indem sie die Schanzkörbe auf einer Seite eingraben, oder durch untergeschobene Faschinen waagerecht stellen. Wenn sie auf diese Weise über drei Viertheil der Höhe des Walles vorgedrungen sind; wird bei einbrechender Nacht Ein Offizier mit 15 Mann, durch Einen Hauptmann mit 100 Mann unterstützt, vorgeschickt,

im die in dem Werke noch zurückgebliebenen wenigen Leute gefangen zu nehmen, oder vollends zu vertreiben. Ihnen folgen zwei Ingenieure mit 50 Arbeitern, welche sogleich ein Logement auf dem ausspringenden Winkel des Werkes bilden, hinter das sich die eben erwähnten 100 Mann aufstellen nnd in das sich auch die vorgeschickten 15 Mann nach Verjagung des Feindes zurückziehen. Sie dürfen hierbei den letzteren nicht zu weit verfolgen, um nicht das Feuer des Feindes zu wecken.

Dasselbe Verfahren beobachtet man auch, wenn man Minen unter der Bresche besorget, die bei dem Sturme auf die gewöhnliche Weise den Truppen sehr nachtheilig werden könnten, unter jeder Bedingung aber sie in Verwirrung bringen würden. Man läßt in diesem Falle die Unterstützungstruppen und Arbeiter diesseits des Grabens zurück, die — da der Feind sich wahrscheinlich verleiten läßt, die Minen zu zünden — sogleich die Trichter besetzen, und zum Logement einrichten.

In der Belagerung von Philippsburg 1734 verloren die Franzosen auf diese Weise viel Leute, weil die ersten 15 Grenadiere gegen den erhaltenen Befehl, die fliehenden Belagerten von dem ausspringenden Winkel des Hornwerkes bis auf die Mitte der Courtine verfolgten. Sie wurden hier größtentheils getödtet; ihnen folgten eben so unbedachtsam und tollkühn zwei zur Unterstützung aufgestellte Compagnien. Bald theilte sich die Kampfwuth allen auf der Contrescarpe befindlichen Truppen mit, von denen nach und nach acht Grenadier-Compagnien heran eilten, die Schanzkörbe des nur angefangenen Logements umwarfen, und sich im innern Raume des Hornwerkes, im heftigsten Feuer des Feindes zerstreuten. Nur mit Mühe und mit einem Verlust von 80 Mann, Offizieren und Gemeinen, zog man sie bis an den Fuß der Bresche zurück, wo noch mehrere in dem 12 Fuß tiefen Graben ertranken, weil die Brücke unter der Last der sich darauf Drängenden zerriß. (Cormontaigne l. c. chap. 15.)

Besondere Umstände. a) Ein fester Abschnitt.

611. Hat die Festung gute und haltbare Abschnitte, wird auch die Eroberung und Besetzung der Bresche die Uebergabe der Festung nicht unmittelbar veranlassen. Man siehet sich im Gegentheil genöthiget: Kanonen über den Graben zu bringen, um das Geschütz des Abschnittes zum Schweigen zu bringen und den Wall desselben niederzuschießen. Zu dem Ende gehet man aus dem Logement mit der ganzen Sappe vor, um gegen den Abschnitt eine Art Parallele zu bilden und in derselben die Demontir- und Bresch-Batterien zu erbauen. Während dem muß der Weg für das Geschütz sowohl auf der Absteigung in den Graben als über letztern vorbereitet werden, damit dasselbe sogleich nach Vollendung der Batterien herangebracht werden kann, welches ohngefähr in der vierten oder fünften Nacht nach Erstürmung des Hauptwalles möglich ist. Die Vertreibung des Belagerten aus dem Bedeckten Wege des Abschnittes geschiehet theils vermittelst einer geraden Sappe auf der Capitale, theils vermittelst einer Sappe in der Brustwehr der beiden Bollwerksfaçen, welcher letztern man sich besonders zu dem Ueberhöhen des Bedeckten Weges bedienen kann. Man vollendet das Couronnement des letztern und erbauet eine besondere Breschbatterie gegen den Abschnitt, wenn dies anders noch nöthig und die Futtermauer desselben nicht schon heruntergeschossen ist. Eines zweiten Sturmes wird es höchst wahrscheinlich nicht bedürfen; sondern die Besatzung ergiebt sich entweder, nachdem sie auf diese Weise ihre Vertheidigung um 12 bis 14 Tage verlängert hat; oder sie ziehet sich in die vielleicht vorhandene Citadelle zurück.

Ein Kavalier auf dem Bollwerk wird den Widerstand entweder gar nicht, oder doch nur um einige wenige Tage verlängern, sobald man nicht unterläßt: in der zweiten Parallele Demontirbatterien gegen ihn anzulegen, die seine Futtermauern durch Senkschüsse treffen, und sie noch vor der Ankunft des Belagerers auf dem Glacis herunterschießen. Wäre dies ja nicht möglich; läßt es sich doch bei dem eigentlichen Bresche-schießen ausführen, nachdem man die Futtermauer des Hauptwalles niedergeworfen hat, ohne daß man Kanonen auf das Bollwerk selbst bringen darf. Bousmard II. 2.

612. Gegen eine gut und zweckmäßig eingerichteten Contregarde, die mit Geschütz besetzt, gleichsam eine zweite Einfassung bildet, muß man einen besondern Angriff führen, der sich übrigens nicht von dem vorher beschriebenen, gegen den Hauptwall, unterscheidet. Da jedoch der letztere hier größtentheils unberührt bleibet, kann man auch erst mit den zweiten Batterien Etwas gegen ihn unternehmen; wenn nicht vielleicht eine fehlerhafte Construction Oeffnungen (y Fig. 23. Tab. II. des 1sten Theils) darbietet, durch die man, zugleich mit der Contregarde, die Bollwerksfaçe beschießen, und dann beide zu gleicher Zeit erstürmen kann. Der Hauptwall tritt hier in die Cathegorie des im vorigen §. bemerkten Abschnittes, und man ist genöthiget: nach Eroberung der Contregarde Kanonen auf dieselbe zu bringen, um jenen öffnen zu können. Bei der großen Schwierigkeit dieses Transportes scheint es jedoch vortheilhafter: blos ein Logement auf der Bresche der Contregarde zu errichten, und sogleich den Minirern in letzterer anzusetzen, um durch eine überladene Mine ein hinreichendes Stück hinweg zu sprengen, und durch eine und eben dieselbe Batterie in die Contregarde und das Bollwerk Bresche legen zu können. Ein Verfahren, das immer nothwendig wird, wenn die schmale Contregarde blos zur Vertheidigung durch das kleine Gewehr eingerichtet, kein Geschütz aufnehmen kann. b) Eine Contregarde oder Enveloppe.

In die Contregarden, die keine Futtermauern haben, sondern aus bloßer Erde bestehen, will zwar Bousmard (I. Buch,

Kap. 11.) durch horizontal geschossene schwere Granaten eine Bresche bewirken, die deshalb angestellten Versuche sind jedoch nicht überall befriedigend ausgefallen. In lockerem sandigem Boden bilden die springenden Granaten keine Trichter, weil diese von der nachrollenden Erde wieder angefüllet werden. In fester Erde hingegen haben sich folgende Resultate ergeben:

Kaliber der Granaten.	Ladung der Granaten.	Eindringen.	Durchmesser des Trichters.	Tiefe des Trichters.	Durchmesser der Wirkungssphäre.
7 Pfund.	$\frac{1}{4}$ Pfd.	3 Fuß.	4 Fuß.	$1\frac{1}{2}$ Fuß.	5 Fuß.
10 Pfund.	1 Pfd.	3 Fuß.	6 Fuß.	2 Fuß.	7 Fuß.
50 Pfund.	5 Pfd.	2 Fuß.	$6\frac{1}{4}$ Fuß.	$2\frac{1}{2}$ Fuß.	$8\frac{1}{2}$ Fuß.

4 springende zehnpfündige und 22 siebenpfündige Granaten machten in einem 18 Fuß hohen, 20 Fuß dicken Erdwall auf 160 Schritt Entfernung eine Bresche, die unten 26, oben aber 8 Fuß breit und völlig ersteiglich war. Werden die Granaten aus 24pfündigen Kanonen geschossen, dürfen diese nur 1 Pfund Ladung bekommen, weil die Granaten außerdem zu tief eindringen und keinen Trichter bilden.

Alles hier in Rücksicht der Contregarde gesagte gilt auch von einer Faussebray, die durch einen hinreichend breiten Graben von dem Hauptwalle geschieden, das Mauerwerk desselben völlig verdeckt. Zwar wird das Geschütz beider zu gleicher Zeit durch die Schleuderschüsse und Bomben demontiret; von den letztern wird jedoch die schmale Faussebray weniger getroffen, sie erfordert daher immer einen besondern Angriff und das oben beschriebene Verfahren, wodurch die Eroberung der Festung ebenfalls um 12 bis 14 Tage verzögert wird.

o) Größere Außenwerke.

613. Es finden sich öfters ganze Befestigungsseiten unter dem Namen der Hornwerke oder der einfachen und doppelten Kronwerke als Außenwerke angebracht (wie bei Valenciennes, Straßburg u. a.), die eigentlich die Festungen schwächen, welche man damit belästigte, obgleich sie von dem großen Haufen für ein Ver-

kungsmittel gehalten werden. (§. 157 seq.) Das Feuer ihrer engen Bollwerke wird leicht durch die Bomben gedämpft, und mit jenen zugleich die schmale, nur schlecht von dem kleinen Ravelin gedeckte, Courtine geöffnet. Der Angriff dieser Außenwerke hat demnach an sich weniger Schwierigkeit, als der einer ähnlichen Fronte des Hauptwalles, dessen größere Theile auch mehr Feuer und eine bessere Vertheidigung gewähren. Selbst in dem vortheilhaftesten Falle für letztere, wo das Hornwerk vor einem Bollwerke lieget, wird zugleich in seine lange Seite und die, sie bestreichende Courtine Bresche geschossen, nachdem die seitwärts liegenden Werke, — von welcher Beschaffenheit sie auch sind — durch die Ersten Batterien wehrlos geschossen werden.

Stoßen die langen Seiten des Horn- oder Kronwerks auf die Bollwerksfaçen des Hauptwalles, werden auch die letztern mit jenen zugleich geöffnet und gestürmet. Wäre ja dies nicht möglich, bietet der große innere Raum solcher Werke die bequemste Gelegenheit zu allen Angriffsarbeiten, Batterien ꝛc. dar, so daß sich der Belagerer nur wenig durch sie aufgehalten siehet. Es würde daher überflüssig seyn, noch weiter über ihren Angriff zu reden.

614. Die Zangenförmigen Umrisse erschweren allerdings den Angriff durch die stärkere Feuermasse, welche sich gegen jeden Punkt des Bedeckten Weges vereinigen läßt, und gegen die man sich würde durch vielfache Taversen in den zweiten Batterien, ja, vielleicht sogar durch obere Bedeckung schützen müssen. In der That, eine schwierige und Zeit raubende Arbeit. Allein, die langen Seiten der Zangenwerke bieten sich dagegen auch der vollen Wirkung des Schleuderschusses dar, der sie bald aller Vertheidigungsmittel berauben wird, sobald ihr Geschütz nicht in guten Kasematten sicher un- d) Zangenwerke.

tergebracht ist. Es kommt demnach hier vorzüglich darauf an, durch viele und gut geordnete Rikoschetbatterien, das Feuer der Tenaille zu dämpfen; denn nur, wenn dieses geschehen ist, darf man hoffen: sich auf der Contrescarpe festsetzen zu können. Hier müssen alsdann starke Contrebatterien gegen den nebenliegenden Schenkel — welcher die bestreichende Linie des angegriffenen bildet — errichtet werden, die alle Mühe anwenden: die noch übrig gebliebenen feindlichen Geschütze vollends zu vernichten, und dadurch den Uebergang über den Graben vorzubereiten, während die Contregarde, oder Enveloppe geöffnet wird.

Fortsetzung 615. Wenn das Logement auf letzterer zu stande gebracht ist, wird man entweder eine, durch viele Traversen und eine lange, und hohe Flankendeckung geschützte Breschbatterie erbauen, oder durch eine Mine den Wallgang der Enveloppe vor der ersten Breschbatterie hinwegsprengen müssen, um durch sie auch den Hauptwall niederlegen zu können. Es gehet hieraus hervor: daß ein zweckmäßig angeordnetes, und gut vertheidigtes Zangenwerk dem Angriffe manche Schwierigkeiten entgegensetzt, auf die er bei dem gewöhnlichen Umrisse mit Bollwerken nicht stößt. Jedoch ist anderen Theils nicht minder wahr: daß ein verständiger Gebrauch der Schaufel und des Geschützes, wenn auch spät, dennoch endlich zum Ziel führet, wenn nicht andere Hindernisse eintreten, die in der fortrückenden Jahreszeit; in der gegenseitigen Lage der belagernden und der vielleicht zum Entsatz kommenden Armee u. s. w. liegen, und die hier nicht in Anschlag gebracht werden dürfen.

Hat der Hauptwall Defensivkasematten, oder ruhet er auf Gewölbbögen (arceaux en décharge), wird es sehr schwer, ja beinahe unmöglich: sie mit Kanonen zu öffnen. Man sucht in diesem Falle durch die Breschbatterien blos ein 2 Fuß tiefes, und 5 Fuß hohes Loch hervorzubringen, in welchem der Minirer, gegen die Seitenschüsse gesichert, arbeiten kann, um durch eine überladene Mine seinen Zweck zu erreichen und eine ersteigliche Bresche hervorzubringen.

Man siehet leicht: daß bei einer zur starken Vertheidigung eingerichteten, gehörig kasemattirten Festung, es nur zwei Mittel giebt, durch deren schickliche Verbindung die Eroberung möglich wird: eine große Geschützmenge und die Anwendung der Minen. Man rechne jedoch in diesem Falle nie auf eine schnelle Beendigung der Belagerung! Hat auch der Belagerte keine Minengewebe bereit; hat er sogar keine Minirer in der Festung, um den Angriff zu begegnen und ihn durch die gewöhnlichen Hülfsmittel des Minenkrieges aufzuhalten; erfordert doch schon das ungestörte Vertreiben der Gallerie und Rameaux, die Anlegung der Kammern rc., eine längere Zeit. Unter zwei bis drei Monaten wird man es nicht bis zur Erstürmung des Hauptwalles bringen können; vorausgesetzt: daß Commandant und Besatzung mit weiteiferndem Bestreben zur Vertheidigung wirken.

Zwölftes Kapitel.

Vertheidigung der Festung, von der Ankunft des Feindes auf der Contrescarpe bis zu Ende der Belagerung.

616.

Während des Angriffes und bis zur Ankunft des Belagerers auf dem Glacis erlaubten seine Rikoschetbatterien nicht: einen ausgedehnten Gebrauch von dem Festungsgeschütze zu machen. Sobald jedoch das Glacis couronnirt ist, müssen alle Feldbatterien schweigen, um nicht die eigenen Angriffsarbeiten zu beschädigen. Dies

Veränderte Aufstellung des Geschützes.

ist der Augenblick, wo die Batterien des Hauptwalles wieder in Thätigkeit treten, und selbst eine Art von Ueberlegenheit erlangen, wenn besonders der Feind die Bürgerhäuser, und nicht die Festungswerke zum Ziel seiner Bombenwürfe wählet. Man darf daher nicht säumen: die zum Theil beschädigten Bettungen so schnell als möglich, neu zu legen und die beschädigten Brustwehren und Schießscharten auszubessern, oder neue einzuschneiden, wo es nöthig ist. Cormontaigne vertheilet das Geschütz in einem Sechseck folgendergestalt:

Benennung der Festungswerke.	Kanonen ℔r.				
	24	16	12	8	Haubitzen.
Bollwerk rechts, linke Façe	—	—	2	3	—
— Flanke	5	1	—	—	—
Bollwerk links, rechte Façe	—	—	2	3	—
— Flanke	5	1	—	—	—
Courtine zwischen beiden	—	8	2	—	—
Halbe Courtine rechts	—	—	2	—	—
— — links	—	—	2	—	—
Neben-Ravelin zur rechten	—	—	—	1	4
— — — linken	—	—	—	1	4
	10	10	10	8	8

Fortsetzung 617. Die Mörser und Steinböller werden hinter die Kehle, oder die Flanke der Bollwerke gestellt, um jetzt gemeinschaftlich mit den Kanonen die Erbauung der feindlichen Batterien im Bedeckten Wege zu hindern, indem gegen jede derselben sich 3 oder 4 Mörser vereinigen. Da es nicht zu bezweifeln ist: daß der Feind die angegriffenen Werke mit einem Regen von Bomben und Hebespiegelgranaten überschütten wird, wenn er anders seinen Vortheil verstehet; — den er gewiß nicht

durch

durch Anzünden der Bürgerhäuser fördert — muß man die Mörser entweder durch bedeckte Stände schützen, oder sie auf die Neben-Raveline stellen, wenn es die Beschaffenheit der Angriffsseite erlaubt. Wie vortheilhaft es für die Vertheidigung ist: wenn man die Vollendung der zweiten Batterien nur um einige Tage verzögern kann, bedarf keiner Auseinandersetzung.

Der niedrige Stand des Geschützes in Defensivkasematten oder selbst auf einer Faussebray giebt bei einer entsprechenden Abdachung des Bedeckten Weges — so daß sein Gang aufwärts bis unter die Schußlinie der in den Kasematten stehenden Kanonen aufwärts abfällt — giebt besonders Gelegenheit, die Logementer und die zweiten Batterien des Feindes sehr wirksam zu beschießen. Es wird dem letztern nur mit der äußersten Anstrengung und mit vielen Verlust gelingen: jene wirklich zu vollenden. Struensee §. 496 seq.

618. Ist der Belagerer unvorsichtig genug: den Uebergang über den Graben zu unternehmen, noch ehe er die Contrebatterien beendiget und die Flanken demontirt hat, wird man ihm denselben bei einem Wassergraben unmöglich machen können. Kein Faschinendamm, keine Brücke wird den gegen sie abgeschossenen Stückkugeln widerstehen; die Arbeit wird schneller vernichtet als gemacht seyn. Ueberhaupt findet sich der Belagerer jetzt in einer weniger vortheilhaften Lage, als zu Anfange der Belagerung. Auf allen Seiten von dem Belagerten eingesehen und beschossen, muß er sich auf einem engen Raume bewegen, wo ihm bei jedem Schritte der Umriß des Grabens, die Reduits der eingehenden Winkel und die Erhöhungen und Vertiefungen des Bedeckten Weges hindern. Fehlt es der Besatzung nicht an Muth und Thätigkeit; findet sie tausend Mittel: ihm jeden Schritt zu erschweren und mit Blut erkaufen zu machen. Es ist leicht möglich: ein oder zwei Geschütze in einem tiefen Stande auf dem Wall-

gänge, dem Uebergangspunkte gegenüber anzubringen, die den Austritt aus der durchbrochnen Mauer der Contrescarpe unmöglich machen, bis es dem Feinde gelingt, ihren Stand durch Bomben oder gerade Schüsse zu zerstöhren.

Wäre die Festung mit tiefen Flankenkasematten versehen, wird man nicht gesäumt haben, ihre Schießlöcher durch eine vorgelegte Erdbrustwehr zu maskiren, die man jetzt durch Vorscharten öffnet, um den Graben frei bestreichen zu können.

In einem breiten und tiefen Wassergraben, oder überhaupt bei einer von Wasser umgebenen Festung, wie Mantua, Stralsund ꝛc. werden Kanonenfahrzeuge zu Bestreichung der feindlichen Annäherungsarbeiten sehr gute Dienste leisten.

Ausfälle. 619. Bisweilen hat der Feind seine Logementer auf dem Glacis nicht zweckmäßig zur Vertheidigung angeleget, oder er hat den Bedeckten Weg mit Gewalt erobert, und versäumet, mit der dritten Parallele hinreichende Verbindungen zu eröffnen. Die Besatzung kann in diesem Falle — wenn sie stark genug ist — ein Versuch machen: durch einen Ausfall den Bedeckten Weg wieder zu erobern. Die bequemste Gelegenheit dazu bietet ein Graben ohne Contrescarpe dar, dessen Sohle sich aufwärts in den Gang des Bedeckten Weges verläuft. Hier können die Truppen sich im Graben herumziehen und das feindliche Logement von allen Seiten zugleich anfallen. Wäre es auch nicht möglich: sich des letztern wieder ganz zu bemächtigen; ist doch schon sehr viel gewonnen, wenn es gelingt, dasselbe zu zerstöhren, das Geschütz der zweiten Batterie zu vernageln ꝛc. Diese Ausfälle unterscheiden sich in Nichts von den, gegen die feindlichen Laufgräben unternommenen (§. 577 seq.), vor den sie noch einen leichten Rückzug der ausgefallenen Truppen voraus haben.

620. Der Mangel einer gehörigen Einrichtung ist gewöhnlich der Grund, warum sich viele Aussenwerke nur so lange vertheidigen, bis der Feind sie geöffnet hat, dann aber ohne weitern Widerstand verlassen werden. Nur durch eine gemauerte oder pallisadirte Kehle, bei einem trocknen Graben, gegen Ueberfall und Angriff während des Sturmes geschützt, und durch ein festes Reduit eines sicheren Rückzuges gewiß, kann die Besatzung des Ravelins mit Ruhe und Entschlossenheit dem Sturme auf die Bresche entgegensehen. Das eine, wie das andere muß daher noch vor der Belagerung vorbereitet werden, wenn nicht früher schon beides angeordnet ist, wie es eigentlich nie fehlen sollte. Selbst bei einem Wassergraben ist es nöthig: die Kehlen der Aussenwerke auf der Angriffsseite zu schließen, weil der Feind — nachdem er die Streichwehren außer Vertheidigungsstand gesetzt hat — während des Uebergangs über den Graben, jene durch Truppen in Fahrzeugen ersteigen lassen kann. Es muß daher auch allezeit ein Theil der Besatzung des Werkes zu Bewachung der — obgleich gehörig verwahrten — Kehle bestimmt werden, damit im Fall eines feindlichen Angriffes auf dieselbe, keine Verwirrung entstehen kann, durch die jede Vertheidigung unmöglich wird. Vertheidigung der Außenwerke.

Der Abschnitt mag nun aus einem bloßen Wall und Graben bestehen, oder ein bombenfestes Blockhaus seyn; sollte man immer Anstalten treffen: ihn in die Luft sprengen zu können, sobald man sich gezwungen siehet, ihn zu velassen. Man hilft dadurch den Nachtheil ab: daß er die Einsicht und Bestreichung des, durch ihn verdeckten innern Raumes hindert und die Festsetzung des Feindes begünstiget. (Struensee III. 2. 5. Abschn.)

621. Zur kräftigen Vertheidigung der Außenwerke ist die freie Gemeinschaft mit der Festung durchaus nothwendig, um die Besatzung mit Munition zu ver- Des Ravelins.

sorgen und gegen einen überlegenen Angriff zu unterstützen. (119. — 122. §.) Kann der Belagerer durch Zerstöhrung der Brücken diese Gemeinschaft unterbrechen, wird sie durch Fahrzeuge in einem von den feindlichen Demontirbatterien bestrichenen Raume nie genügend wieder herzustellen seyn, und nur zur Nachtzeit statt finden können. Dennoch würde es Schwäche und Feigheit seyn: sich dadurch zu gänzlicher Verlassung des, — für die Vertheidigung der Fronte keinesweges unwichtigen — Ravelins bewegen zu lassen. Fehlt es in demselben nicht an einem bombenfesten Verwahrungsorte für den zweitägigen Munitionsvorrath und an einem bedeckten Unterkommen für die Besatzung; kann man es auch bis zur Vollendung des feindlichen Logements auf der Bresche festhalten, und selbst den Feind nöthigen: Geschütz zu Zerstöhrung des Reduits herüber zu bringen. Um aber nicht durch die Bestreichung seines innern Raumes zu Verlassung des Ravelins gezwungen zu werden (§. 594.); versenke man auf dem Hintern Theile jeder Face einen bedeckten Stand für 2 Geschütze in den Wallgang, deren Schießscharten nicht eher geöffnet werden, bis der Feind den Uebergang über den Graben nach den Bollwerken unternehmen will, wo sie ihn keinen geringen Schaden und Aufenthalt verursachen werden. Belidor hält es für vortheilhaft: wenn sich der ganze Wallgang des Ravelins rückwärts nach dem Reduit hin verläuft, weil dadurch der innere Raum gegen die Bestreichung geschützt und die Vertheidigung der Bresche erleichtert werde.

Des Grabens. 622. Schon zu Anfang dieses Kapitels (§. 618.) ist der Vertheigung des Grabens erwähnet worden; da sie den Zugang der Außenwerke, wie des Hauptwalles erschweret, ist ihr ganz besondere Aufmerksamkeit zu widmen. Verstattet ein nasser Graben ein Schleusenspiel; läßt man ihn trocknen, bis alle Hülfsmittel der Gegenwehr erschöpft sind und der Feind mit seiner Sappe den Fuß der Bresche erreichet hat. Jetzt öffnet man die Einlaß-Schleusen (Ecluses de chasse), der Graben füllt sich mit Wasser, und der Belagerer siehet sich gezwungen: sich mit möglichster Schnelle auf die Contrescarpe zurückzuziehen und den Bau eines Faschinendammes oder einer Brücke zu unternehmen, wenn es ihnen nicht möglich ist: den Graben abzuzapfen. Ein Mittel, welches die Besatzung durch zweckmäßige Anstalten wenigsten lange verhindern kann! Hat der Feind den Damm oder die Brücke zu Stande gebracht; kann vielleicht durch Oeffnung der Ablaß- (Ecluses de fuite) und der obern Schleusen zugleich, ein heftiger Wasserzug hervorgebracht werden, fähig: Damm und Brücke umzustürzen oder mit sich fortzureißen.

Ein trockner Graben bietet zwar diese Vortheile nicht dar; giebt aber Gelegenheit zu kleinen Ausfällen auf die feindlichen Uebergangsarbeiten; zu Vertheidigungswerken und Logementern, aus den man den Feind unaufhörlich beschießt; endlich zu Anwendung der schon öftern erwähnten Fladderminen und Bombenkasten. Diese werden jederzeit den Angriff erschweren, indem sie die Stürmenden schüchtern machen und nicht selten zum Davonlaufen bringen.

6.3. Noch ehe der Feind sich wirklich auf der Contregarde festsetzt, lassen sich mancherlei Vorkehrungen treffen: ihn, nachdem er eine Bresche geleget hat, das Ersteigen derselben zu erschweren. Die Erste und wichtigste sind Fladderminen, welche man am Fuß des Walles auf allen Punkten anlegt, wo durch die Form der Werke Breschen zu erwarten sind. Durch diese Minen werden die heruntergeschossenen Trümmern der Futtermauer hinweggesprengt und — wenn es wäh- Vorbereitungen gegen die Bresche.

rend des Angriffes geschiehet — die Stürmenden ohnfehlbar in Unordnung gebracht. Das Leitfeuer dieser Minen wird seitwärts nach den Flanken geführet, und so eingerichtet, daß man jede für sich besonders zünden kann.

Andere Minen werden aus dem Abschnitte, oder auch von dem Fuße des Wallganges bis unter die Stelle des feindlichen Logementes vorgetrieben, um dasselbe in die Luft zu sprengen, sobald es von dem Feinde beendiget worden ist.

Da, der hinter der Futtermauer liegende Erdwall durch seinen Druck ihre Zerstöhrung beschleuniget, würde es vortheilhaft seyn: ihn dergestalt abzutragen, daß er entweder Fuß auf Fuß Anlage erhält, und dadurch an sich unersteiglich bleibet; oder daß er mit vier- bis fünffacher Böschung bis an den Abschnitt läuft, wodurch dem Feinde die Festsetzung auf der Bresche fast unmöglich wird, weil der ganze Raum bis an den Trümmerhaufen, rein bestrichen werden kann.

Dieser Vorschlag kann hier blos angedeutet werden; seine Ausführung im Einzelnen würde hier nicht an ihrem Orte stehen. Man siehet leicht: daß es dem Belagerer ungleich schwerer seyn wird, über den Haufen über einander liegende Steine zu kommen, der an seiner hintern Seite noch 10 bis 12 Fuß hoch ist, und völlig in der Feuerwirkung des Abschnittes lieget. Zu Verstärkung der letztern kann zu beiden Seiten eine Pallisadirung, mit eingeschnittenen Schußspalten, angebracht werden, welche die Ausbreitung der feindlichen Kolonne hindert und den Graben und das Glacis des Abschnittes bestreichet.

Fortsetzung

624. Das letztere ist eine unerläßliche Bedingung, wenn man den Sturm auf den Hauptwall abzuschlagen erwarten will. Es ist mißlich und gefährlich: sich in ein ungewisses Gefecht mit dem stürmenden Feinde auf der Bresche einzulassen; hinter einem guten Abschnitte darf man seiner Ankunft ruhig entgegen sehen. Er

wird sich gewiß begnügen: die Bresche zu besetzen, und sogleich an dem Logement auf derselben zu arbeiten. Ist nun der Abschnitt von solcher Beschaffenheit: daß der Feind eine Breschbatterie gegen ihn erbauen, Geschütz über den Hauptgraben bringen muß; wird die Vertheidigung der Festung dadurch um wenigstens acht Tage verlängert.

Dieser Umstand wird besonders dann wichtig, wenn man einem Entsatz entgegen siehet, wo der Commandant alles anwenden muß, um die Festung nicht zu früh zu übergeben.

Man sollte daher auch nie unterlassen: in Zeiten für Abschnitte und Retiraden auf den Angriffsseiten der Festung zu sorgen (§. 529. seq.), daß im Laufe der Belagerung selbst nur noch einige Verstärkungen zu ihrer Vollendung nöthig sind.

625. Erlaubet ein schmaler und tiefer Graben dem Feinde nicht: den Fuß der Futtermauern zu fassen; muß man in der Nacht immer den herabgefallenen Schutt hinwegräumen lassen, damit die Bresche selbst, durch eine 8 und mehr Fuß hohe Mauer über die Grabensohle erhoben, noch immer unersteiglich bleibet. (So machten es die Franzosen bei der Belagerung von Badajoz 1811.) Andere, von den Schriftstellern vorgeschlagene Mittel zu diesem Zweck entsprechen ihnen entweder nicht ganz, oder können wenigstens leicht von dem Feinde aus dem Wege geräumt werden. Dahin gehören Fußangeln, Sturmeggen, ein angeschleppter Verhau, oder ein, in der Bresche angezündetes Feuer, zu dessen Unterhaltung es gewöhnlich an Brennmaterialien fehlen wird. Zweckmäßiger erscheint es: Bomben vor dem Abschnitte theils einzeln, theils in Kasten vereint, einzugraben und in dem Momente zu zünden, wo der Feind den Gipfel der Bresche erstiegen hat, und sich dadurch ihrer Wirkung blos stellet. Vertheidigungen.

Der Abschnitt wird mit Geschütz besetzt, welches gegen die heraufsteigende Kolonne abwechselnd mit Kugeln und Kartetschen feuert. Auf den Flanken der Angriffsseite hält man einige Geschütze unter bedeckten Ständen bereit, um auf den Feind beim Uebergange über den Hauptgraben zu feuern, dessen Moment man durch ausgestellte Posten genau zu erfahren suchen muß, um nicht ungewahret überrascht zu werden. Ist endlich nach §. 623. der Wallgang abgegraben worden, daß er als ein Glacis von dem Abschnitte von vorwärts abfällt; werden schwere Granaten und Bomben in dem Graben des letztern bereit gehalten um sie dem, etwa über die Mauer herabspringenden Feinde entgegenrollen zu können.

Man kann sich zu diesem Behuf eines aus Bretern zusammengesetzten Troges bedienen Fig. 21., der vermittelst einer daran befestigten Gabel hinten in die Höhe gehoben wird, nachdem man die angezündete Granate hineingeleget hat. Man ist dadurch im Stande: sie über die Pallisaden hinweg vor auf das Glacis zu bringen, oder auch sie über die Brustwehr in den Graben hinabrollen zu lassen.

Innere Vertheidigung.

626. Eigentlich innere Vertheidigung, wie sie von mehreren Kriegsbaumeistern, besonders Landsberg, Virgin und Montalembert empfohlen worden, findet sich in keiner bis jetzt gebaueten Festung; doch lassen sich alte Stadtmauern, oder auch wohl die zunächst hinter der Bresche stehende Häuser, wenn sie von Steinen und überhaupt feuerfest sind, sehr gut dazu einrichten, wenn man sie mit einer Brustwehr versiehet und Seitenbestreichung anbringt. Das merkwürdigste Beispiel davon stellt uns die Belagerung von Saragossa 1808 auf, wo die Franzosen jedes Quartier der Stadt, ja beinahe jedes einzelne Haus miniren und erstürmen mußten. Bei dem Hauptangriffe auf die Breschen, waren diese bereits erstiegen, als sich hinter

der einen eine alte Mauer zeiget, zu einem Abschnitt eingerichtet und mit 2 Kanonen besetzt, dessen Feuer alles weitere Vordringen verwehrte. Die zweite Bresche bot eine gleiche Verschanzung dar. Schon hatten die Franzosen sich einiger Häuser hinter und neben ihr bemächtiget, waren links bis zur nächsten Queergasse und rechts bis an einen Durchgang nach der Stadt vorgedrungen, als sie sich durch einen Hof aufgehalten sahen, der die andern Häuser absonderte und von einer spanischen Batterie bestrichen ward. Sie verloren dadurch, und durch das Feuer aus den, hinter dem Walle stehenden Häusern sehr viele Leute, und mußte sich begnügen: sich auf den Breschen festsetzen zu können.

627. Findet sich auf der Angriffsseite der Festung eine solche Gelegenheit; so unterlasse man nicht, sie zu benutzen, und die Mauern oder Gebäude mit Schießlöchern zu versehen, Gerüste und Kanonenbänke anzubringen, und sie zur Vertheidigung mit Geschütz und kleinem Gewehr einzurichten. Braucht man zugleich die Vorsicht: sie mit Balken und Erde bombenfest zu dekken; werden sie unbezweifelt einen weit kräftigern Widerstand leisten, als eine bloße Erdverschanzung hinter der Bresche. Es wird dem Feinde unmöglich seyn: mit dieser zugleich die Stadt zu erstürmen. Verhindert ihn die nahe Lage jener Mauer oder Gebäude an dem Walle, Geschütz gegen sie aufzuführen; bleibt ihm nichts übrig, als den Minirer anzusetzen, der zu seiner Arbeit mehrere Tage nöthig hat, und dadurch der Besatzung Zeit läßt, anderweitige Anstalten zu einer noch weiter fortgesetzten Vertheidigung zu treffen, oder wegen der Uebergabe zu unterhandeln. Fortsetzung

Mehrere alte, in Festungen umgeschaffene, Städte genießen des Vortheiles: eine feste Mauer, die ehemalige Umschließung der Stadt, hinter dem Hauptwalle zu haben, und dadurch die hier erwähnte innere Befestigung zu gewähren. Man sollte bei Anlegung neuer Festungen diesen Umstand nie aus den Augen setzen, und anstatt eine so zweckmäßige Einfassung niederzubrechen, sie vielmehr zu erhalten und zu verstärken suchen. In Saragossa waren schon im voraus die Häuser in allen Stockwerken, selbst in allen Zimmern mit Schießlöchern durchbrochen; die Fenster und Thüren mit Balkenholz versetzt, und die Straßen der Länge nach mit Geschütz bestrichen. 1813 hatten die Franzosen auch die Vorstädte von Dresden beinahe auf diese Art eingerichtet, jedoch mit geringerer Umsicht und deshalb weniger zweckmäßig.

Rückzug nach der Citadelle.

628. Wenn die Festung eine Citadelle hat; wird sie nach gelegter Bresche, oder auch wohl erst nach Festsetzung des Feindes auf derselben, verlassen, und die Besatzung ziehet sich nach der Citadelle zurück. Gewöhnlich wird vorher mit dem Belagerer über die Stadt unterhandelt, so daß der Angriff nicht aus derselben gegen die Citadelle geführet werden darf; um die Häuser und die Bürgerschaft zu schonen; die zurückgelassenen Kranken und Verwundeten werden seiner Fürsorge empfohlen u. s. w.

Daß der Commandant vorher schon die Citadelle mit allem versehen haben wird, was zu einer kräftigen Vertheidigung nöthig ist; verstehet sich von selbsten. (Struensee l. c. §. 552 u. 571.) Alle Seiten derselben, sowohl gegen die Stadt als gegen das Feld müssen in gutem Stande seyn, so daß der Feind gezwungen ist; eine neue Belagerung zu führen, und den Besitz dieses Zufluchtsortes mit neuer Arbeit und neuem Verlust zu erkaufen. Wenn es daher nicht andere Umstände verbieten, wird der Belagerer sich immer zuerst gegen die Citadelle wenden, und diese einzunehmen suchen; in der Ueberzeugung: daß er mit ihr zugleich auch die Festung bekommt, und keine zweifache Belagerung führen darf. Allein, öfterer hat der Erbauer der Festung seine ganze Aufmerksamkeit der Citadelle gewidmet, und diese, besonders gegen die Feldseite, so stark als möglich befestiget, so daß sie einen viel längern Widerstand verspricht, als die eigentliche Festung. Dazu: daß jene immer in der Lage einer Festung ist, die ein verschanztes Lager hinter sich hat, und daher dem feindlichen Angriffe doppelte, stets erneuerte Kräfte entgegensetzen kann. Endlich wird noch für die Citadelle jederzeit das schwierigste, unzugänglichste Terrain ausgesucht, daß sie vielleicht ganz, oder doch beinahe unangreifbar macht; in allen diesen Fällen nun wird der Feind genöthiget seyn: erst die Festung zu erobern, um entweder von da aus, oder doch mit mehr Sicherheit und Bequemlichkeit den Angriff gegen die Citadelle zu führen. (§. 197. seq.)

629. Hat der Feind gleich bei Eröffnung der Laufgräben seinen Angriff gegen die Citadelle gerichtet; so daß er durch diese einzudringen in Begriff stehet; bleibt der Besatzung doch noch Ein Hülfsmittel übrig: Einen Theil der Stadt abzuschneiden, den vielleicht der Feind bei dem Angriffe unbeachtet gelassen hat, und sich desselben als eines Zufluchtsortes zu bedienen. Daß man jedoch hier nicht erwarten darf, einen langen Widerstand thun zu können, ist von sich selbst klar; wenn nicht vielleicht eine bedeutende Anzahl fester Gewölbe und bombensicherer Keller die nöthigen Vorräthe unterzubringen gestattet. Denn alsdenn tritt der wichtige Vortheil ein: daß der Belagerer bei seinem Angriffe gegen den abgeschnittenen Theil der Stadt sehr beengt und gehindert ist, und vielleicht nicht einmal Geschütz aufstellen kann, den Abschnitt zu öffnen.

Wenn die Citadelle anfangs angegriffen wird.

630. Ist es weder möglich, noch vielleicht auch vortheilhaft: die Stadt länger zu behaupten und hat die Besatzung Aussicht, durch die Beschaffenheit der Umgegend begünstiget, ein nahe stehendes befreundetes Korps zu erreichen, mit dem sie nachher gemeinschaft-

Verlassung der Festung.

lich etwas nützliches wirken kann; wird die Festung so geheim als möglich verlassen, die feindliche Umschließung durchbrochen und der Rückzug mit möglichster Schnelle ausgeführet. Die Anstalten und Bedingungen dazu sind:

1) Es muß noch so viel Munition vorräthig seyn, daß die Munitionskasten der mitgehenden leichten Feldgeschütze gefüllt, und jedem Mann 60 Schuß in die Patrontasche gegeben werden können.

2) Die Besatzung muß noch einige Reuterei bei sich haben, um bei Durchbrechung der feindlichen Postenkette, als auch nachher zu Avant- und Arriergarde gebraucht zu werden.

3) Man muß notorisch noch Mittel in der Hand haben: den gewaltsamen Angriff des Feindes zurückzuweisen. Man kann alsdann um so eher erwarten, daß er ihn nicht unternehmen wird.

4) Der Ausgang geschiehet nicht auf der eigentlichen Angriffseite — wie sich schon von selbst verstehet — sondern auf einer andern, nach welcher alle Zugänge und dahin führenden Straßen möglich verrammt und mit allen Hindernissen, die sich nur aufbringen lassen, versehen werden. Palisaden, Wolfsgruben, künstliche Verhacke, tiefe Gräben, mit Geschütz besetzte Queerwälle ꝛc. dienen zu diesem Zweck.

5) Die Marschordnung der abgehenden Truppen, die Angriffe, welche sie zu machen haben und ihr Verhalten im Fall eines feindlichen Angriffes, werden in den Dispositionen genau bestimmt. Es muß zugleich den Truppen in einiger Entfernung von der Festung ein gemeinschaftlicher Versammlungsort angewiesen werden, von wo sie alsdann vereint ihren Marsch weiter fortsetzen.

6) Es ist vortheilhaft, ja beinahe nothwendig: nach Verhältniß der Größe des Ortes, einige hundert

Mann unter einem sehr entschlossenen Befehlshaber in der Festung zurückzulassen. Sie werden nicht nur die Ausführung des Abzuges begünstigen und erleichtern; sondern sie werden auch als Rückhalt dienen, um die Besatzung wieder aufzunehmen, wenn der Anschlag mißrathen und sie gezwungen seyn sollte, sich wieder in die Festung hineinzuziehen.

7) Soll die Besatzung bei Verlassung eines festen Hafens, zu Schiffe gehen, müssen die Zugänge nach dem Landungsplatze so verschanzt und versperret seyn, daß der Feind während des Einschiffens keine Kanonen heran bringen kann, um die damit beschäftigten Truppen und kleinen Fahrzeuge zu beschießen.

Die Anordnung und Fortsetzung des Marsches zu Lande, sobald die Besatzung aus den Festungswerken heraustritt, gehöret zu den strategischen Kriegsereignissen, und kann daher hier nicht weiter davon gehandelt werden.

Merkwürdige Beispiele eines solchen Abzuges stellt uns die Kriegsgeschichte dar, in der Verlassung von Prag durch die Preußen, in dem Abzuge der Engländer von Toulon, und in dem Rückzuge des Generals v. Hammerstein aus Menin. Siehe Ungedruckte Nachrichten Bd. 1.; Toulongeon hist. de la guerre de la révolution. Neues Milit. Magazin II. Bd. 7. Stück.

631. So groß auch immer die Hülfsquellen eines erfahrnen und thätigen Festungs-Commandanten seyn mögen; können dennoch besondere Umstände eintreten, welche eine längere Vertheidigung unmöglich oder zwecklos machen, und die Uebergabe der Festung als zulässig bedingen. Uebergabe der Festung.

1) Bei dem gänzlichen Mangel eines Abschnittes der Angriffsfronte, und der vorausgesetzten Unmöglichkeit: ihn zu Stande zu bringen, würde nach geöffnetem Hauptwalle die Festung unfehlbar mit Sturm erobert

werden, wenn man denselben abwarten und sich nicht vorher ergeben wollte.

2) Wenn ein gemessener Befehl vorhanden ist: die Festung nur bis zu einem bestimmen Tage zu vertheidigen, und sie nach Ablauf desselben, wenn bis dahin kein Entsatz erfolget, zu übergeben.

3) Wenn eine starke Besatzung dem allgemeinen Wohl auf andere Weise größere Dienste leisten, vielleicht eine wichtige Diversion bewirken könnte, während die längere Vertheidigung zwar möglich, aber zwecklos ist; wird es Pflicht des Commandanten: sich entweder durchzuschlagen, oder die Festung, jedoch blos auf die Bedingung eines freien Abzuges, zu übergeben.

Die langen, unnützen Vertheidigungen von Danzig, Hamburg und Dresden 1813 gehören in diese Cathegorie. Diese drei Besatzungen hätten zusammen eine Armee von 70,000 bis 80,000 Mann bilden und den Verbündeten viel zu schaffen machen können, anstatt sie sich im vergebenen Widerstande selbst aufrieben. Jede von ihnen war ihrem schwachen Einschließungskorps überlegen; eine konnte die andere entsetzen und sie dann alle drei zum vereinten Zweck wirken, sobald durch die verlorne Schlacht bei Leipzig das baldige Wiedergewinnen des verlorenen Terrains über der Elbe für die Franzosen unmöglich ward.

Fortsetzung 632. Jede, sich dem Belagerer unterwerfende Festungsbesatzung erhält: a) entweder freien Abzug mit Gewehr und einigen Kanonen, auf die Bedingung: eine bestimmte Zeit nicht gegen den Sieger zu dienen; oder b) sie ergiebt sich zu Kriegsgefangenen; in welchem Falle ihr auch bisweilen gestattet wird: bewaffnet aus der Festung zu ziehen, und das Gewehr erst auf dem Glacis abzulegen. Die deshalb aufgesetzten Vergleichspunkte nun beziehen sich:

1) Auf die Festung, die mit allen darin befindlichen Mund- und Kriegsbedürfnissen, Geschütz, vorrä-

thigen Waffen dem Belagerer in dem Zustande übergeben wird, worin sie sich eben in dem gegenwärtigen Augenblicke befindet. Es werden ihm zugleich alle vorhandenr Risse, Nachrichten und Denkschriften übergeben, die sich auf die Festungswerke, ihre Einrichtungen und ihren Gebrauch beziehen.

2) Auf die Besatzung, je nachdem sie ganz in die Willkühr des Ueberwinders gestellt, oder festgesetzt wird: daß sie bis zur erfolgenden Auswechselung an einen bestimmten Ort gebracht werden soll; oder endlich ihr der freie Abzug nach ihrem Vaterlande zugestanden wird.

3) Auf die Kriegsgefangenen und in der Stadt befindlichen Ueberläufer. Jene werden gewöhnlichen ohne weiteres als frei betrachtet, und nur in seltenen Fällen, bei einem freien Abzuge der Besatzung ausgewechselt. Die letzteren müssen immer ausgeliefert werden, wenn die Belagerten nicht Mittel finden: sie mit dem Gepäck oder sonst auf andere Weise, unerkannt fortzubringen.

4) Endlich auf die Erhaltung der Bürgerschaft bei ihren bisherigen Freiheiten und Vorrechten; Fortdauer der bestehenden Obrigkeiten, freie Religionsübung rc. Hierbei ist besonders die geschehene Anwendung der Bürger zur Vertheidigung zu berücksichtigen, daß sie dafür von dem Ueberwinder keine Ahndung zu besorgen haben.

633. Sobald der Vergleich zwischen dem Belagerer und dem Belagerten abgeschlossen ist, besetzt jener vorläufig Ein oder zwei Thore mit den zugehörigen Außenwerken, bis zur völligen Uebergabe und Ausführung aller Vergleichspunkte. Der Besatzung werden zu den nöthigen Vorbereitungen des Abzuges, zu der Uebergabe der Zeughäuser, Magazine rc. gewöhnlich noch einige Tage zugestanden, bis nach deren Beendi- Fortsetzung

gung sie die andern Thore und die Wälle der Festung bewachet, und überhaupt im Besitz der letzteren bleibet. Hat sie alsdann freien Abzug; werden vorher die Marschrouten, die Tagereisen und Nachtquartiere nach ihrem Bestimmungsorte festgestellt. Das Schicksal der zurückbleibenden Kranken und Verwundeten wird bestimmt; und es werden Vorkehrungen getroffen, das Ueberlaufen von der ausziehenden Besatzung zu den Belagerern zu hindern.

Bei Abschließung des Vergleichs selbst muß jeder Punkt desselben so klar und deutlich, als möglich ausgedrückt seyn, mit Vermeidung jeden Doppelsinnes oder zweifelhaften Ausdruckes, dessen Auslegung hinterher gewöhnlich zum Nachtheil des Ueberwundenen ausfällt. Träten ja Differenzen ein; wird zu Ausgleichung derselben eine Commission ernannt; und „der Belagerte bewerkstelliget die völlige Uebergabe der Festung „nicht eher, bis alles beseitiget und die Genehmigung „der Capitulationspunkte von dem, vielleicht abwesenden Regenten oder Oberfeldherrn der Belagerungs„truppen eingegangen ist."

Die Nichtbeachtung dieses letztern Umstandes führte bei der Uebergabe von Dresden 1813 ein besonderes Verhältniß herbei: die 22000 Mann starke Französische Besatzung unter Gouvion St. Cyr hatte sich auf die Bedingung ergeben: daß 6000 Mann ihr Gewehr behalten, die übrigen aber das Gewehr auf dem Glacis strecken, und alle frei abziehen sollten. Das letztere erfolgte in 5 Kolonnen, von denen die erste schon über 12 Meilen fort war, als sie auf einmal Halt! machen mußte, weil die Capitulation nicht genehmiget worden war. Den Franzosen ward nun aufgegeben: entweder Kriegsgefangene zu seyn, oder wieder in die Stadt in ihren vorigen Belagerungszustand zurückzukehren! Eine schlimme Alternative! Die Zurücksetzung in den vorigen Zustand hatte für Belagerer und Belagerte ihre eigenen und großen Schwierigkeiten. Nach vielem Hin- und Herstreiten, während dessen die Franzosen mancherlei Exzesse in der Gegend begiengen, wo sie sich befanden; ergaben sie sich endlich zu Kriegsgefangenen.

Die Kriegsschriftsteller pflegen zwar einen Unterschied zwischen einer rühmlichen und einer schimpflichen Uebergabe zu machen; jedoch mit Unrecht! Es ist und bleibt immer ehrlos eine Festung dem Feinde zu übergeben, so lange fester Sinn und Erfindungskraft noch Vertheidigungsmittel zu gewähren vermögen. Nur erst, wenn die letzteren von zlich fehlen, wenn alle Hülfsquellen wirklich erschöpft sind: kann die traurige Nothwendigkeit eintreten: die Gesetze des Siegers anzunehmen. Wie hart diese auch seyn mögen; sie können dem Belagerten die, durch einen langen und entschlossenen Widerstand wohl erworbene Ehre nicht rauben. Sie können blos ein Beweis von der Rohheit, von der Gefühllosi k i des Ueberwinders gegen wahren Kriegsruhm werden. Der ihrenvollste Abzug hingegen, mit Gewehr und Kanonen, durch eine kurze und muthlose Vertheidigung erlangt, wird unauslöschlichen Schimpf über den bringen, der seine Freiheit damit zu beschönigen wähnte; der nicht alles anwandte: die Festung dem Staate zu erhalten.

Dreizehntes Kapitel.

Entsatz der belagerten Festung. Aufhebung der Belagerungen.

634.

Obgleich die Gegenstände, welche in dem gegenwärtigen Kapitel abgehandelt werden, eigentlich nicht in das Gebiet der Kriegsbaukunst, sondern der Strategie gehören; können sie doch der Vollständigkeit wegen nicht ganz mit Stillschweigen übergangen werden. Die Ursachen, welche die Aufhebung der Belagerung herbeiführen müssen, sind:

Ursachen zu Aufhebung der Belagerung.

a) Ein feindlicher Entsatz, welcher der Belagerungsarmee überlegen ist, und sich nach Besiegung des vorgeschobenen Beobachtungskorps nähert. Es ist zu gefährlich: sich in der Nähe der belagerten Festung in ein zweifelhaftes Gefecht einzulassen, dessen unglücklicher Ausgang ohnfehlbar den Untergang des Belagerungskorps und den Verlust des schweren Geschützes nach sich ziehen würde.

Die Belagerungen von Turin 1706 und von Prag 1757 sind Beispiele hiervon.

b) Der Verlust der Magazine, oder die unterbrochne Verbindung mit denselben; so wie der Verlust einer wichtigen Zufuhre von Lebensmitteln oder Munition, ohne die der Belagerer nicht im Stande ist: die Belagerung fortzusetzen, und sich der Festung zu bemeistern.

Die Belagerungen von Landrecys durch den Prinzen Eugen, von Charleroi durch den Prinzen von Oranien, von Ollmütz durch Friedrich den Großen wurden aus diesem Grunde aufgehoben.

c) Eine Diversion gegen das Land oder gegen eine Festung des Belagerers selbst, kann ihn ebenfalls bewegen: dieses Unternehmen aufzugeben und jenen zu Hülfe zu eilen.

d) Hat der Feind eine, an sich sehr starke, durch ihre Lage und Werke eines dauernden Widerstandes fähige Festung eingeschlossen, auf den bald eintretenden Mangel an Munition und Lebensmitteln rechnend; kann man seine Geduld durch hineingebrachte Zufuhren ermüden und ihn zu Aufhebung der Belagerung nöthigen. Festungen an großen Strömen und Seehäfen eignen sich vorzüglich hierzu.

e) Eine niedrig liegende Festung, deren Umgegend bei nasser Witterung und heftigem Regen durch Austreten eines nahen Flusses, oder sonst Ueberschwemmungen ausgesetzt ist; oder die — wie in den Niederlanden — blos durch hohe Dämme gegen den Einbruch des Meeres geschützt wird; giebt endlich auch Gelegenheit: daß die feindlichen Laufgräben durch eine natürliche, oder durch künstliche Mittel verursachte Ueberschwemmung ersäuft werden, und daß die Fortsetzung der Belagerung unmöglich wird.

635. Wird man nun aus einem, der vor angeführten Grunde genöthiget: von seinem Unternehmen abzustehen, und die belagerte Festung zu verlassen; muß man 1) zuvörderst das Geschütz, die Munition, und die übrigen Belagerungsgeräthe hinwegzubringen bemühet seyn. Um dies besser, und von der Besatzung ungestöhrt bewirken zu können, werden — wenn man sich anders nicht zu sehr durch die Umstände gedrängt siehet — die schweren Geschütze auf den Batterien gegen Feldgeschütz umgetauschet; mit diesen wird die Festung noch einen oder zwei Tage beschossen, damit der Transport einen Vorsprung gewinnet, und um so weniger auf dem Marsche angegriffen werden kann. Vorkehrungen dazu.

Alles, was nicht fortzubringen möglich ist, muß man verderben und unbrauchbar machen, damit es der Feind nicht zu seinen Vortheil anwenden kann.

2) Führet man in der Nacht auch das noch auf den Batterien stehende Feldgeschütz ab, das sich sogleich auf die schon zuvor festgesetzte Weise, bei den Brigaden der Armee vertheilet.

3) Wird die Laufgrabenwacht zurückgezogen, so daß die Truppen die Erste Parallele noch besetzt behalten, bis alles heraus ist, wo sie alsdann die Arriergarde der abmarschirenden Armee bilden.

4) Diese letztere folgt dem Zuge des Belagerungstrains, so daß sie sich an, dazu bequemen Terrainabschnitten aufstellet, um den etwa verfolgenden Feind aufzuhalten und das abziehende Geschütz zu sichern, wenn jener die Arriergarde mit überlegener Macht angreifen sollte.

Verhalten der Besatzung. 636. Sobald die Belagerten den Abzug des Feindes wahrnehmen, welches ihnen schon durch das schwächer werdende Feuer der Batterien angezeigt wird; müssen sie nicht säumen: sich durch ausgeschickte Partheien von dem Grunde oder Ungrunde dieser Vermuthung zu überzeugen. Ein starker Ausfall ist in diesem Augenblicke nicht rathsam — besonders in der Nacht — weil zu erwarten stehet: daß sich das Belagerungskorps in Schlachtordnung aufgestellet hat, um die ausfallende Besatzung nachdrücklich zu empfangen. Man muß sich begnügen: durch Kavalleriedetaschementer die Abziehenden zu beunruhigen, und vielleicht noch einige Geschütze zu erobern, oder wenigstens den Zug in Unordnung zu bringen.

Alle, zum Vortheil der Besatzung dienenden Aussenposten und Vorwerke, deren sich der Feind etwa schon bemächtiget hatte, werden sogleich wieder besetzt und zur Vertheidigung eingerichtet, so daß der Feind die Belagerung wieder ganz von vorne anfangen muß, wenn er bei veränderten Umständen vielleicht bald wieder zurückkehrt, um die Festung von neuem einzuschließen.

Aus demselben Grunde werden auch die Laufgräben und Sappen durch aufgebotene Bauern unverzüglich wieder zugeworfen; die noch brauchbaren Faschinen, Schanzkörbe, Bettungshölzer ꝛc. in die Festung gebracht, und die Beschädigungen an den Festungswerken wieder hergestellet, in sofern es nicht noch während der Belagerung geschehen ist.

Sobald die Belagerungsarmee sich entfernt hat, werden starke Partheien ausgeschickt: um alle, nur in der Umgegend vorhandene Lebensmittel für die Festung in Beschlag zu nehmen, und auf eine neue Belagerung gefaßt zu seyn. Kann man zugleich den gehabten Munitionsabgang ersetzen, und vielleicht eine Verstärkung von frischen Truppen an sich ziehen; ist es um so besser.

637. Festungen, die mit einer sehr starken Besazzung von 12000 Mann und darüber, versehen sind, bieten hier vortheilhafte Gelegenheit dar: nicht nur im Fall eines Entsatzes durch offensive Bewegungen, starke Ausfälle u. dergl. zu Befreiung der Festung mit zu wirken; sondern auch, nachdem dieselbe erfolget ist, dem Feinde bei seinem Abzuge wesentlichen Schaden zu thun, oder auch durch gut geleitete Diversionen zum Besten des Ganzen zu wirken.

Gebrauch einer starken Besazzung.

Hat die Belagerung endlich schon lange gedauert, und ist die Festung durch ein Hülfskorps entsetzt worden; wird es möglich, ja bisweilen selbst nothwendig: die geschwächte Besatzung gänzlich abzulösen und durch neue Truppen zu ersetzen, von den sich auf den wieder eintretenden Fall einer Belagerung auch ein kräftiger Widerstand erwarten läßt.

Vierzehntes Kapitel.

Eroberung der Festung; Wiederherstellung der Festungswerke; Demolitionen.

638.

Wird die Festung durch Vergleich erobert; müssen alle darin befindlichen Geschütze, Waffen, Munition, und andere Vorräthe nach den, davon vorhandenen Verzeichnissen von den Belagerten stückweise übernommen werden. Die Artillerie- und Ingenieur-Offiziere, die Proviantmeister rc. untersuchen jeder die besonders in sein Fach gehörigen Dinge in Hinsicht ihrer Beschaffenheit und Brauchbarkeit für die Folge, um das noch

Uebernahme der Festung.

nützliche aufzubewahren, das beschädigte und unbrauchbare aber ausbessern oder gegen neue Stücken auswechseln zu können.

Die noch geladenen Minenkammern werden aufgeräumet und das Pulver herausgenommen; die gegen die Festung geführten Laufgräben werden zugeworfen, die niedergeschossenen Pallisaden werden ersetzt, und die Breschen wieder zugemacht.

Bei der spanischen Artillerie ist noch der alte Gebrauch beibehalten worden: daß den Ingenieuren alle in der Festung vorhandenen Baumaterialien, den Artilleristen aber das Geschütz und die Glocken gehören, für welche sie alsdann eine Entschädigung in Gelde bekommen. Bei den deutschen Artillerien ist jedoch diese alterthümliche Sitte abgekommen.

Herstellung der Bresche.

639. Um die in den Wällen gemachten Sturmlücken wieder zu verschließen, müssen zuerst die Trümmern der Futtermauern und die nachgerollte Erde hinweggeräumet und oben auf den Wall gebracht werden. Das locker gewordene oder durch die Kanonenschüsse beschädigte Mauerwerk wird vollends abgebrochen, und auf seiner Oberfläche verglichen, um der zu Unterstützung des Walles aufgeführten Faschinirung eine ebne Unterlage zu verschaffen. Es ist dabei vortheilhaft: auf dieser abgebrochenen Mauer vorn einen Rand von 10 Zoll hoch und 1 bis 1½ Fuß breit, stehen zu lassen, hinter den man eine Doppelreihe Batteriewürste legt, von 10 Zoll Stärke und so lang, als die Sturmlücke breit ist. Hinter diesen wird in der Breite von 12 Fuß, Erde bis zu der Höhe der Faschinen aufgeschüttet und lagenweise möglichst festgestampft, das überhaupt bei diesem Bau mit der größten Sorgfalt geschehen muß. Auf die Erde werden, als Binder, 12 Fuß lange, und auf jeden Fuß gebundene Faschinen in die queere, dichte an einander gelegt, und hinter jedem Bunde mit einem Pfahle befestiget.

Nachdem diese Faschinenlage mit Erde ein wenig verglichen worden, kommen wieder 3 lange Würste auf sie: eine hinten, eine in der Mitte und eine vorn, indem man dabei die Böschung der Mauer beobachtet, und den Zwischenraum dieser drei Würste, wie vorher, mit festgestampfter Erde ausfüllet. Auf diese Weise wird der ganze Wall aus abwechselnden Lagen, nach der Länge und in die Queere liegender Faschinen aufgeführet, und zuletzt die Brustwehr aus, von Steinen gehörig gereinigter Erde aufgesetzt, die sowohl auf ihrer äußern als auf ihrer innern Böschung eine gute Rasenverkleidung bekommt.

640. Cormontaigne will den oberen Rand dieses Faschinenbaues mit Sturmpfählen besetzen; allein, sie haben den Nachtheil: durch die Schleuderschüsse sehr beschädiget zu werden. Eine Pallisadenreihe im Graben, verbunden mit einer breiten und tiefen Cünette, ist ein, wenigstens eben so gutes, und sicheres Annäherungshinderniß; das man noch mit einigen Fladderminen am Fuß der Futtermauern verbinden und verstärken kann. Verstärkungsmittel.

Ist der Wassergraben vielleicht zu Erleichterung und Beförderung dieses Baues abgedämmet, oder abgelassen worden; muß man ihn sogleich nach Beendigung des letztern wieder anfüllen, um sich möglichst gegen gewaltsamen Angriff zu sichern.

Zu gleicher Zeit werden auch die Beschädigungen des Bedeckten Weges wieder ausgebessert, die vielleicht entstandenen Minentrichter zugefüllet. Ueberhaupt ist man besorgt: allen den bemerkten Nachtheilen der Festung abzuhelfen, welche den Angriff derselben begünstigten und ihren Fall beschleunigen konnten.

641. Eroberte Festungen kann man nicht immer in Besitz behalten und ist bisweilen durch den Friedensschluß genöthiget: sie wieder zurück zu geben. Ursachen zur Zerstörung der Festungen

Stehet es dann in der Hand des einstweiligen Besitzers; wird er nie unterlassen, diese Festungen vor ihrer Herausgabe in einen möglichst wehrlosen Stand zu setzen. Ein zweiter Grund zu Zerstöhrung der Festungswerke ist die Nothwendigkeit: einen besetzten feindlichen Landstrich verlassen zu müssen, ohne Aussicht, sich seiner bald wieder bemächtigen zu können. Einen nachtheiligen Frieden, den man sich einzugehen gezwungen siehet, ziehet ebenfalls bisweilen die Schleifung mehrerer Festungen nach sich; die endlich auch wohl angeordnet wird, weil der Ort im Verfolg eines veränderten Staatensystems, der weiter hinaus gerückten Landesgrenzen u. dergl. seine vorherige militairische Wichtigkeit verloren hat, und die Regierung die Einwohner von der Furcht befreien will, als Bewohner einer Festung in Belagerungsstand gesetzt zu werden.

Anordnungen dazu. 642. Nach den hier angeführten Ursachen des Schleifens der Festungswerke, und den sie begleitenden Neben-Umständen sind denn auch die dabei zu ergreifenden Maaßregeln verschieden. In den letzten beiden Fällen, ist es vortheilhafter: die Werke mehr durch die Schaufel und den Hammer, als durch die Anwendung des Pulvers zu zerstöhren; immer mit gehöriger Berücksichtigung der vielleicht einst möglichen Widerherstellung der Festung. Selbst ein Ort, der keinen militairischen Wehrt mehr zu haben scheint, und der deshalb seine Vertheidigungswerke beraubt werden soll, kann durch eine abermals veränderte Lage des Staates gegen seine Grenznachbaren wieder wichtig werden. Man bedient sich daher in diesem Falle des Sprengens so wenig als möglich, und läßt alles stehen, was in der Erde versteckt ist: die Mauer der Escarpe und Contrescarpe, die Minengänge, die bombenfesten Pulvermagazine ꝛc. Die Gräben werden blos mit der Erde der Wälle ausgefüllt, und die Thore und Poternen abgetragen.

Wird hingegen eine Festung geschleift, um sie nicht anders als vertheidigungslos in des Feindes Hand zu geben; ist es vortheilhafter: alles zu sprengen, in sofern es sich mit dem, dadurch herbeigeführten Pulververbrauch vereinigen läßt. Hier werden beinahe alle bombensichere Räume, vorzüglich die zur Vertheidigung dienenden, so wie die Minengänge, Kaponieren ꝛc. gesprengt, und die Futtermauern in den Graben gestürzt.

643. Um die Futtermauern zu sprengen, gehet man entweder aus den Graben mit einem kurzen Gange hinein, wendet sich dichte hinter der Mauer rechts und links, und leget hier Minenkammern an, wie oben bei Gelegenheit der Bresche durch Minen (§. 595.) gesagt worden. Wären die Strebepfeiler sehr stark, oder die Mauern sehr dick; muß man die Minen in jene oder auf $\frac{2}{3}$ der Mauerdicke legen; wo alsdann der Ueberrest der letztern durch den Druck des Walles umgestürzt wird. Sprengen der Mauern.

Bei nicht zu starken Futtermauern ist die Arbeit bisweilen leichter, wenn man Schächte dichte hinter der Brustwehr abteufet und diese nach Verhältniß des zu überwältigenden Mauerwerkes ladet. Man siehet von sich selber: daß die Tiefe der Schächte der Ladung angemessen seyn muß, weil diese außerdem blos die Verdämmung herauswerfen und die Mine ohne Wirkung bleiben würde.

Fehlt es bei dergleichen Arbeiten nicht an Zeit; kann man zu Erspahrung des Pulvers die Futtermauern eines Theiles untergraben, daß blos einzelne Pfeiler stehen bleiben, die dann durch kleine, nur eine geringe Ladung bedürfende, Minenkammern vollends hinweggesprengt werden.

Feste Schlösser haben bisweilen in Felsen gehauene

Gräben, auf deren Rande die Vertheidigungsmauern und Gebäude aufgeführet sind, und die bisweilen mit blos angelehnten Futtermauern bedeckt sind. Hier muß man den Felsen selbst angreifen, einen Gang in denselben treiben und der Kammer, am Ende desselben 25 bis 30 Fuß zur kürzesten Widerstandslinie geben. Wird nun die Ladung gehörig abgemessen; muß nothwendig der Einsturz der auf den Felsen stehenden Gebäude dem Spielen der Minen folgen.

Minengänge. 644. Wenn umfassende Minengänge hinter der Futtermauer liegen, werden entweder Kammern in die Widerlagen derselben geleget, deren Wirkungskreise einander berühren, und durch die der ganze Wallgang, zugleich mit der Futtermauer eingestürzt wird. Soll hier die Ladung ihre ganze Wirkung thun; muß der ganze Minengang bis um das Doppelte der kürzesten Widerstandslinie hinter die äußerste Kammer verdämmt werden. Um diese bedeutende Arbeit abzukürzen, haben die französischen Minirer vorgeschlagen: den Versatz blos an beiden Enden auf die Länge von $1\frac{1}{2}$ K. W. L. zu bringen, und den Mangel desselben durch Vermehrung der Ladung um $\frac{1}{2}$ bis $\frac{3}{4}$ zu ersetzen. Nützlich ist es jedoch: die Minenkammern gegen die Wand des Ganges abzusteifen, weil dadurch die Wirkung der Ladung allezeit erhöhet wird. (Wörterb. d. Kriegsbauk. Artik. Sprengen.)

Laufen die Minengänge auf gleichem Horizonte mit der Sohle des Trocknen Grabens, muß man die Kammern höher legen und sorgfältig versetzen, das Ausblasen der Minen zu verhüten. Um die Arbeit abzukürzen, kann man auch durch Ueberladungen (Wörterbuch d. Kriegsbauk. Artik. Ladungen) der schon vorhandenen Kammern oder auch der Gewölbe, wo sich mehrere Gallerien kreutzen, seinen Zweck schneller zu erreichen.

Kommt es endlich blos darauf an: die Gegenminen, ohne Rücksicht auf ihre Umgebungen, die darüber liegenden Gebäude ꝛc. zu zerstöhren; wird diese Absicht am besten durch Sprengschüsse erfüllet, deren Löcher in die Widerlagen oder Seitenmauern, schräge unterwärts, 3 Fuß tief gebohret und mit 4 bis 5 Pfund Pulver geladen werden, welches man mit ½ bis ¾ trokkenem Sägemehl, von Tannen- oder Kienenholz, vermischet. 2 Minirer können in einer Stunde das Loch bohren, laden und die Sprengmine zum Zünden fertig machen. Finden sie jedoch steinigten oder Felsengrund hinter den Widerlagemauern; müssen sie 4 Stunden dazu haben.

645. Oeffentliche, zum Kriegsgebrauch bestimmte Gebäude; Pulvermagazine, Vertheidigungsthürme, Cisternen ꝛc., werden zum Theil mit der Hand geschleifet, wenn es nicht mit solcher Eile geschehen soll, daß man den Pulververbrauch nicht achtend, sich dieses Mittels bedienen muß. Es scheinet dann am zweckmäßigsten: die ganze Ladung, in einem Kasten vereiniget, in der Mitte des Gewölbes oder Gebäudes anzubringen, und jenen gegen die Decke und die Seitenwände abzusteifen; oder auch 4 Kasten in die vier Ecken zu setzen, und sie vermittelst einer abgepaßten Feuerleitung zugleich zu zünden. Die nöthige Ladung wird bestimmt, wenn man die Länge und Breite des innern Raumes mißt, und die ganze Summe als eine Futtermauer von der Stärke der Umfangsmauer des Gebäudes ansiehet. Die Summe der zu ihrem Einsturz nöthigen einzelnen Sprengladungen, um die Hälfte vermehrt, wird dann das Gebäude in sich selbst zusammenstürzen machen. Beträgt jedoch der innere Raum des Gewölbes über 1260 Quadratfuß; ist eine stärkere Ladung nöthig, um die verlangte Wirkung zu erhalten.

Sprengen der Gebäude.

Die Stärke der Umfangsmauern wird immer für die kürzeste

Widerstandslinie genommen, wo $\frac{11}{6}$ ihres Würfels den Inhalt des auszuhebenden Trichters machen, und auf jede Cubictoise (216 Würfelfuß) nach Beschaffenheit des Mauerwerks 18 bis 25 Pfund Pulver erfordern. Haben demnach die Umfangsmauern 3 Fuß Dicke, giebt $\frac{27 \cdot 11}{6}$ die Ladung der Vergleichsmine zu 5 Pfund, die für sehr weite Räume 20mal genommen, und noch so vielemale zugesetzt wird, als der Raum 2 Quadrat-Toisen über 35 hat. Enthält das zu sprengende Gebäude 2052 Quadratfuß oder 57 Quadrat-Toisen Raum, wird die erforderliche Pulverladung hier

$20 \cdot 5 + 11 \cdot 5 = 155$ Pfund gefunden.

Brücken und Brunnen. 646. Die steinernen Brücken werden ebenfalls durch Minenkammern gesprengt, die man in die Pfeiler und Gewölbe legt. Fehlet es jedoch an Zeit zu dieser langsamen Arbeit; wird auf dem Bogen bis auf den Schlußstein hineingegraben und über demselben ein Kasten mit 300 bis 400 Pfund Ladung gesetzt. Kann man den Kasten unter dem Schluß des Gewölbes anbringen, und hier durch untergesetzte Stützen festhalten; wird es auch nur der Hälfte der erwähnten Ladung bedürfen, um dieselbe Wirkung zu erhalten. Diese erfolgte vollständig mit 8 Pfund Pulver auf jeden Zoll Stärke des Bogens.

Weil bei tiefen Flüssen kein Stützpunkt zwischen den Pfeilern für den Pulverkasten vorhanden ist, könnte man sich eines Mittels bedienen, das sich auch bei Zerstöhrung bombenfester Cisternen als wirksam erwiesen hat. Es wird nemlich eine so lange und breite Flöße zwischen die Pfeiler gebracht, daß sie den Zwischenraum völlig ausfüllet, und den Hölzern, welche den Pulverkasten aufwärts gegen den Schluß des Bogens andrücken, zur Unterlage dienet. Bei dem bekannten großen Widerstande des Wassers gegen jeden Druck, und bei seine Elasticität, muß nothwendig die

Wirkung der Pulver-Explosion dadurch bedeutend verstärkt worden.

Auch Brunnen lassen sich auf eine ähnliche Art zerstöhren, daß man auf einen schwimmenden Boden eine angemessene Pulverladung anbringt und dadurch den Einsturz des Brunnen verursachet.

Cörmont. Attaque des places. Chap 20. Gillot fortificat. souterraine p. 166.

Funfzehntes Kapitel.

Einige besondere Umstände des Angriffes und der Vertheidigung.

647.

Es ist im Ersten Theile dieses Lehrbuchs (§. 226. und 396.) der provisorischen Festungen gedacht worden, die leicht eine solche Einrichtung erhalten können, daß ein blos gewaltsamer Angriff gegen sie nothwendig fruchtlos und zum Nachtheil des Feindes ausfallen müßte. Allein, gegen eine förmliche Belagerung fehlt es ihnen gewöhnlich an hinreichenden Vertheidigungsmitteln, und man muß das abgehende durch zweckmäßige Anwendung des vorhandenen, so gut als möglich, zu ersetzen suchen. *Provisorische Festungen.*

Da sich hier keine eigentliche schon vorhandene Approvisionirung gedenken läßt, sind dergleichen Orte auch öfters nur schwach mit Geschütz versehen, das vielleicht wegen Entfernung, oder weil man eine nahe Festung nicht entblößen will, blos aus Feldkanonen und Haubitzen bestehen kann. Doch auch dieses wenige kann man durch eine, der Sache angemessene Aufstelkung, und einen verständigen Gebrauch in seinen Wirkungen vervielfältigen.

Aufstellung des Geschützes. 648. Es kann hier nicht die Rede davon seyn, alle sich dazu eignende Punkte mit Geschütz zu besetzen; sondern man muß diejenigen wählen: wo man dem sich nähernden Feinde wirklichen und entscheidenden Abbruch thun kann, indem man zugleich das Geschütz durch stete Veränderung des Standortes der Wirkung der feindlichen Schüsse möglichst zu entziehen sucht. Hat man nur wenig Kanonen, so wage man es nicht: sie in weit vorliegenden Werken der Gefahr bloßzustellen: mit jenen zugleich verloren zu gehen. Man besetze daher jedes Vorwerk nur mit Einer leichten, drei- oder sechspfündigen Kanone, um dem angreifenden Feinde Ehrfurcht einzuflößen, und ihn entfernt zu halten, wozu bloßes Gewehrfeuer nicht hinreichend ist. Bietet aber die Lage nur irgend Gelegenheit zu einer sichern, und gegen den feindlichen Anfall genugsam gedeckten, Unterstützung und Bestreichung des Vorwerkes dar, unterlasse man nicht, sie zu benutzen, und einige zwölfpfündige Kanonen da anzuwenden.

649. Sobald der Feind einige Schleuderschußbatterien angeleget hat; ziehe man alles Geschütz von der angegriffenen Seite zurück, mit Ausnahme des auf den Capitalen der Werke stehenden, die durch Bonnetirung der Spitze und durch eine Bedeckung von Balkenholz, Faschinen und Erde, als hinreichend gegen die feindlichen Projectilen geschützt, angenommen werden dürfen. Diese sind es, welche die feindlichen Vorschritte am meisten hindern, und deren Gebrauch erst in der späteren Epoche der Belagerung vorzüglich wichtig wird.

Fortsetzung. Bedeckte Geschützstände, als Reduits im Bedeckten Wege, sind das einige Mittel: die Wegnahme des letzteren mit Gewalt unmöglich zu machen, und selbst das

Logement des Feindes durch die Sappe sehr zu erschweren. Sie werden mit Kanonen von kleinerem Kaliber oder mit Haubitzen besetzt, welche letztern den Vortheil eines stärkern Kartetschenschusses gewähren, jedoch nur dann zu diesem Behuf anzuwenden sind, wenn man ihrer so viele hat, daß noch 6 — 10 zu dem Schleudern der Granaten und der Leuchtkugeln gegen die feindlichen Arbeiten übrig bleiben.

Da die gewöhnlichen Feldlaffeten in Blockhäusern und bedeckten Caponieren keinen hinreichenden Raum haben; wird es nothwendig: bei Ausrüstung einer provisorischen Festung, durch die Artillerie, mehrere niedrige Kasemattenlaffeten verfertigen zu lassen, die aus 2 hohen Wänden, 3 Riegeln, 2 Achsen und 4 Blockrädern bestehen. Jedes Holz ist im Nothfalle dazu tauglich; und an Eisenbeschlag sind 2 Pfanndeckel hinreichend, um das Ausspringen des Rohres aus der Laffete bei dem Abfeuern zu hindern.

650. Die starken Kaliber, von zwölf Pfund und darüber — deren man in dem vorliegenden Falle gewöhnlich nur wenig hat — werden besonders da gebraucht, wo sie in größerer Ferne wirksam seyn können; und zu Erschwerung der Festsetzung des Feindes auf der Contrescarpe und des Baues der Breschbatterie. Das letztere kann jedoch nur in sofern statt finden, als man schon vorher Bedeckte Geschützstände zubereitet hat, unter den die Kanonen gegen die feindlichen Bomben und Steinwürfe sicher stehen. Hat die Festung vielleicht eine Faussebray, wie es bei alten Orten häufig vorkommt; eignet sich diese vorzüglich hierzu. Man unterlasse jedoch nie, einen 5 Fuß tiefen und 3 bis 4 Fuß breiten Graben hinter dem Geschützstande zu ziehen, in welchen die gegen den hohen Wall geschossenen Granaten und Bomben hinabrollen. Sie werden außerdem der Bedienung des Geschützes beschwerlich Fortsetzung

fallen, und ihr die hier unentbehrliche Ruhe und Entschlossenheit rauben.

Sparsamer Verbrauch der Munition.

651. Ist das Geschütz nur mit der gewöhnlichen Feldausrüstung versehen, wird ein zu lebhaftes Feuer, da wo es wegen der Entfernung oder der Lage der feindlichen Angriffsarbeiten nicht volle Wirkung haben kann, nur den Nachtheil bringen: die Munition zu verschwenden und dem Vertheidiger in der wichtigern Epoche der Belagerung hülflos zu lassen. Man schone daher die Munition nach Möglichkeit, und schieße nie, sobald man nicht überzeugt ist: es mit Erfolg thun zu können. Der Augenblick der Eröffnung der Laufgräben, wenn man ihn wahrnimmt — welches immer das Hauptaugenmerk des Belagerten seyn muß — ist der, wo man abwechselnd mit Granaten und Kartetschen das vorliegende Feld bestreichen muß, um dem Feinde die Arbeit möglichst zu erschweren. Dann sind die Spitzen der feindlichen Annäherungsarbeiten das Ziel der Festungsgeschütze, das sie mit schwachen Ladungen beschießen. Hier, so wie fast in dem ganzen Gange der Vertheidigung sind starke Ladungen unnütz, oft nachtheilig. Wäre daher das Geschütz blos mit fertigen Feld-Kartouschen versehen; ist es durchaus nothwendig: sie umarbeiten zu lassen. Denn $\frac{1}{4}$, ja $\frac{1}{6}$ der Kugelschwere ist hier fast immer hinreichend. Nur, wenn es darauf ankommt: die feindlichen Laufgrabenkatzen und Brechbatterien zu zerstöhren, müssen die dazu bestimmten schweren Kanonen volle Ladungen bekommen.

Ein Gleiches findet auch in Hinsicht der Haubitzen statt, deren Granaten bei dem ersten oder zweiten Aufschlage liegen bleiben müssen, und die deshalb nur mit einer fast unbedeutenden Pulvermenge fortgeschleudert werden dürfen.

652. Bietet vielleicht das Terrain Gelegenheit zu einem unangreifbaren Vorwerke dar, das ein Seitenfeuer auf die feindlichen Parallelen gewähret; unterlasse man nicht: es zu benutzen. Ein festes Blockhaus von hinreichender Größe ist hier allein im Stande: der Absicht zu entsprechen, wenn es mit 3 bis 4 schweren Kanonen besetzt wird, und dadurch vielleicht den Feind zwingt, einen eignen Angriff dagegen zu führen. Oben offne Erdwerke werden nur wenig Nutzen leisten, sobald der Feind das Handwerk verstehet, und sie durch hineingeworfene Bomben unhaltbar macht. Seitenfeuer gegen die Laufgraben.

Ein steinernes Gebäude, eine Meyerei, Kloster und dergleichen, eignet sich nicht selten durch seine starken Umfangsmauern zu diesem Zweck, wenn man es mit Schußspalten versiehet, das Geschütz im Erdgeschoß anbringt und letzteres durch einen pallisadirten Graben gut bestrichen, gegen den unmittelbaren Angriff des Feindes sichert; und das Gebäude selbst mit Balken und Erde bombenfest gedeckt. Die eigentlichen Arbeiten zu diesem Zweck gehören in die Feldverschanzungskunst, und dürfen daher hier nicht weitläuftiger auseinander gesetzt werden.

653. Wäre jene Seitenbestreichung auch nicht durch feste Punkte vor dem Bedeckten Wege zu erlangen; ist es dennoch möglich, sie durch die oben erwähnten Lünetten (§. 399.) sich gegen die dritte Parallele zu verschaffen. Diese Lünetten bekommen 35 bis 40 Ruthen lange Façen, deren Magistrale und Graben von dem Bollwerke oder Rundele des alten Walles bestrichen wird, wenn man die Feuerlinie ihres Bedeckten Weges 18 Fuß hinter die Bollwerksspitze ziehet. Bei sehr langen Curtinen kann dies jedoch nicht statt finden; die Façe der Lünette würden dann zu lang werden und unter einem zu stumpfen Winkel Weit ausspringende Winkel.

zusammenstoßen. Man muß in diesem Falle seine Zuflucht zu einer Couvreface nehmen, oder aber, anstatt einer einfachen Brille, eine geschulterte vor die Curtine legen, um die Schulterwinkel des Bollwerkes gegen die aus dem Felde kommenden Schüsse zu decken.

Die Lünette bekommt einen 5 Ruthen breiten, pallisadirten Graben, einen 2½ Ruthen breiten Wallgang und ein Reduit, mit einem, wenigstens 3 — 4 Ruthen breiten Graben. Ihr Geschütz muß durch Traversen und Deckwerke gegen den feindlichen Schleuderschuß geschützt werden, und giebt dann Gelegenheit: dem Feinde die Annäherung sehr zu erschweren, so daß er mit seiner dritten Parallele nicht den Bedeckten Weg vor den Lünetten und den Bollwerksspitzen zugleich umfassen kann, sondern gezwungen ist: sich zuerst vor jenem festzusetzen.

Innere Vertheidigung.

654. Wie überhaupt bei allen Reduits, ist es auch zur innern Vertheidigung jener Lünetten als Grundsatz aufzustellen: daß die Feuerlinie ihres Reduits nicht mit der äußeren Brustwehr gleichlaufend seyn darf; damit nicht beide von derselben Rikoschettbatterie getroffen werden können. Ist daher der ausspringende Winkel der großen Lünette 60°; giebt man dem Reduit 85°, oder macht es halbkreisförmig, durch welche Construction es den, die äußeren Façen enfilirenden Schleuderschüssen ganz entzogen ist.

Da alle alte Städte und Festungen fast immer eine doppelte, öfters sogar eine dreifache Mauer haben; bietet sich durch diese ein guter und haltbarer Abschnitt zur innern Vertheidigung dar. Man kann in diesem Falle ruhig den Sturm auf die äußere Umfassung erwarten, sobald nur die hintere Mauer gehörig besetzt, mit Geschütz versehen und durch zweckmäßige Anordnungen: Caponieren, Tambours ꝛc. an ihrem Fuße bestrichen ist. Man siehet: daß auch, an sich nicht mehr zur Vertheidigung bestimmte, alte Städte dennoch hinreichendes Widerstandsvermögen besitzen, sobald man alle Zufälligkeiten der Lage und des Baues zu benutzen weiß, und sobald man die zweckmäßige Anwendung der oben vorhandenen Vertheidigungsmittel kennt. Man gebe nicht die Hoffnung auf: eine anscheinend schlechte Festung vertheidigen zu können, selbst bei unzureichenden Mitteln! Nur einem mit Nachdruck und Einsicht geführtem Angriffe vermag man mit letztern nicht lange zu widerstehen. Fehlt es hingegen auch dem Feinde vielleicht an Orts- und Sachkenntniß; sind seine Arbeiten schlecht gearbeitet; werden sie nicht mit Kraft und guten Willen ausgeführet; so gebe man die Hoffnung nicht auf: sich dennoch lange halten zu können. Um so größer ist der Ruhm des Ingenieurs und des Artilleristen, wenn sie bei schwachen, bald versiegenden Hülfsquellen Großes unternehmen und ausführen; mehr als sich unter diesen Umständen erwarten ließ. Groß und unerschöpflich sind die Mittel des menschlichen Willens! Das schwerste, das unmöglich scheinende wird ihm leicht, so lange ihm der feste Entschluß beiwohnet. Dann giebt er keinem Entschuldigungsgrunde einer zu frühern Uebergabe Gehör. Und jede Uebergabe ist zu früh, so lange der Besatzung noch Eine Scheidewand zwischen ihr und dem Belagerer übrig bleibet, hinter der sie sich vertheidigen kann; so lange sie noch Pulver genug hat: den feindlichen Angriff nur Eine Stunde lang abzuschlagen.

FSC
www.fsc.org
MIX
Papier | Fördert
gute Waldnutzung
FSC® C083411

Kolibri 360 GmbH
Ferdinand-Jühlke-Straße 7
99095 Erfurt, Deutschland
produktsicherheit@kolibri360.de